AF640849

Periodensystem der Elemente

IA	IIA	IIIB	IVB	VB	VIB	VIIB	VIIIB	
1 H 1.008								
3 Li 6.939	4 Be 9.012							
11 Na 22.990	12 Mg 24.312							
19 K 39.102	20 Ca 40.08	21 Sc 44.956	22 Ti 47.90	23 V 50.942	24 Cr 51.996	25 Mn 54.938	26 Fe 55.847	27 Co 58.933
37 Rb 85.47	38 Sr 87.62	39 Y 88.905	40 Zr 91.22	41 Nb 92.906	42 Mo 95.94	43 Tc (99)	44 Ru 101.07	45 Rh 102.91
55 Cs 132.91	56 Ba 137.34	57 La 138.91	72 Hf 178.49	73 Ta 180.95	74 W 183.85	75 Re 186.2	76 Os 190.2	77 Ir 192.2
87 Fr (223)	88 Ra (226)	89 Ac (227)	104 Ku[1] (257–260)	105 Ha[2] (260)				

58 Ce 140.12	59 Pr 140.91	60 Nd 144.24	61 Pm (145)	62 Sm 150.35	63 Eu 151.96	64 Gd 157.25	65 Tb 158.92	66 Dy 162.50
90 Th 232.04	91 Pa (231)	92 U 238 03	93 Np (237)	94 Pu (242)	95 Am (243)	96 Cm (247)	97 Bk (249)	98 Cf (251)

[1]) auch Rf, Rutherfordium
[2]) auch Ns, Nielsbohrium

VIIIB	IB	IIB	IIIA	IVA	VA	VIA	VIIA	Edelgase
								2 He 4.003
			5 B 10.811	6 C 12.011	7 N 14.007	8 O 15.999	9 F 18.998	10 Ne 20.183
			13 Al 26.982	14 Si 28.086	15 P 30.974	16 S 32.064	17 Cl 35.453	18 Ar 39.948
28 Ni 58.71	29 Cu 63.54	30 Zn 65.37	31 Ga 69.72	32 Ge 72.59	33 As 74.922	34 Se 78.96	35 Br 79.909	36 Kr 83.80
46 Pd 106.4	47 Ag 107.87	48 Cd 112.40	49 In 114.82	50 Sn 118.69	51 Sb 121.75	52 Te 127.60	53 J 126.90	54 Xe 131.30
78 Pt 195.09	79 Au 196.97	80 Hg 204.59	81 Tl 204.37	82 Pb 207.19	83 Bi 208.98	84 Po (210)	85 At (210)	86 Rn (222)

67 Ho 164.93	68 Er 167.26	69 Tm 168.93	70 Yb 173.04	71 Lu 174.97
99 Es (254)	100 Fm (253)	101 Md (256)	102 No (253)	103 Lr (257)

W DE G

Walter de Gruyter Berlin · New York

George S. Hammond
Janet Osteryoung
Thomas H. Crawford
Harry B. Gray

Modellvorstellungen in der Chemie

Eine Einführung in die Allgemeine Chemie

Aus dem Amerikanischen übersetzt und bearbeitet von Hans-Werner Sichting

Groß-Oktav. XVI, 526 Seiten. Mit zahlreichen Abbildungen und Tabellen. 1976. Gebunden DM 49,– ISBN 3 11 004574 5

Inhalt:

Einleitung: Was ist Chemie? · Atome und Moleküle · Gase und die Avogadrosche Hypothese · Die Periodizität chemischer Eigenschaften · Die Bestandteile der Materie · Die Elektronenstruktur der Atome · Bindungen in Molekülen · Molekülgeometrie und Molekülorbitale · Flüssigkeiten und Festkörper · Lösungen · Chemisches Gleichgewicht · Chemische Reaktionen · Protonensäuren und -basen · Raten und Mechanismen von chemischen Reaktionen · Strukturen und Reaktionen von Verbindungen des Kohlenstoffs und Siliciums
Anhänge · Sachregister.

Holleman-Wiberg

Lehrbuch der anorganischen Chemie

81–90., sorgfältig revidierte, verbesserte und stark erweiterte Auflage von Egon Wiberg.

Groß-Oktav. XXIV, 1323 Seiten. Mit 216 Abbildungen und einer Klapptafel das „Periodensystem der Elemente". 1976. Gebunden DM 78,– ISBN 3 11 005962 2

Erwin Riedel
Willm Grimmich

Atombau – Chemische Bindung – Chemische Reaktion

Grundlagen in Aufgaben und Lösungen

264 Seiten. Mit 257 Abb. u. 1 Beil. „Periodensystem der Elemente". 1977. DM 29,– ISBN 3 11 006845 1

Peter Sartori

Grundlagen der Allgemeinen und Anorganischen Chemie

Ein programmiertes Lehrbuch für Studierende der Natur- und Ingenieurwissenschaften, der Medizin sowie für Chemiker der Anfangssemester
programmiert von Johannes Zielinski und Mitarbeitern.

2 Bände. Mit 23 Abb. u. 33 Tab. 1975. Zus. DM 48,–
Band 1: XVIII, 338 Seiten. Band 2: XII, 244 Seiten.
ISBN 3 11 001646 X (de Gruyter Lehrbuch – programmiert)

Preisänderungen vorbehalten

Seminaranleitungen
zum Lehrbuch
Modellvorstellungen in der Chemie

Richard L. Keiter

Seminaranleitungen

zum Lehrbuch

Modellvorstellungen in der Chemie

übersetzt und bearbeitet von
Hans-Dieter Schenke

W DE G

Walter de Gruyter · Berlin · New York 1977

Titel der Originalausgabe
Teaching Guide for Models in Chemical Science
W.A. Benjamin, Inc., Mento Park, California
Copyright © 1971 by W.A. Benjamin, Inc.

Autor der Originalausgabe
Richard L. Keiter, Eastern Illinois University

Übersetzung und Bearbeitung der deutschsprachigen Ausgabe
Dr.-Ing. Hans-Diter Schenke, Berlin

Dieses Buch enthält zahlreiche Abbildungen und Tabellen.

CIP-Kurztitelaufnahme der Deutschen Bibliothek

Keiter, Richard L.
Seminaranleitungen zum Lehrbuch Modellvorstellungen in der Chemie/ übers. u. bearb. von Hans-Dieter Schenke. – 1. Aufl. – Berlin, New York: de Gruyter, 1977.
Einheitssacht.: Instructor's guide for models in chemical science ‹dt.›.
ISBN 3-11-004589-3
NE: Schenke, Hans-Dieter [Bearb.]

© Copyright 1977 by Walter de Gruyter & Co., vormals G.J. Göschen'sche Verlagshandlung. J. Guttentag, Verlagsbuchhandlung Georg Reimer, Karl J. Trübner, Veit & Comp., Berlin 30. Alle Rechte, insbesondere das Recht der Vervielfältigung und Verbreitung sowie der Übersetzung, vorbehalten. Kein Teil des Werkes darf in irgendeiner Form (durch Fotokopie, Mikrofilm oder ein anderes Verfahren) ohne schriftliche Genehmigung des Verlages reproduziert oder unter Verwendung elektronischer Systeme verarbeitet, vervielfältigt oder verbreitet werden.
Printed in Germany.
Einbandentwurf: Thomas Bonnie, Hamburg. Satz: Composersatz Verena Boldin, Aachen. Druck: Karl Gerike, Berlin. Bindearbeiten: Lüderitz & Bauer Buchgewerbe GmbH, Berlin.

Anmerkung des Herausgebers

Zweck dieses Buches ist es, Lehrern und besonders unterrichtenden Assistenten zu helfen, den Text der „Modellvorstellungen in der Chemie" von Hammond, Osteryoung, Crawford und Gray (Verlag Walter de Gruyter, Berlin 1976), wirksamer zu benutzen. Die „Seminaranleitung" enthält zusätzliches Material für Vortrags- und Wiederholungsstunden und Lösungen zu allen im Lehrbuch enthaltenen Aufgaben.

Die Abschnitte, die Anleitungen für die Seminarvorträge und für Wiederholungen bringen, sind zweispaltig dargestellt. Die rechte Spalte bringt Ergänzungen, Unterrichtstips, Übungen und ausgearbeitete Aufgaben für fast alle Textabschnitte. Die linke Spalte enthält die Nummer des Lehrbuchabschnitts, im übrigen Raum für zusätzliche Notizen des Lehrers. Eine Zusammenstellung einschlägiger Literaturhinweise beschließt jeden Abschnitt der Seminaranleitung.

Im Anschluß daran werden die Lösungen sämtlicher Fragen und Aufgaben des Lehrbuchs gegeben.
Die Autoren der „Modellvorstellungen in der Chemie" und die Herausgeber empfehlen das Buch von Dr. Richard L. Keiter (Chemistry Department der Eastern Illinois University in Charleston), der unter Mithilfe seiner Ehefrau Ellen die Seminar- und Wiederholungsanleitungen geschrieben hat.

An den Lösungen der Fragen und Aufgaben haben die Autoren der „Modellvorstellungen in der Chemie" mitgearbeitet.

Wir wären dankbar, wenn uns die Benutzer Fehler mitteilen würden, die sie in diesem Seminarbuch, im Lehrbuch selbst oder in einem der Ergänzungsbücher feststellen.

Benjamin Writing Center
Aspen, Colorado, April 1971

Vorwort zur deutschen Ausgabe

Die vorliegende Seminaranleitung ist eine Ergänzung zu dem Buch „Modellvorstellungen in der Chemie", das im folgenden abgekürzt als „Lehrbuch" bezeichnet wird. Es ist für Assistenten an Universitäten und Lehrer an Oberschulen gedacht, an denen das Lehrbuch Grundlage für den Chemieunterricht ist, wird aber sicherlich auch interessierten Studenten und Schülern von Nutzen sein.

Wenn Sie als Diplomand oder Doktorand Ihre Tätigkeit als Assistent beginnen, so haben Sie meistens überdurchschnittliche, wissenschaftliche Leistungen vollbracht, die erwarten lassen, daß Sie den Unterricht in einem Seminar ebenfalls erfolgreich durchführen können. Während Sie aber das wissenschaftliche Arbeiten im Verlauf Ihres Studiums gelernt haben, sind Ihre didaktischen Fähigkeiten wahrscheinlich kaum gefördert worden. Da Sie vermutlich auch während Ihrer Lehrtätigkeit nur wenig Hilfe durch das Institut erhalten, bleibt Ihnen nichts anderes übrig, als mit eventuell auftretenden Schwierigkeiten selbst fertig zu werden.

Die Seminaranleitung soll helfen, diese für alle unbefriedigende Situation etwas zu bessern. Sie werden darauf aufmerksam gemacht, was bei einer Aufgabe besonders zu beachten ist, worauf es bei der Diskussion eines Problems ankommt und wann bei einigen oder vielen Studenten oder Schülern mit Verständnisschwierigkeiten gerechnet werden muß. Sie müssen sich nicht mehr um die Lösung einer Aufgabe oder um die grundlegende Gestaltung des Seminars kümmern, sondern können stattdessen den Stoff tiefer durcharbeiten, zusätzliche Literatur lesen und so die unmittelbare Seminarvorbereitung intensiver gestalten.

Die Seminaranleitung ist ein Arbeitsbuch. Von der amerikanischen Ausgabe wird die Art übernommen, den Text halbseitig zu setzen. Die leeren Seitenteile sind zum Festhalten von eigenen Gedanken, für Ableitungen, für ergänzende Berechnungen und andere Notizen gedacht. Ich hoffe, daß Sie nicht allzu viel Platz für Korrekturen brauchen werden.

Ebenso wie im Lehrbuch werden auch in der deutschen Ausgabe der Seminaranleitung das SI-System und strenge Größengleichungen verwendet. Sie werden sich rasch daran gewöhnen, falls Sie damit noch nicht vertraut sein sollten, und die Vorteile erkennen. Einzelheiten dazu werden in einem besonderen Abschnitt am Beginn des Buches gebracht.

Ich habe die ausführlichen Literaturhinweise der amerikanischen Ausgabe ungekürzt übernommen, wobei ich davon ausgegangen bin, daß wenigstens die zitierten Zeitschriften in jeder deutschen Fachbibliothek zur Verfügung stehen. Die geeignete deutschsprachige Literatur habe ich ergänzt, soweit sie mir zugänglich war; weitere Hinweise nehme ich gern entgegen.

Herrn Dr.-Ing. H.-W. Sichting, dem Übersetzer der „Modellvorstellungen in der Chemie", danke ich für die gute Zusammenarbeit und seine ständige Diskussionsbereitschaft.

Berlin, September 1976 HANS-DIETER SCHENKE

Inhalt

Einige Erläuterungen für Seminarleiter [1]

Als Seminarleiter haben Sie eine besondere Verantwortung. Die Stellung sollte für Sie mehr als nur eine Möglichkeit sein, den Lebensunterhalt zu bestreiten und gleichzeitig Ihre wissenschaftliche Arbeit durchzuführen. Als unterrichtender Assistent spielen Sie eine wichtige Rolle in Ihrem Fachbereich bzw. in der Schule; aber auch für Ihren Beruf ist Ihre Tätigkeit von Bedeutung. Sie sind es, durch den die meisten Studenten den intensivsten Kontakt mit der Chemie bekommen. Das stellt besondere Anforderungen an Ihre Fähigkeiten, Ihr Wissen und Ihre Begeisterung für die Chemie an die Studenten weiterzugeben.

Wünschenswert wäre es, wenn die Fachbereiche Kurse oder andere Arten der Ausbildung anböten, um Sie auf Ihre Aufgaben als Seminarleiter vorzubereiten, in denen Sie also lernen, wie man Diskussionsstunden (zum Wiederholen oder Abfragen des Wissens) vorbereitet und abhält, Tests und Prüfungsaufgaben zusammenstellt und bewertet und andere Aufgaben durchführt, für die ein Seminarleiter zuständig ist. Derartige Kurse sind aber die Ausnahme. In diesem Abschnitt werden einige allgemeine Anmerkungen gegeben, wie Ihnen die „Seminaranleitung" für die „Modellvorstellungen in der Chemie" helfen kann.

Als unterrichtender Assistent werden Sie in engem Kontakt mit einer kleinen Anzahl von Studenten stehen. Sie werden einige kennenlernen, die gewisse Schwierigkeiten haben und können ihnen persönliche Hilfe geben. Ihr Erfolg wird in großem Maße von Ihren Fähigkeiten abhängen, zu Ihren Studenten ein solches Verhältnis zu entwickeln, daß sie an Gruppendiskussionen teilnehmen und Ihnen ihre Schwierigkeiten schildern können. Wichtig ist auch Ihre Fähigkeit, Fragen derart beantworten zu können, daß die Studenten den Grund für ihre Schwierigkeiten erkennen und dadurch lernen. Wenn Sie den Stoff selbst gründlich verstanden haben und sich aufrichtig bemühen, Ihre Erklärungen in logischer Weise darzustellen, werden Sie sicherlich in Ihrer Arbeit erfolgreich sein. Denken Sie daran, daß Ihre Studenten vermutlich eine überdurchschnittliche Intelligenz besitzen und den Stoff bei richtiger Anregung auch lernen werden.

Beim Wiederholen und Abfragen sollten Sie den Stoff durchnehmen, den Sie den Studenten vorgetragen haben. Wenn Sie keine besonderen Erfahrungen als Seminarleiter haben, wird es gut sein, wenn Sie sich auf das Beantworten bestimmter Fragen und das ruhige Leiten von Gruppendiskussionen konzentrieren. Die erfolgreichsten Übungsleiter sind diejenigen, die ihre Studenten dazu bringen, Fragen zu stellen und sich an Diskussionen zu beteiligen. Aber es ist nicht einfach, Studenten im Seminar anzusprechen. Sie sollten Ihr erstes Gruppentreffen damit beginnen, Fragen zu stellen und einzelne Studenten zum Antworten aufzufordern, damit sie gleich zu Beginn merken, was von ihnen erwartet wird.

Fangen Sie jede Stunde damit an, die Gruppe nach Unverstandenem zu fragen. Für den Fall, daß daraufhin keine Reaktion erfolgt, sollten Sie selbst Fragen an

[1] Mit Einverständnis des Autors, Dr. Wilbert Hutton, aus „Teaching Assistance for Chemical Principles" (W.A. Benjamin, Inc., New York, 1970) entnommen.

die Studenten vorbereitet haben. Sie sollten in der Lage sein, alle Fragen beantworten zu können, was erfordert, daß Sie den ganzen wöchentlichen Stoff in allen Einzelheiten überblicken, um diese Gebiete zu erkennen, die vermutlich zu Fragen aus der Gruppe Anlaß geben.

Zweifellos werden Situationen eintreten, in denen Sie etwas gefragt werden und Sie unsicher sind oder die Antwort nicht wissen. Versuchen Sie in derartigen Fällen nicht zu bluffen. Ihre Studenten werden Sie meistens durchschauen, und ihre Meinung über Sie als Lehrer wird darunter leiden. Geben Sie zu, daß Sie die Antwort nicht wissen. Sagen Sie, daß Sie sich um die richtige Beantwortung kümmern und in der nächsten Stunde darauf zurückkommen werden. Halten Sie dieses Versprechen auf jeden Fall!

Sie haben eine weitere Aufgabe, die für die Studenten sehr wichtig ist. Sie besteht darin, die Studenten, soweit Sie dazu in der Lage sind, auf die Themen der wöchentlichen Vorlesung hinzuweisen, die besonders wichtig sind und das intensivste Studium verlangen. Meistens sind das auch die Themen, die in Prüfungen verlangt werden; die spätere Beurteilung der Studenten wird weitgehend davon abhängen, wie sie diesen Stoff beherrschen.

Manche Ihrer Studenten werden mehr über ein Thema erfahren wollen, als ihnen im Lehrbuch oder in der Vorlesung geboten wird. Sie sollten dazu in der Lage sein, doch bedenken Sie, daß Ihre Hauptsorge der Mehrheit der Gruppe zu gelten hat. Lassen Sie sich nicht in eine Situation bringen, in der Sie den größten Teil der Wiederholungszeit Ihrer Stunde damit zubringen, ausgefallende Aspekte des zu behandelnden Stoffes zu besprechen. Diejenigen Studenten, die mit dem Erarbeiten der Grundlagen Schwierigkeiten haben, werden sehr wenig von solchen Ausführungen haben. Konzentrieren Sie sich in erster Linie auf alle Studenten, um ein gutes Verständnis der Grundbegriffe zu entwickeln, die der Dozent für wichtig hält. Manchmal werden Sie vom normalen Ablauf etwas abweichen wollen, um den wißbegierigen Studenten etwas entgegenzukommen. Das ist gut so; wenn Sie aber merken, daß Sie tatsächlich nur einen oder zwei Studenten Ihrer Gruppe erreichen, zögern Sie nicht, die Diskussion zu beenden. Sie können nach Abschluß der Seminarstunde mit denjenigen weitersprechen, die an einer weitergehenden Diskussion interessiert sind. In diesem Leitfaden ist für jedes Kapitel ergänzendes Informationsmaterial angegeben, das für Sie und diejenigen Studenten gedacht ist, die bestimmte Gebiete vertiefen wollen. Viele dieser Artikel können Ihnen selbst zur Information dienen.

Die „Seminaranleitung" für die „Modellvorstellungen in der Chemie" wurde geschrieben, damit Sie als unterrichtender Assistent eine Hilfe haben. Für jedes Kapitel des Lehrbuchs ist ergänzende Literatur angegeben. Fast alle Abschnitte im Lehrbuch werden für Seminarvorträge und Wiederholungen durchgearbeitet. Benutzt wird eine halbseitige Darstellung des Stoffes; die Themen werden in der linken Spalte angeführt und die Anmerkungen, die sich auf die Behandlung dieser Themen beziehen, stehen rechts. Diese Information sollte Ihnen bei der Vorbereitung der Seminare als auch dem Dozenten bei der Vorbereitung seiner Vorlesung helfen.

Wir erwähnten, daß die Vorlesungsdozenten häufig unterschiedliche Themen eines bestimmten Kapitels für wichtig halten. Dieser Leitfaden kann zur regelmäßigen

Assistentenbesprechung mitgenommen werden, so daß der Dozent sich auf den Leitfaden beziehen kann, wenn er die Themen und Abschnitte des Lehrbuches bezeichnen möchte, die er als besonders wichtig für die Behandlung im Seminar hält, und diejenigen Themen, die er im Lehrbuch für ausreichend behandelt ansieht. Das zweispaltige Format ermöglicht Notizen in der Assistentenversammlung. Wenn Sie dann den Leitfaden mit ins Seminar nehmen, haben Sie die Information stets zur Verfügung.

Antworten und ausgearbeitete Lösungen zu den Aufgaben, die an den Kapitelenden des Lehrbuches gestellt sind, folgen den Seminaranleitungen für jedes Kapitel. Diese Information dürfte beim Ausarbeiten und bei der Beurteilung von Hausaufgaben sowie bei der Überprüfung eigener Lösungen für die Aufgaben nützlich sein.

Aus zwei Gründen werden ausführliche Lösungsgänge zu den Aufgaben gegeben. Es kann möglich sein, daß Sie nicht dazu gekommen sind, den Lösungsweg der Hausaufgaben vor Beginn des Seminars aufzustellen. Es kann auch mal passieren, daß Sie, obwohl Sie sich gut vorbereitet haben, von der Frage eines Studenten überrascht werden, die im Lehrbuch nicht beantwortet ist und deren Antwort Sie nicht in allen Einzelheiten überblicken. In diesen Fällen können Sie auf die ausgearbeiteten Lösungen schnell zurückgreifen.

Sie sollten jede Aufgabe, die Sie Ihren Studenten als Hausaufgabe stellen, selbst lösen und die übrigen Aufgaben an den Kapitelenden des Lehrbuches beherrschen. Das wird Sie in die Lage versetzen, einen flüssigen Lösungsablauf vorzutragen, wenn die Aufgabe im Seminar diskutiert wird. Den Studenten ist nicht viel geholfen, wenn der Assistent viel Zeit mit einer Aufgabe verbringt und schließlich verkündet, daß er sie falsch verstanden oder zu Anfang einen Fehler gemacht hat und von vorn beginnen muß. Sie vermeiden, Ihre Studenten in zusätzliche Schwierigkeiten und sich selbst in Verlegenheit zu bringen, wenn Sie die Aufgabe durcharbeiten, bevor Sie ins Seminar gehen. Außerdem haben Sie das numerische Ergebnis und das Wesentliche des Rechenganges der Aufgabe fertig und müssen nicht kostbare Seminarzeit zum Durchrechnen verwenden.

Mit diesem Leitfaden haben wir etwas zu schreiben versucht, daß von wirklichem Nutzen für Sie, den Lehrer, sein soll. Wir hoffen, daß wir dabei so erfolgreich gewesen sind, daß das Buch ein ständiger Begleiter Ihrer „Modellvorstellungen in der Chemie" ist, wenn Sie den Seminarraum betreten.

Vorbemerkungen zum benutzten Einheitensystem

In der Seminaranleitung und im Lehrbuch wird im Gegensatz zur amerikanischen Originalausgabe das „Internationale Einheitensystem" benutzt („SI-System" = système international d'unités). Das bedeutet, daß Sie vertraute Begriffe, wie Kalorie, Ångström oder Atmosphäre in diesem Buch vergeblich suchen werden. Die Verwendung relativ unbekannter Begriffe wird jedoch durch eine Reihe von Vorteilen mehr als ausgeglichen.

Wie wir weiter unten sehen werden, ist das SI-System praktischer und einfacher als andere Einheitensysteme, was allein Grund genug wäre, seine Verwendung zu rechtfertigen. Es wird in der in- und ausländischen Fachliteratur zunehmend benutzt und ist zweifellos das Einheitensystem der Zukunft. Seine Verwendung ist in der Bundesrepublik Deutschland und in Berlin (West) seit dem 5. Juli 1970 für den amtlichen und geschäftlichen Bereich gesetzlich vorgeschrieben. Daher scheint es sinnvoll, wenn die Studenten und Schüler gleich zu Beginn ihres Chemiestudiums das SI-System kennenlernen und konsequent zu dessen Benutzung angehalten werden.

Physikalische Größen und Größengleichungen

Vorgänge in der Natur können durch algebraische Gleichungen quantitativ beschrieben werden. Beispielsweise wird der Zusammenhang zwischen der Energie E eines Teilchens, seiner Masse m und seiner Geschwindigkeit v durch die folgende mathematische Beziehung wiedergegeben:

$$E = mv^2.$$

Die Symbole E, m und v bedeuten keine reinen Zahlen, sondern *physikalische Größen*. Man bezeichnet daher solche Gleichungen als *Größengleichungen*.

Physikalische Größen bestehen aus zwei Faktoren, einem *Zahlenwert* und einer *Einheit:*

Physikalische Größe = Zahlenwert · Einheit

Beispiel:

$$E = 4{,}19 \cdot 1\ \mathrm{J}$$

$$E = 4{,}19\ \mathrm{J}.$$

Eine physikalische Größe ist unabhängig von der gewählten Einheit: An der Kantenlänge eines Würfels ändert sich nichts, wenn wir sie in Millimetern statt in Zentimetern messen. Mit der Änderung der Einheit einer physikalischen Größe aber ändert sich natürlich der Zahlenwert; deshalb ist es unbedingt erforderlich, bei einer physikalischen Größe die Einheit mit anzugeben, andernfalls handelt es sich nicht um eine Gleichung. Falsch, obwohl häufig zu beobachten, sind Ausdrücke der Art

$$l = 3 + 5 = 8\ \mathrm{cm}.$$

Es muß heißen:

$$l = 3\ \text{cm} + 5\ \text{cm} = 8\ \text{cm}$$

oder, wenn man die Wiedergabe der Rechnung abkürzen will,

$$3 + 5 = 8$$

$$l = 8\ \text{cm}.$$

Diese abgekürzte Schreibweise ist nur bei übersichtlichen Rechnungen ratsam.

Ein häufiger Fehler wird beim Logarithmieren einer physikalischen Größe begangen. Eine physikalische Größe muß durch seine Einheit dividiert werden, bevor ihr Logarithmus gebildet werden kann. Es muß also heißen:

$$\ln \frac{p}{p^0} \text{ (und nicht } \ln p\text{).}$$

p^0 ist der Standarddruck, der je nach der Art der verwendeten Einheit für p 1,013 bar oder 0,1013 MPa ist. Der Logarithmus kann nur von einer reinen Zahl, aber nicht von einer physikalischen Größe gebildet werden.

Größengleichungen haben auf beiden Seiten gleiche Größen, wobei selbstverständlich die Größen Produkte anderer Größen sein können. Es empfiehlt sich, diese Bedingung zur Überprüfung der Richtigkeit einer Rechnung zu benutzen, indem man die Einheiten der Größen in die Gleichung einsetzt.

Verschiedene Einheitensysteme

Es gibt eine Vielzahl von physikalischen Größen, über deren Maß wir üblicherweise eine Aussage machen wollen. Bekannte physikalische Größen sind z.B. die Länge, das Volumen, die Masse, die Zeit. Wollen wir eine derartige Größe messen, so brauchen wir einen Größenstandard oder eine Einheit. Wir stellen dann fest, wie oft die Einheit in der zu messenden Größe enthalten ist.

Ein Beispiel: „Wie groß ist die Entfernung zwischen den beiden Dörfern A und B?" Als Einheit der Länge könnte man hier den Abstand zweier Alleebäume verwenden; die Antwort hieße dann z.B.: „Die Entfernung zwischen A und B beträgt 124 Alleebaum-Einheiten". Natürlich ist die gewählte Einheit absolut willkürlich, genausogut könnten wir auch die Schrittweite eines bestimmten Menschen nehmen. Wichtig ist, daß eine Einheit genügend genau meßbar und gut reproduzierbar ist (was in unserem Beispiel sicherlich nicht der Fall ist).

Betrachten wir eine andere physikalische Größe, das Volumen. Sie ist durch die Größengleichung

$$\text{Volumen} = \text{Länge}^3$$

definiert. Als Volumeneinheit könnten wir z.B. den Inhalt eines bestimmten Wassereimers oder eines Eisenbahnwaggons nehmen.

Haben wir jeder physikalischen Größe eine derartige Einheit zugeordnet, so haben wir ein *Einheitensystem.* So wie wir für jede Größe unendlich viele Einheiten definieren können, so gibt es unendlich viele Einheitensysteme.

Messen wir nun die Länge in Alleebaum-Einheiten und das Volumen in Wassereimer-Einheiten und setzen wir die gemessenen Werte in die oben angegebene Größengleichung ein, so wird die Gleichung nur richtig werden, wenn wir einen von Eins verschiedenen Koeffizienten einführen. Dieser Proportionalitätsfaktor ist eine Funktion der beiden gewählten Einheiten. Messen wir das Volumen in Eisenbahnwaggon-Einheiten, so kommen wir zu einem anderen Koeffizienten. Nur dann, wenn wir das Volumen in Kubik-Alleebaum-Einheiten angeben, erhalten wir den Koeffizienten 1. Eine solche Volumeneinheit, die also aus der definierten Längeneinheit abgeleitet worden ist, bezeichnet man als *kohärente Einheit.* Kohärente Einheiten, in Größengleichungen eingesetzt, führen stets zum Proportionalitätskoeffizienten 1.

Das SI-System ist ein kohärentes Einheitensystem, d.h. es gibt eine Anzahl von Basiseinheiten (insgesamt sieben), die nach Gesichtspunkten der Zweckmäßigkeit ausgewählt wurden, von denen die Einheiten der übrigen physikalischen Größen mit Hilfe von Größengleichungen abgeleitet wurden. Aus dem Gebiet der Mechanik sind analog dem bekannten CGS-System (Einheiten: cm, g, s) die Länge, die Masse und die Zeit Basisgrößen. Im Unterschied zum CGS-System kommt im SI-System als elektromagnetische Basisgröße die elektrische Stromstärke hinzu (Einheit: Ampère, A), wodurch die elektromagnetischen Einheiten sehr einfach und anschaulich werden.
Das CGS-System ist ein Versuch, die elektromagnetischen Erscheinungen auf mechanische Größen zurückzuführen. Das geschieht, indem im Coulombschen Gesetz

$$\text{Kraft} = K \cdot \frac{\text{Ladung (1)} \cdot \text{Ladung (2)}}{\text{Abstand}^2}$$

die Konstante K willkürlich gleich 1 gesetzt und die Ladungseinheit als Funktion der Kraft und der Länge definiert wird:

1 elektrostatische Ladungseinheit (e.s.E.) = 1 cm dyn $^{1/2}$.

Alle anderen elektromagnetischen Größen werden aus dieser elektrostatischen Ladungseinheit abgeleitet. Daraus folgt, daß bei elektromagnetischen CGS-Einheiten gebrochene Exponenten üblich sind, eine nicht gerade anschauliche Darstellung der elektromagnetischen Größen! So ist die Einheit der elektrischen Spannung im CGS-System 1 $g^{1/2}cm^{1/2}s^{-1}$, im SI-System dagegen 1 V = 1 $kg\,m^2A^{-1}s^{-3}$.

Ein anderer schwerwiegender Nachteil des CGS-Systems ist, daß verschiedene physikalische Größen gleiche Einheiten haben, was physikalisch sinnlos ist und zu Verwechslungen führen kann. Die Einheit der Kapazität eines Kondensators ist z.B. im CGS-System das Zentimeter, das hier offensichtlich eine völlig andere Bedeutung als die Längeneinheit Zentimeter hat.
Dem SI-System liegen Größengleichungen zugrunde. Eine Größengleichung gilt unabhängig vom Einheitensystem. Man kann ein beliebiges Einheitensystem benutzen und erhält damit das richtige Ergebnis. Die Größengleichung für das Coulombsche Gesetz z.B. lautet

$$\text{Kraft} = \frac{1}{\pi\epsilon_0} \cdot \frac{\text{Ladung (1)} \cdot \text{Ladung (2)}}{\text{Abstand}^2}$$

mit der elektrischen Feldkonstanten ϵ_0 als Naturkonstanten. Die entsprechende Gleichung im CGS-System ist zwar einfacher:

$$\text{Kraft} = \frac{\text{Ladung (1)} \cdot \text{Ladung (2)}}{\text{Abstand}^2},$$

gilt aber nur für dieses System. Setzt man in die Gleichung Werte ein, die im SI-System gemessen sind, so erhält man ein völlig falsches Ergebnis.

Das SI-System

Das SI-System besteht aus 7 *Basisgrößen*, die voneinander unabhängig und nach praktischen Gesichtspunkten ausgewählt wurden. Es sind dies:

Länge (Basiseinheit: Meter, abgekürzt: m),

Masse (Kilogramm, kg),

Zeit (Sekunde, s),

elektrische Stromstärke (Ampère, A),

thermodynamische Temperatur (Kelvin, K),

Lichtstärke (Candela, cd) und

Stoffmenge (Mol, mol).

Die Dimensionen aller anderen, aus diesen Basisgrößen *abgeleiteten Größen* ergeben sich aus den Größengleichungen. So ist die Dimension der *Energie* entsprechend der Gleichung

$$\text{Energie} = \text{Masse} \cdot \text{Geschwindigkeit}^2$$

gegeben. Die kohärente, abgeleitete Energieeinheit ist demnach:

$$1 \text{ Joule} = 1 \text{ Kilogramm} \cdot \text{Meter}^2 \cdot \text{Sekunde}^{-2}$$

$$1 \text{ J} = 1 \text{ kg m}^2 \text{ s}^{-2}.$$

Diese kohärente, abgeleitete Energieeinheit Joule ersetzt die alten Einheiten der Energie und der Wärmemenge, Erg bzw. Kalorie.
Im Falle des *Druckes* ist die Dimension

$$\text{Druck} = \text{Kraft} \cdot \text{Fläche}^{-1} = \text{Masse} \cdot \text{Beschleunigung} \cdot \text{Fläche}^{-1}$$

$$\text{Druck} = \text{Masse} \cdot \text{Länge}^{-1} \cdot \text{Zeit}^{-2}.$$

Die entsprechende kohärente, abgeleitete Druckeinheit ist

$$1 \text{ Pascal} = 1 \text{ Kilogramm} \cdot \text{Meter}^{-1} \cdot \text{Sekunde}^{-2}$$

$$1 \text{ Pa} = 1 \text{ kg m}^{-1} \text{s}^{-2}.$$

Die alten, nicht mehr zugelassenen Druckeinheiten sind Atmosphäre und Torr.
Es würde zu weit führen und kann nicht Aufgabe dieser Vorbemerkungen sein, auch nur die wichtigsten abgeleiteten Größen und ihre Einheiten hier vollständig aufzuführen. Wir haben uns auf die Größen Energie und Druck beschränkt, die in der

Chemie besonders wichtig sind, Im folgenden wird auf einige Besonderheiten und im übrigen auf die ausführlichere Literatur hingewiesen.

Wie an den angeführten Beispielen zu erkennen ist, erhalten eine Reihe von kohärenten, abgeleiteten Einheiten aus praktischen Gründen Eigennamen, die sich bereits eingebürgert haben (Ohm, Volt, Hertz), aber auch relativ ungebräuchliche, wie das Newton (als Einheit für die Kraft) oder das Pascal.
Ebenfalls aus Gründen der Zweckmäßigkeit wurde der *Grad Celsius* (°C) als abgeleitete Einheit für die Temperatur beibehalten, um z.B. Körpertemperaturen bequem angeben zu können. Als Celsiustemperatur t wird die Differenz einer thermodynamischen Temperatur gegenüber 273,15 K bezeichnet. Für die Bezeichnung von Temperaturdifferenzen sollte die Angabe in Kelvin bevorzugt werden.
Dezimale Vielfache und Teile von Einheiten werden durch Verwendung der 10er-Potenzschreibweise oder durch geeignete Präfixe vor den Einheiten ausgedrückt.
Andererseits sind für eine Reihe von Vielfachen und Bruchteilen von nichtkohärenten, abgeleiteten Einheiten seit langem eigene Namen gebräuchlich, die in der Bundesrepublik und Berlin (West) ausdrücklich zugelassen sind, obwohl sie nicht zu den SI-Einheiten gehören:

Volumen:	Einheit Liter → $1\ l = 1\ dm^3 = 10^{-3}\ m^3$ (Diese Liter-Definition ist neu und nicht identisch mit der früheren Definition).
Masse:	Einheit Tonne → $1\ t = 1\ Mg = 10^6 g$
Druck:	Einheit Bar → $1\ bar = 10^{-1}\ MPa = 10^5\ Pa$ (1 Bar ist ungefähr gleich 1 Atmosphäre: 1 atm = 1,013 bar).
Zeit:	Einheit Minute → 1 min = 60 s Einheit Stunde → 1 h = 60 min = 3600 s Einheit Tag → 1 d = 86400 s.

Ebenfalls nicht zu den SI-Einheiten gehören die atomare Masseneinheit (u), die als ein Zwölftel der Masse des Atoms des Nuclids ^{12}C (= $1{,}660\,531 \cdot 10^{-27}$ kg) definiert ist und das Elektronenvolt (eV) als atomare Energieeinheit.
Größen wie das Massenverhältnis, die relative Dichte oder die relative Atommasse haben die Dimension 1, weil bei ihnen in Zähler und Nenner die gleichen Größen auftreten.
Zur weiteren Information über das SI-System wird folgende Literatur empfohlen:

1. W. Haeder und E. Gärtner: Die gesetzlichen Einheiten in der Technik. Beuth Vertrieb GmbH, 4. Auflage, Berlin 1974.
2. J.F. Cordes: Das neue internationale Einheitensystem. Die Naturwissenschaften *59*, 5, 177–82 (1972).
3. W. Kalide: Die gesetzlichen Einheiten ab 5. Juli 1970. Werkstattblatt 548, Carl-Hanser-Verlag, München 1972.
4. D. Stamm: Meßgrößen und SI-Einheiten in der klinischen Chemie. Die internationalen Empfehlungen und die gesetzlichen Regelungen in der Bundesrepublik Deutschland. Mitteilungen der Deutschen Gesellschaft für Klinische Chemie e.V. *1975*, Sonderdruck aus Heft 1.

Einleitung:
Was ist Chemie?

Seminaranleitung

Die Einleitung soll dazu dienen, das Interesse der Studenten an der Chemie zu wecken und das Ziel des Chemie-Seminars definieren zu helfen. Nach dieser Einleitung sollen die Studenten anfangen, einen Begriff davon zu bekommen, was Chemie und welches ihre Stellung in der menschlichen Erfahrungswelt ist.

Modellvorstellungen	Der Seminarleiter sollte den Abschnitt über Modellvorstellungen sorgfältig lesen. Lehrer vergessen häufig, daß Modellvorstellungen und die physikalischen Erscheinungen, die diese Modelle repräsentieren, verschiedene Dinge sind. Dieser Punkt sollte im Seminar besonders hervorgehoben werden; wenn Sie und Ihre Studenten sich stets darüber im klaren sind, wird keine Enttäuschung aufkommen, wenn mal ein bestimmtes Modell bei der Deutung einiger Teile eines physikalischen Phänomens versagt.
Chemische Technologie	Die Behandlung des Einflusses der chemischen Technologie auf unser Leben kann der Ausgangspunkt sein, um eine lebhafte Diskussion der sozialen Folgen der Chemie auszulösen. Eine derartige Diskussion könnte sehr wichtig sein, um die Chemie aus jenem abgelegenen Winkel herauszuholen, in dem sie für viele Studenten steht und dort keinerlei Beziehung zur menschlichen Erfahrungswelt hat.

Fragen und Aufgaben

Es ist offensichtlich, daß einige der folgenden Fragen keine genauen Antworten haben. Die Verfasser geben manche Gedanken zu den Punkten wieder, wobei sie sich darüber klar sind, daß Seminarleiter und Studenten eventuell vollkommen andere Reaktionen von gleicher oder besserer Qualität haben.

1. (a) Das indische Volk hat Körperformen, die den unsrigen ähnlich sind; seine Hautfarbe ist anders; seine Lebensphilosophie ist mystischer als die unsrige; und als Nation steht es vor einer unglaublichen Armut.
   Beachten Sie:
   Da zwei der Verfasser Indien kennen, wissen wir, daß Teile dieses Modells keine sehr genaue Beschreibung des wirklichen Inders liefern und daß überhaupt kein allgemeines Modell eine wirklich brauchbare Beschreibung eines einzelnen Inders geben kann.
   (b) Die Sterne am Himmel sind eine ungeheuer große Anzahl von entfernten Sonnen.
   (c) Armut ist eine ungünstige Lebensbedingung des Menschen, die gewöhnlich

durch Mangel an Nahrung und Obdach charakterisiert wird (Wir würden ein anderes Modell aufbauen, wenn wir die Geistesarmut meinen).

(d) Das Gefühl im Menschen, das das Leben als wichtig erscheinen läßt, ist der Geist des Menschen.

2. Wenn wir von einem Ort zu einem anderen gehen oder fahren, glauben wir, uns auf einer mehr oder weniger ebenen Fläche mit vielen Buckeln zu bewegen. Auf der Oberfläche der Erde orientieren wir uns meistens durch Erfassen des Schwerefeldes. Wenn die Erde eine ebene Scheibe von großer Dicke wäre, würden wir die Schwerkraft so erfahren, wie wir es auch in Wirklichkeit tun.

3. (a) *Drei Einheiten zu vier Einheiten addiert ergibt sieben Einheiten.*
Das ist natürlich eine Definition von Namen oder Symbolen, die den Elementen eines Zählsystems zugeordnet sind. Nehmen wir 3 und 4 als schon definiert an, so ist die Feststellung eine genaue Definition von 7.

(b) *Zweimal eine Veränderliche plus viermal eine andere Veränderliche ergibt Siebenundzwanzig.*
Das ist selbstverständlich keine Definition, sondern die Feststellung einer Beziehung zwischen zwei veränderlichen Größen mit Zahlen, wie unter (a) definiert.

(c) *Eine Größe, mit sich selbst multipliziert, ergibt diese Größe quadriert.*
Diese Aussage definiert die Bedeütung des mathematischen Ausdrucks „Quadrat".

(d) *Die Fläche eines Kreises ist gleich der Größe π multipliziert mit dem Quadrat des Radius.*
Dieser Satz stellt eine Beziehung zwischen Größen dar und ist keine Definition. Beachten Sie, daß der Satz sehr wenig aussagt, es sei denn, man denkt an Definitionen von F und r. Allerdings könnte man auch sagen, daß der Satz eine Definition der Größe π darstellt.

4. Vermutlich. Auch ohne Molekülmodell würde die Untersuchung der Materie und deren Änderungen weitergehen. Es besteht freilich die interessante Möglichkeit, daß sich Chemiker von „molekularen" und von „nichtmolekularen" Gesellschaften gegensetitig nicht anerkennen.

5. Sicher müssen viele chemische Änderungen ablaufen, denn es werden eine Reihe von Änderungen beobachtet. Beispielsweise ändern sich Farbe und Aroma. Selbst wenn wir den Apfel schälen, um die Schale zu entfernen, auf der die stärkste Farbänderung erfolgt, bemerken wir noch die Veränderung des Aromas. Die Tatsache, daß die Kerne eines reifen Apfels im Gegensatz zu denen eines grünen keimen, zeigt, daß eine andere Art der Änderung eingetreten ist, die auch mit einem anderen chemischen Vorgang zusammenhängt.

6. Gleiche Moleküle sollten gleiche Eigenschaften haben, selbst in verschiedenen Augen. Daraus folgt: Sind die Farben verschieden, dann muß es auch gewisse Unterschiede in den Molekülen geben.

7. Biologie; die Zelle.
Psychologie; das Individuum.
Wirtschaftswissenschaft; die Währungseinheit (DM, Dollar, Peso, Güter usw.).
Astronomie; ein Himmelskörper.

8. Das physikalische Modell ist eine Hilfe bei der Entstehung des Gedankenmodells, mit dem wir arbeiten. Wir finden Modellflugzeuge nützlich, wenn wir uns bestimmte Gedanken über Flugzeuge machen.
9. Moleküle in der Atmosphäre treffen auf Blätter und bewegen sie dabei. Da es auf dem Mond keine Atmosphäre gibt, würden Blätter dort bewegungslos sein, es sei denn, aus dem Weltraum träfen Teilchen auf die Blattoberfläche.
10. Chemiker sind Menschen und ihre Ethik dürfte die der Gesellschaft widerspiegeln, in der sie leben. Die ethischen Normen von Gesellschaften ändern sich, zum Besseren oder zum Schlechteren, und die Ethik von Wissenschaftlern ändert sich damit ebenfalls. Wahrscheinlich sollten Chemiker mehr von der Wechselbeziehung zwischen ihren eigenen Gedanken und Gefühlen und denen ihrer Mitmenschen wissen. Manchmal könnte man denken, zwischen Wissenschaft und sozialer Ethik bestünde kein Zusammenhang. Die Klagen über Wissenschaftler, die die unerwünschten Folgen der chemischen Technologie nicht zeitig genug voraussehen, scheint wenig angebracht zu sein. Das technologische und gesellschaftliche Vorhersagevermögen ist noch nicht sehr weit entwickelt. Wir haben aber nicht die Absicht, die Wirtschaftswissenschaftler und Historiker zur Rechenschaft zu ziehen, weil sie einige Änderungen, die in der Vergangenheit eingetreten sind, nicht vorhersagen konnten. Selbst wenn sie vor 30 Jahren gesagt hätten, wie die Lage heute, 1976, aussieht, hätten wir ihnen kaum alles geglaubt!

1 Atome und Moleküle

Seminaranleitung

Es ist notwendig für den Studenten, die in diesem Kapitel diskutierten Ideen gründlich zu verstehen. Er muß Begriffe wie Mol, relative Molekülmasse, Molekül, Element und Verbindung verstehen und unterscheiden können. Die meisten Studenten kennen die Begriffe schon, aber häufig werden viele der mit den Begriffen verknüpften Konsequenzen und Feinheiten nicht wahrgenommen. Da diese Begriffe auch im Kapitel 2 benutzt werden, ist es entscheidend, daß sie der Student jetzt vollkommen versteht, damit er sich dann ganz auf das Verständnis des Verhaltens der Gase konzentrieren kann.

Dieses Kapitel versucht, dem Studenten einen Überblick darüber zu geben, was Materie ist, daß sie aus Atomen und Molekülen aufgebaut ist und die Anordnung der Atome die Eigenschaften der Materie bestimmt. Durch das gesamte Kapitel zieht sich der Modellbegriff, zunächst als Modellvorstellung der Atomstruktur, danach als Molekülmodell.

Auf den Begriff des Moleküls können Sie etwas ausführlicher eingehen und es nicht bei dem Satz des Lehrbuchs: „Die kleinsten Einheiten eines reinen Stoffes werden Moleküle genannt" belassen. Da wäre zunächst eine Gruppe von reinen Stoffen, nämlich die Edelgase, deren kleinste Einheiten einzelne Atome sind. Bedenken Sie auch, daß Wasserstoff oder andere Gase, deren kleinste Einheiten bei Raumtemperatur Moleküle sind, bei hoher Temperatur in Atome (oder Ionen) zerfallen. In vielen reinen Stoffen, am stärksten ausgeprägt in Flüssigkeiten, treten mehr oder weniger starke Wechselwirkungen zwischen den Molekülen auf; es bilden sich Molekülassoziate, deren Größe eine Stoffeigenschaft ist, die von thermodynamischen Größen, besonders der Temperatur, abhängt. Bei vielen Festkörpern ist der Molekülbegriff überhaupt nicht aufrechtzuhalten. Es sind alle diejenigen, deren Hauptbindungskräfte Ionennatur haben und somit in alle Raumrichtungen mehr oder weniger gleich stark gerichtet sind. Statt hier krampfhaft an einem „Riesenmolekül" festzuhalten, das mit dem ganzen Kristall identisch wäre, definiert man besser den Begriff der Formeleinheit bzw. Formelmasse. Bei den nicht stöchiometrisch zusammengesetzten Festkörpern versagt auch diese Vorstellung von der Formeleinheit, weil es hier Schwierigkeiten bereitet, eine exakte Zusammensetzung anzugeben. Achten Sie sehr darauf, daß Sie Ihre Studenten durch derartige Ausführungen nicht verwirren. Bringen Sie abschließend zur Betonung des

„Normalen" als Beispiel das Gas Methan. Das Thema eignet sich gut zur Diskussion einer Modellvorstellung und seiner Abänderungen, die durch einen Vergleich mit der Wirklichkeit notwendig werden.

1-1 Dichte

Wenn auch Dichte-Aufgaben einfach sind, so werden doch häufig Rechenfehler gemacht. Die Studenten sollten sich stets die Frage stellen: „Ist mein Ergebnis sinnvoll?" Bei dieser Gelegenheit sollten Sie mit Ihren Studenten die Benutzung wichtiger Rechenhilfen wiederholen, die sie bei Berechnungen im Laufe des Seminars brauchen werden.

Geben Sie den Studenten einen Überblick über die bei den Elementen auftretenden Dichten. Zum Beispiel Osmium, mit der Dichte von 22,48 $g\,cm^{-3}$ das dichteste Metall, und zum Vergleich Lithium mit einer Dichte von 0,534 $g\,cm^{-3}$. Stellen Sie die folgenden Fragen: Wie könnte man die Dichte einer Flüssigkeit bestimmen? Hängt die Dichte von der Temperatur ab? Schwimmt ein Gegenstand bestimmter Dichte auf Wasser oder sinkt er unter? Ist die Dichte eines Körpers auf der Zugspitze dieselbe wie auf Meeresniveau?

1–2 Homogene und heterogene Gemische

Es kann sein, daß der Student mit dem Unterschied zwischen einem homogenen und einem heterogenen Gemisch Schwierigkeiten hat. Wenn wir Salz und Pfeffer miteinander vermischen, so können wir anfangs noch leicht die Grenzen zwischen Salz und Pfeffer unterscheiden. Wenn wir aber das Gemisch mit einem Pistill in einem Mörser verreiben, so erscheint es mit bloßem Auge homogen. Bei 20 000facher Vergrößerung aber sind die Grenzen zwischen Salz und Pfeffer wieder zu erkennen, das Gemisch erweist sich als heterogen. Eine Mischung ist heterogen, wenn Grenzen bei einer Vergrößerung zu beobachten sind, bei der noch nicht die Atome oder Moleküle der verschiedenen Bestandteile des Gemisches zu erkennen sind.

1–3 Verbindungen und Elemente

Von der Schule wird der Student vermutlich die Kenntnis mitbringen, was Elemente und Verbindungen sind. Ein Haufen zweiatomiger Moleküle, wie z.B. Cl_2, wird nicht als Verbindung angesehen, obwohl Chlor-Chlor-Bindungen vorhanden sind. Um den Begriff „Verbindung" benutzen zu können, müssen mehrere Elemente in einer reinen Substanz auftreten.

1–4 Chemische Zusammensetzung

Das Verständnis der chemischen Zusammensetzung ist sehr wichtig; es ist daher nützlich, weitere Beispiele durchzunehmen.

Beispiel
Aspirin enthält 60,00 % Kohlenstoff, 4,48 % Wasserstoff und außerdem Sauerstoff. Wieviele Gramm Wasser werden gebildet, wenn 2 g Aspirin vollständig zu Kohlendioxid und Wasser verbrennen?
Lösung
4,48 % des Aspirins ist Wasserstoff. Also sind in 2 g Aspirin 0,0448 · 2 g = 0,0986 g Wasserstoff enthalten. Wie in Abschnitt 1–4 des Lehrbuchs gezeigt wird, sind 11,2 % des Wassers Wasserstoff. Somit ergibt sich:

$$0{,}112 \cdot (\text{Masse des Wassers}) = 0{,}0896 \text{ g}.$$

$$\text{Masse des Wassers} = \frac{0{,}0896 \text{ g}}{0{,}112} = 0{,}800 \text{ g}.$$

Erhaltung der Masse

Chemische Reaktionen bedeuten Umlagerungen und/oder Übertragungen von Elektronen. Wenn bei einer chemischen Reaktion Wärme freigesetzt wird, findet eine Umwandlung von Masse in Energie statt. Betrachten Sie die Reaktion von Beispiel 1–3. Bei der Bildung von 10,08 g MgO aus den Elementen werden 152,4 kJ Wärme abgegeben. Unter Benutzung der Einsteinschen Gleichung $E = mc^2$ können wir zeigen, daß eine Masse von $1{,}70 \cdot 10^{-9}$ g in Energie umgewandelt wird. Das ist für jede Waage ein unmeßbarer Massenunterschied. Es ist deshalb völlig vernünftig zu sagen, daß die Gesamtmasse jedes der Elemente in den Ausgangsverbindungen gleich der Gesamtmasse in den Reaktionsprodukten ist.

1–5 Daltons Atomtheorie

Manche Studenten werden sich von ihrem Chemieunterricht an der Schule her erinnern, daß der erste Satz des Gesetzes von Dalton geändert worden ist, um den Isotopiebegriff zu berücksichtigen. Da das Thema der Isotope später diskutiert wird, wäre es das beste, ihre Behandlung bis zu diesem Zeitpunkt zu verschieben, es sei denn, sie wird an dieser Stelle verlangt. Definieren Sie dann ein Isotop und erklären Sie, daß ein Element nicht durch seine Masse, sondern durch die Anzahl der Protonen im Kern charakterisiert ist.

Es ist für uns, die wir den Umgang mit relativen Atommassen gewöhnt sind, nicht einfach, die Schwierigkeiten zu verstehen, die die Chemiker des frühen neunzehnten Jahrhunderts hatten. Es war leicht für sie zu bestimmen, daß 24,3 g Magnesium mit 16,0 g Sauerstoff reagieren, aber um aus diesen Werten die relativen Atommassen zu erhalten, mußte das Verbindungsverhältnis von Magnesium zu Sauerstoff bekannt sein. Als schließlich die relativen Atommassen bekannt waren, konnte das Verbindungsverhältnis leicht bestimmt werden. Es war das große Problem, gleichzeitig die relativen Formel- und Atommassen bestimmen zu müssen. Diese Frage wird im Abschnitt 2–4 in weiteren Einzelheiten besprochen. Beachten Sie auch das 4. Zeitschriftenzitat.

1–6 Aufbau der Moleküle

Die Bedeutung der Atomfolge in einem Molekül kann deutlich gemacht werden, wenn zwei Verbindungen mit identischen Elementarzusammensetzungen betrachtet werden, wie z.B. Äthylalkohol, H_3CCH_2OH, und Dimethyläther, H_3COCH_3. Beide Verbindungen enthalten 52,2 % C, 13,0 % H und 34,8 % O. Die Molekülstruktur von Äthylalkohol besitzt eine Kohlenstoff-Kohlenstoff-Bindung, und ein Wasserstoffatom ist mit einem Sauerstoffatom verbunden. Diese Charakteristika fehlen im Dimethyläther. Die Bedeutung der Atomfolge wird den Studenten klar, wenn einige der Unterschiede in den chemischen und physikalischen Eigenschaften beider Verbindungen betrachtet werden. Dimethyläther ist bei Zimmertemperatur ein Gas (Siedepunkt –23,6 °C), Äthylalkohol dagegen eine Flüssigkeit (Siedepunkt + 78,5 °C).

1–7 Modelle

Ermuntern Sie Ihre Studenten, so oft wie möglich Modelle zu benutzen. Sie sollen wissen, daß selbst die talentiertesten Chemiker Molekülmodelle bei ihrer Arbeit verwenden. Fragen Sie die Studenten, ob sie sich Nachteile aus der Benutzung von Modellen vorstellen können.

1–8 Atom- und Molekülmassen

Viele Studenten haben Schwierigkeiten, die wahre Bedeutung der realtiven Atommasse zu erkennen. Die meisten Aufgaben, die gestellt werden, enthalten Gramm als Masseneinheit. Die Studenten glauben dann oft, daß relative Atommassen in Gramm angegeben werden. Beispielsweise könnten Studenten denken, daß der Kohlenstoff eine relative Atommasse von 12,01 g besitzt und Wasserstoff eine relative Atommasse von 1,008 g. Stellen Sie klar, daß man genau so gut von Tonnen-Atommassen (12,01 t und 1,008 t) sprechen kann. Wenn wir auf das Beispiel 1–3 zurückkommen, so gilt:

$$6{,}078\ \text{g Mg} + 4{,}00\ \text{g}\ O_2 \rightarrow 10{,}08\ \text{g MgO}$$

aber ebenso richtig ist:

$$6{,}078\ \text{t Mg} + 4{,}00\ \text{t}\ O_2 \rightarrow 10{,}08\ \text{t MgO}.$$

Wenn eine Aufgabe in Tonnen gegeben ist und die Lösung in Tonnen verlangt wird, verschwenden Studenten allzuoft Zeit damit, die Tonnen in Gramm und diese anschließend wieder in Tonnen umzurechnen. Achten Sie darauf, daß solche Fehler nicht gemacht werden.

Weil ein gutes Verständnis der Begriffe Mol und Grammatom so grundlegend für das Begreifen der chemischen Verbindungsbildung und für stöchiometrische Rechnungen ist, behandeln Sie diese Begriffe mit der nötigen Ausführlichkeit. Sie können dazu eine Aufgabe stellen, bei der ein Reagens im Überschuß eingesetzt wird. Es ist überraschend, wieviele Studenten, die gefragt werden, wieviel Magnesiumsulfid aus 100 g Magnesium und 100 g Schwefel entsteht, „200 g" als Antwort geben. Wenn das geschieht, so ist nicht beachtet worden, daß verschiedene Elemente verschiedene relative Atommassen besitzen. Die Gramm-Atommasse von Magnesium ist 24,3 g und die Gramm-Atommasse von Schwefel ist 32,1 g. Das Magnesium-Schwefel-Massenverhältnis ist $\frac{24{,}3\ \mathrm{g}}{32{,}1\ \mathrm{g}} = 0{,}757$, also würden 100 g Schwefel mit $0{,}757 \cdot 100\ \mathrm{g} = 75{,}7\ \mathrm{g}$ Magnesium reagieren und 24,3 g Magnesium blieben übrig.

Da ein Mol einer Substanz dieselbe Anzahl Atome oder Moleküle enthält wie ein Mol einer anderen Substanz, gibt es einen anderen Lösungsweg für die Aufgabe, indem Gramm in Mole umgerechnet werden. Also

$$100\ \mathrm{g\,S} \cdot \frac{1\ \mathrm{mol\ S}}{32{,}1\ \mathrm{g\,S}} = 3{,}12\ \mathrm{mol\ S},$$

$$100\ \mathrm{g\,Mg} \cdot \frac{1\ \mathrm{mol\ Mg}}{24{,}3\ \mathrm{g\ Mg}} = 4{,}12\ \mathrm{mol\ Mg}.$$

Ein Schwefelatom reagiert mit einem Magnesiumatom oder ein Mol Schwefel reagiert mit einem Mol Magnesium. In unserem Falle gibt es 3,12 Mole Schwefel, die sich mit 3,12 Molen Magnesium verbinden können, wobei $4{,}12-3{,}12 = 1{,}00$ Mol Magnesium unreagiert übrigbleiben.

$$1{,}00\ \mathrm{mol} \cdot \frac{24{,}3\ \mathrm{g\ Mg}}{\mathrm{mol}} = 24{,}3\ \mathrm{g\ Mg}$$

haben nicht reagiert.

Einfachste Formel und Molekülformel

Erklären Sie Ihren Studenten, daß analytische Methoden, die den Prozentgehalt eines Elements in einer Verbindung liefern, im allgemeinen nicht so genau sind, daß vier Stellen exakt angegeben werden können. Im Beispiel 1–13 ist die Angabe der letzten Ziffer beim Prozentgehalt von Kalium (40,28 %) bei den meisten analytischen Verfahren unsicher.

Studenten lernen schnell den Unterschied zwischen empirischen Formeln und Molekülformeln verstehen. Ein zusätzliches Beispiel sei angeführt:

Beispiel

Eine Probe einer Verbindung aus Phosphor und Schwefel enthält 56,3 % Phosphor. Welches ist die einfachste Formel?

Lösung

In einer 100 g-Probe dieser Verbindung wären 56,3 g Phosphor und 43,7 g Schwefel enthalten. Um das Molverhältnis ausrechnen zu können, ist erst die Zahl der Mole von P und S in der Verbindung zu berechnen:

$$56{,}30 \text{ g P} \cdot \frac{1 \text{ mol P}}{30{,}97 \text{ g P}} = 1{,}818 \text{ mol P},$$

$$43{,}70 \text{ g S} \cdot \frac{1 \text{ mol S}}{32{,}06 \text{ g S}} = 1{,}363 \text{ mol S}.$$

Damit ist

$$\frac{1{,}818 \text{ mol P}}{1{,}363 \text{ mol S}} = 1{,}33$$

oder

$$\frac{P}{S} = \frac{1{,}33}{1}.$$

Das Verhältnis von P zu S in kleinen, ganzen Zahlen ergibt die Formel P_4S_3.

Literatur

1. E. Wichers: „Why the Carbon-12-Scale". *Chemistry* (März 1964, S. 12). Diskussion der Gründe für eine Skala der relativen Atommassen, die sich auf Kohlenstoff-12 bezieht.
2. G.P. Dinga: „The Elements and the Derivation of Their Names and Symbols". *Chemistry* (Februar 1968, S. 20).
3. G.R. Choppin: „Water, H_2O or $H_{180}O_{90}$". *Chemistry* (März 1965, S. 6).
4. R. Ferreiva: „Chemists' Involvement in Society, Part II: Stanislao Canizzaro". *Chemistry* (Dezember 1970, S. 12).
Diskussion der Schwierigkeiten, gleichzeitig eine empirische Formel und eine Atommasse zu bestimmen.

5. R.M. Hawthorne, Jr.: „Avogadro's Number: Early Values by Loschmidt and Others". *J. Chem. Ed. 47,* 11 (1970).
Der Artikel beschreibt das Bestimmungsverfahren der Loschmidtschen Zahl, wie es im 19. Jahrhundert benutzt wurde und gibt einen Überblick über ungefähr zwanzig Methoden des 20. Jahrhunderts.
6. E. Ströcker: „Element und Verbindung. Zur Wissenschaftsgeschichte zweier wissenschaftlicher Grundbegriffe". *Angew. Chem. 80,* 18, 747–53 (1968).
7. H. Remy: „Die neue Atomgewichtstabelle". *Angew. Chem. 74,* 2, 69–74 (1962).
Der Artikel beschreibt die Gründe für die Änderung der Atomgewichtsbasis (^{12}C = 12 statt bisher O = 16) und deren Folgen.

Fragen und Aufgaben

1. Materie ist etwas, was Masse besitzt und Raum beansprucht. Einige Materieeigenschaften sind Masse, Volumen und Dichte.
2. $\frac{\text{Masse}}{\text{Volumen}}$ = Dichte.
3. Die Dichte von flüssigem Quecksilber ist 13,59 g cm^{-3}.
   Masse des Hg = 515 g = 13,59 g cm^{-3} · 0,500 cm^2 Länge
   $$\text{Länge} = \frac{515\ \text{g}}{13{,}59\ \text{g cm}^{-3} \cdot 0{,}500\ \text{cm}^2} = 75{,}8\ \text{cm}.$$
4. Homogene Gemische können auf mechanischem Wege nicht in ihre Bestandteile zerlegt werden, was bei heterogenen Gemischen gewöhnlich der Fall ist. Homogene Gemische besitzen stets nur eine Phase, heterogene haben wenigstens zwei. Die Phasen eines heterogenen Gemisches können von gleicher Art sein, wie z.B. zwei Flüssigkeiten. Ein Beispiel für ein heterogenes Gemisch von zwei Phasen ist eine Öl-Wasser-Emulsion.
5. Griechenland.
6. N + O → NO.
   14 g + 16 g = 30 g.
7. NaCl → Na + Cl
   5,64 g 3,42 g
   $$\frac{3{,}42\ \text{g}}{5{,}64\ \text{g}} \cdot 100 = 60{,}6\ \%\ \text{Chlor}$$
   100,00 % Natriumchlorid
   – 60,6 % Chlor

   39,3 % Natrium.
8. Materie besteht letztlich aus Atomen; die Atome eines Elements sind identisch. Verbindungen werden durch Kombination von Atomen in einfachen Verhältnissen gebildet. Die Suche nach den relativen Massen dieser Atome und ihren Verbindungsverhältnissen prägte die chemische Wissenschaft für mehr als ein Jahrhundert.
9. Atommassen werden normalerweise als relative Massen, bezogen auf die Masse eines bestimmten Bezugselements, verstanden.
10. Die Anzahl von Atomen in 23 g Natrium ist immer dieselbe, weil Natriumatome stets gleich sind (ausgenommen den Fall, daß verschiedene Natrium-Isotope vorhanden sind, vgl. Abschnitt 4–9). In 10 Kilogramm Apfelsinen aber kann die Anzahl verschieden sein, weil die einzelnen Massen der Apfelsinen verschieden sein können.

11. Molmasse = $\dfrac{5{,}30\ g}{0{,}87\ mol} = 6{,}1\ g\ mol^{-1}$.

12. (a) $\dfrac{m_S}{m_L} = \dfrac{22{,}99}{15{,}99} = 1{,}438$

$\dfrac{n_S}{n_L} = 2$

$\dfrac{n_S \cdot m_S}{n_L \cdot m_L} = \dfrac{x}{750}$

x = 750 g · 2 · 1,438 = 2160 g der schwereren Kapseln.

(b) $\dfrac{m_{Na}}{m_O} = \dfrac{22{,}99}{15{,}99} = 1{,}438$

$\dfrac{n_{Na}}{n_O} = 2$

$\dfrac{n_{Na} \cdot m_{Na}}{n_O \cdot m_O} = \dfrac{x}{64{,}0}$

x = 64,0 g · 2 · 1,438 = 194 g Na.

13. (a) 12,011 + 4 · 1,008 = 16,043
(b) 98,076
(c) 259,61
(d) 122,123
(e) 27,670
(f) 231,33

14. (a) Molzahl = $\dfrac{\text{Masse}}{\text{Molmasse}} = \dfrac{0{,}8\ g}{32\ g\ mol^{-1}} = 2{,}5 \cdot 10^{-2}\ mol\ O_2$

(b) $\dfrac{421\ g}{197\ g\ mol^{-1}} = 2{,}14\ mol\ Au$

(c) $\dfrac{2{,}45 \cdot 10^{-3}\ g}{28{,}0\ g\ mol^{-1}} = 8{,}75 \cdot 10^{-5}\ mol\ N_2$

(d) $\dfrac{4{,}3 \cdot 10^{-2}\ g}{64\ g\ mol^{-1}} = 6{,}7 \cdot 10^{-4}\ mol\ SO_2$

(e) $\dfrac{62{,}4\ g}{17{,}03\ g\ mol^{-1}} = 3{,}66\ mol\ NH_3$

(f) $\dfrac{6{,}84 \cdot 10^{3}\ g}{238\ g\ mol^{-1}} = 28{,}7\ mol\ U.$

15. 234,6 (6K)
131,3 (1Xe)
96,0 (6 O)
461,9 = relative Molmasse K_6XeO_6

$\dfrac{131{,}3\ g\ Xe}{461{,}9\ g\ K_6XeO_6} \cdot 100 = 28{,}4\ \%\ Xe.$

16. Anzahl Mole · Gramm-Molekülmasse = Gramm
(a) $(3{,}87 \cdot 10^{-3}\ mol\ O_2)\ (32{,}0\ g\ mol^{-1}) = 0{,}124\ g\ O_2$

(b) $(55{,}55 \text{ mol } H_2O)\,(18{,}02 \text{ g mol}^{-1}) = 1001 \text{ g } H_2O$
(c) $(7{,}2 \cdot 10^{-4} \text{ mol } K_2PtCl_4)\,(415{,}2 \text{ g mol}^{-1}) = 0{,}30 \text{ g } K_2PtCl_4$
(d) $(721 \text{ mol } H_2)\,(2{,}016 \text{ g mol}^{-1}) = 1{,}45 \cdot 10^3 \text{ g } H_2$
(e) $(32 \cdot 10^{-5} \text{ mol } CO_2)\,(44{,}0 \text{ g mol}^{-1}) = 1{,}4 \cdot 10^{-2} \text{ g } CO_2$
(f) $(6{,}48 \cdot 10^3 \text{ mol He})\,(4{,}00 \text{ g mol}^{-1}) = 2{,}59 \cdot 10^4 \text{ g He}$.

17. Anzahl Mole · Loschmidtsche Zahl = Anzahl Moleküle

(a) $\dfrac{2{,}3 \text{ g Na}}{23{,}0 \text{ g mol}^{-1}} = 0{,}10 \text{ mol Na}$

$(0{,}10 \text{ mol})\,(6{,}022 \cdot 10^{23} \text{ Moleküle mol}^{-1}) = 6{,}0 \cdot 10^{22}$ Moleküle

(b) $(2 \cdot 10^{-3} \text{ mol})\,(6{,}022 \cdot 10^{23} \text{ Moleküle mol}^{-1}) = 1{,}2 \cdot 10^{21}$ Moleküle

(c) $\dfrac{1{,}28 \cdot 10^{-3} \text{ g S}}{32{,}06 \text{ g mol}^{-1}} = 3{,}99 \cdot 10^{-5} \text{ mol S}$

$(3{,}99 \cdot 10^{-5} \text{ mol})\,(6{,}022 \cdot 10^{23} \text{ Moleküle mol}^{-1}) = 2{,}40 \cdot 10^{19}$ Moleküle

18. (a) $\dfrac{3{,}011 \cdot 10^{22} \text{ Moleküle}}{6{,}022 \cdot 10^{23} \text{ Moleküle mol}^{-1}} = 5{,}000 \cdot 10^{-2} \text{ mol}$

$(5{,}000 \cdot 10^{-2} \text{ mol})\,(32{,}00 \text{ g mol}^{-1}) = 1{,}600 \text{ g } O_2$

(b) $\dfrac{1{,}66 \cdot 10^{20} \text{ Atome}}{6{,}02 \cdot 10^{23} \text{ Atome mol}^{-1}} = 0{,}276 \cdot 10^{-3} \text{ mol}$

$(0{,}276 \cdot 10^{-3} \text{ mol})\,(23{,}0 \text{ g mol}^{-1}) = 6{,}35 \cdot 10^{-3} \text{ g Na}$

(c) $\dfrac{2{,}01 \cdot 10^{24} \text{ Moleküle}}{6{,}02 \cdot 10^{23} \text{ Moleküle mol}^{-1}} = 3{,}34 \text{ mol}$

$3{,}34 \text{ mol} \cdot 46{,}01 \text{ g mol}^{-1} = 154 \text{ g } NO_2$.

19. Ein Mol oder $6{,}022 \cdot 10^{23}$ Atome Thulium wiegen 169 Gramm.
Die Masse eines Thulium-Atoms ist

$\dfrac{169 \text{ g mol}^{-1}}{6{,}022 \cdot 10^{23} \text{ Atome mol}^{-1}} = 2{,}81 \cdot 10^{-22} \text{ g Atom}^{-1}$.

20. Die einfachste Formel einer chemischen Verbindung gibt die relative Anzahl von Molen jedes der beteiligten Elemente an.

$\dfrac{5{,}40 \text{ g Al}}{26{,}98 \text{ g mol}^{-1}} = 0{,}200 \text{ mol Al}$

$\dfrac{21{,}3 \text{ g Cl}}{35{,}45 \text{ g mol}^{-1}} = 0{,}600 \text{ mol Cl}$.

Die einfachste Formel ist

$$Al_{0,200}\,Cl_{0,600} = Al_1\,Cl_3 \text{ oder } AlCl_3.$$

Die angegebene relative Molekülmasse dieser Verbindung ist 266,66, also der doppelte Betrag, der für $AlCl_3$ berechnet worden ist; daher muß die Molekülformel Al_2Cl_6 sein.

21. In einem Mol $C_6H_8O_6$ sind 6 g-Atome (Mole) Sauerstoff enthalten, also müssen in 0,0100 Molen $C_6H_8O_6$ 0,0600 g-Atome (Mole) Sauerstoff sein. Die Masse des Sauerstoffs beträgt

$$(0{,}0600 \text{ mol})\,(16{,}0 \text{ g mol}^{-1}) = 0{,}960 \text{ g O}.$$

22. Es sind die Massenanteile in CaC_2 zu berechnen, die von Ca und C geliefert werden. Die relative Molekülmasse von CaC_2 ist 64,10.

$$\frac{40{,}08 \text{ g Ca}}{64{,}10 \text{ g } CaC_2} = 0{,}625$$

$$\frac{24{,}02 \text{ g C}}{64{,}10 \text{ g } CaC_2} = 0{,}375.$$

Der Massenbruch von Kohlenstoff multipliziert mit der Gesamtmasse der Probe ergibt die Masse des vorhandenen Kohlenstoffs.

$(0{,}375)\ (8{,}00 \text{ g}) = 3{,}00 \text{ g C}$

$(0{,}625)\ (8{,}00 \text{ g}) = 5{,}00 \text{ g Ca}.$

23. $$\frac{0{,}0570 \text{ g He}}{4{,}00 \text{ g mol}^{-1}} = 1{,}43 \cdot 10^{-2} \text{ mol He}$$

$(1{,}43 \cdot 10^{-2} \text{ mol})\ (6{,}02 \cdot 10^{23} \text{ Atom mol}^{-1}) = 8{,}61 \cdot 10^{21}$ Atome.

24. Die Massenbrüche von Kohlenstoff in seinen Oxiden sind 0,4286 bzw. 0,2727.

$$\text{Masse Oxid} = \frac{\text{Masse Kohlenstoff}}{\text{Massenbruch Kohlenstoff}}$$

$$\frac{1 \text{ g C}}{0{,}4286} = 2{,}33 \text{ g Oxid}$$

$$\frac{1 \text{ g C}}{0{,}2727} = 3{,}67 \text{ g Oxid}$$

Die relative Sauerstoffmasse in den zwei Verbindungen ist

$$\frac{2{,}67}{1{,}33} = \frac{2}{1}.$$

25. Die gesamte Chlormasse in 5,00 g PCl_5 ist

$(0{,}8513)\ (5{,}00 \text{ g}) = 4{,}26 \text{ g}.$

Von den fünf Chloratomen, die ein Molekül enthält, werden zwei von ihnen (40 %) zu Chlor. Also werden $(0{,}40)\ (4{,}26 \text{ g}) = 1{,}70 \text{ g } Cl_2$ gebildet.

2 Gase und Hypothese von Avogadro

Seminaranleitung

Der Stoff zu Kapitel 2 ist aus mehreren Gründen wichtig. Man muß das Verhalten der Gase verstehen, um das chemische Verhalten der Materie zu begreifen. Auch werden die Begriffe der relativen Atommassen und der Molekülformeln, die in Kapitel 1 behandelt worden sind, durch das Studium der Gasgesetze verständlicher. Schließlich ist die kinetische Molekültheorie ein gutes Beispiel für eine wissenschaftliche Modellvorstellung, die unter bestimmten Bedingungen versagt. Die Bedingungen, unter denen ein reales Gas dieser Modellvorstellung nicht mehr entspricht, sind jedoch gut bekannt, und zusätzliche Modelle sind entwickelt worden, um dieses Verhalten zu erklären.

2–1 Die Eigenschaften von Gasen

Der Begriff des Drucks wird häufig nicht gut verstanden. Die meisten Studenten denken dabei an eine „Art Kraft" und wissen, daß ansteigender Druck eine Gefahr sein kann. Zu viel Druck in einer Flasche, in einem Reifen oder in einem Dampfkochtopf kann zu einer Explosion führen. Das einfache Barometer in Abbildung 2–1 kann beim Verstehen des Druckbegriffes hilfreich sein. Die Studenten können sich Fragen folgender Art stellen: Nimmt die Höhe des Quecksilbers ab, wenn der innere Durchmesser des Glasröhres größer wird? Nimmt die Höhe der Quecksilbersäule ab, wenn die Quecksilberoberfläche zunimmt? Diese Fragen werden den Studenten daran erinnern, daß Druck Kraft pro Flächeneinheit ist. Der Begriff des Drucks kann je nach dem Kenntnisstand der Studenten noch weiter behandelt werden.

Die Kraft kann stets als

$$\frac{\text{Masse} \cdot \text{Länge}}{\text{Zeit}^2}$$

ausgedrückt werden. Gibt man die Masse in kg, die Länge in m und die Zeit in s an, ist die entsprechende Einheit der Kraft ein Newton (N).

Beispiel

Angenommen, das Glasrohr in Abbildung 2–1 habe eine Querschnittsfläche von 1 cm^2. Berechnen Sie den Druck in N m^{-2}, der 1,013 bar entspricht.

Lösung

Da die Dichte von Quecksilber 13,55 g cm^{-3} ist und die Höhe des Quecksilbers 760 mm (76 cm) beträgt, ist die Masse des Quecksilbers

$$13{,}55 \text{ g cm}^{-3} \cdot 1 \text{ cm}^2 \cdot 76 \text{ cm} = 1030 \text{ g}.$$

Länge · Zeit^{-2} wird als Beschleunigung bezeichnet; in unserem Falle handelt es sich um die durch die Schwerkraft verursachte Beschleunigung; sie beträgt 980,1 cm s^{-2}.

Also: 980,1 cm s^{-2} · 1030 g = 9,801 m s^{-2} · 1,030 kg = 10,1 N.

Druck ist definiert als Kraft · Fläche^{-1}; so entsprechen 760 mm Hg-Säule einem Druck von

$$10{,}1\ \mathrm{N} \cdot \frac{1}{10^{-4}\ \mathrm{m}^2} = 1{,}01 \cdot 10^5\ \mathrm{N\,m^{-2}}.$$

Wäre die Querschnittsfläche der Glasbohrung 0,5 cm^2, so wäre die berechnete Kraft halb so groß wie oben, aber die Kraft würde auf 0,5 cm^2 wirken. Daraus folgt, daß der Druck vom Querschnitt des Glasrohres unabhängig ist.

Kompressibilität

Wie im Lehrbuch festgestellt wird, beobachten wir diese Gaseigenschaft täglich. Diskutieren Sie mit ihren Studenten, daß Fahrradreifen einen Luftdruck von 4 bar, Autoreifen aber nur einen Druck von 1,5 bis 2,0 bar brauchen. Einigen, die im wissenschaftlichen Denken ungeübt sind, mag das Schwierigkeiten bereiten. Daher könnte an diesem Punkt eine gute Diskussion einsetzen.

2–2 Die quantitativen Beziehungen zwischen Volumen, Temperatur und Druck.
Das Boylesche Gesetz

Erklären Sie ihren Studenten genau, wie die Beziehung, die als Boylesches Gesetz bekannt ist, aus der graphischen Darstellung in Abbildung 2–4 folgt. Weisen Sie darauf hin, daß diese Methode, Versuchsdaten in eine mathematische Aussage zu übersetzen, für Wissenschaftler üblich ist.

Beim Lösen von Aufgaben mit Gasgesetzen sollten die Studenten stets überlegen, ob ihre Antwort sinnvoll ist. Wenn auf ein Gas ein Druck ausgeübt wird, nimmt sein Volumen ab, wenn die Temperatur konstant ist. Wenn ein Gas erwärmt wird, nimmt sein Volumen zu, wenn der Druck konstant ist. Die Studenten werden ohne Zweifel diese qualitativen Beziehungen verstehen und sollten ermuntert werden, sie anzuwenden. Beispiele wie das folgende können sie dazu in die Lage versetzen.

Beispiel

Das Volumen eines Gases sei 2 Liter und der Druck 6 bar. Wird der neue Druck größer oder kleiner als 6 bar sein, wenn sich das Volumen bei konstanter Temperatur auf 4 Liter erhöht.

Lösung

Bevor der Student überhaupt zu seinem Bleistift greift,

sollte er wissen, daß der neue Druck kleiner als 6 bar sein wird. Die meisten Studenten sollten auch dazu fähig sein, im Kopf auszurechnen, daß der neue Druck 3 bar ist.

Volumen und Temperatur

Es ist notwendig, des öfteren die Studenten daran zu erinnern, daß zum Lösen von Gasgesetz-Aufgaben die Temperaturen in Kelvin ausgedrückt werden müssen. Die Kelvin-Skala ist eine absolute Temperaturskala, während andere Skalen, wie die Celsius- und Fahrenheit-Skala, willkürlich sind, weil sie auf der Wahl eines relativen Punktes (z.B. Gefrier- und Siedepunkte von Wasser) aufgebaut sind. Hier sollte darauf eingegangen werden, daß die Temperatur nach dem Gesetz von Charles definiert ist. Da sich *alle* Gase mit steigender Temperatur ausdehnen, definiert diese Eigenschaft eine Temperaturskala, nämlich die Kelvin-Skala. Die meisten Thermometer, die wir täglich benutzen, beruhen auf der Ausdehnung und Zusammenziehung einer Flüssigkeit, wie z.B. Quecksilber. Diese Thermometer können aber nicht völlig exakt sein, weil die Beziehung zwischen der Temperatur und dem Volumen der Flüssigkeit nicht genau linear und die Beziehung für verschiedene Flüssigkeiten unterschiedlich ist. Diskutieren Sie, warum die Vereinbarung über die Einführung der SI-Einheiten für Temperaturangaben nur noch die Kelvin-Skala zuläßt. Aus praktischen Gründen darf außerdem die Celsius-Skala benutzt werden.

Die Fahrenheit-Skala wird bisher in den USA allgemein benutzt. Auch in wissenschaftlichen Arbeiten aus den USA kann man diese Temperaturangaben finden. Zur Übung der Temperaturumrechnung: Bei welcher Temperatur sind die Angaben in Fahrenheit und Celsius identisch?

Lösung

$$°C = 5/9\ (°F-32)$$
$$= 5/9\ °F - \frac{5}{9} \cdot 32$$

Es soll sein: °C = °F, also:

$$4/9\ °C = -\ \frac{160}{9}$$
$$°C = -\ 40.$$

Das zusammengefaßte Gasgesetz

Betonen Sie, daß es sinnvoll ist, das zusammengefaßte Gasgesetz zu benutzten, weil es damit möglich ist, Aufgaben, die Volumen, Temperatur und Druck enthalten, in einem Schritt zu lösen. Außerdem zeigt es die Beziehung zwischen Druck und Temperatur.

2–3 Volumenänderungen bei Gasreaktionen

Dem Gesetz der miteinander reagierenden Volumina wird in den meisten Lehrbüchern nicht viel Raum gegeben; das scheint der Grund zu sein, weswegen die Studenten dem Gesetz keine besondere Aufmerksamkeit schenken. Das ist bedauerlich, weil eine Anzahl von Aufgaben, die chemische Reaktionen zum Ausgangspunkt haben und die der Student zu lösen hat, die Reaktionen von Gasen miteinander behandeln.

Betrachten Sie folgende Aufgabe: Wieviele Liter NH_3 können aus 10 Litern N_2 und 10 Litern H_2 hergestellt werden, wenn die Reaktionsgleichung

$$N_2 + 3\,H_2 \rightarrow 2\,NH_3 \text{ ist?}$$

Viele Studenten werden versuchen, das Problem durch Umwandlung der Volumina in Massen in eine Form zu bringen, die ihnen geläufiger ist. Da es dann notwendig ist, die Antwort wieder in Volumina zurückzurechnen, verlieren sie viel Zeit und behalten obendrein eine oberflächliche Vorstellung von den Vorgängen. Die Reaktionsgleichung bedeutet nicht nur: „Ein Mol Stickstoff reagiert mit drei Molen Wasserstoff unter Bildung von 2 Molen Ammoniak", sondern auch: „Ein Liter Stickstoff reagiert mit drei Litern Wasserstoff unter Bildung von zwei Litern Ammoniak". Zehn Liter Stickstoff würden dreißig Liter Wasserstoff erfordern, also ist Wasserstoff das den Reaktionsumfang bestimmende Element. Es folgt, daß zehn Liter Wasserstoff 20/3 Liter Ammoniak ergeben.

2–4 Ein Modell für gasförmige Materie. Die Avogadrosche Hypothese

Gehen Sie sicher, daß bei ihren Studenten nicht der Eindruck entstanden ist, daß die Avogadrosche Hypothese behauptet, ein Mol einer Substanz enthielte $6{,}02 \cdot 10^{23}$ Moleküle. Die Loschmidtsche Zahl ist nicht bestimmt worden, als Avogadro postulierte, daß gleiche Gasvolumina bei gleichen Temperatur- und Druckbedingungen dieselbe Anzahl von Molekülen enthalten.

Die Annahme der Hypothese von Avogadro führte zur Kenntnis der relativen Molekülmassen, nicht aber der relativen Atommassen. Daß zwei Moleküle Wasserstoff mit einem Molekül Sauerstoff zu zwei Molekülen Wasserdampf reagieren, ist klar. Die Stöchiometrie kann

$$2\,H_2 + O_2 \rightarrow 2\,H_2O$$

oder

$$2\,H_4 + O_4 \rightarrow 2\,H_4O_2$$

oder noch höhere Vielfache davon sein.
Alle Versuchsdaten stützen die erste Gleichung, die von zweiatomigen Wasserstoff- und Sauerstoffmolekülen ausgeht. Die Hypothese von Avogadro ist kein Beweis der relativen Atommassen von Wasserstoff und Sauerstoff, wohl aber die Unmöglichkeit, eine Reaktion zu finden, die nicht mit zweiatomigen Molekülen dieser Elemente zu vereinbaren ist.

Das Mol

Dieser Abschnitt kann nicht ausführlich genug behandelt werden. Die Zahlenwerte für Standardtemperatur und -druck sollte man sich einprägen. Die Entwicklung des Molvolumens und dessen Vereinbarkeit mit der Hypothese von Avogadro ist wichtig. Betonen Sie, daß der Wert von 22,4 Litern nur unter Standardbedingungen richtig ist.

Das ideale Gasgesetz hat allgemeine Bedeutung. Die Studenten sollen sich den Wert merken, der für R angegeben ist, denn es ist einer der im Lehrbuch am häufigsten benutzten Zahlenwerte. Wenn es die Zeit gestattet, wäre es gut, wenn ihre Studenten als Übung die Werte für R in anderen Einheiten ableiten würden.

Vergleichen Sie das ideale Gasgesetz mit dem zusammengefaßten Gasgesetz, das in Abschnitt 2-2 gegeben wurde. Helfen Sie ihren Studenten zu erkennen, welche Arten von Gasaufgaben am einfachsten mit welchen von beiden Gesetzen zu lösen sind.

Übung

Geben Sie die Lösungswege zu folgenden Aufgaben an:

(1) Ein bestimmtes Gas bei 20° C und 1 bar füllt 30 Liter aus. Welches ist sein Volumen bei 30° C und 1,5 bar?

Lösung

$$\frac{P_1\,V_1}{T_1} = \frac{P_2\,V_2}{T_2}$$

oder

$$V_2 = \frac{P_1\,T_2\,V_1}{P_2\,T_1}$$

$$V_2 = \frac{1\text{ bar} \cdot 293\text{ K} \cdot 30\text{ l}}{1{,}5\text{ bar} \cdot 303\text{ K}}$$

(2) Zwei Mole eines Gases nehmen bei 1,013 bar und 0° C 44,8 Liter ein. Berechnen Sie das Volumen bei 3,039 bar und 28° C.

Lösung

$$V = \frac{n R T}{P}$$

$$\doteq \frac{2 \text{ mol} \cdot 0{,}083 \text{ l bar K}^{-1} \text{ mol}^{-1} \cdot 301 \text{ K}}{3{,}039 \text{ bar}}$$

Die folgende Aufgabe ist ein Beispiel für die Art von Aufgaben, die sehr leicht durch Benutzung des Molvolumens der Gase gelöst werden können:
Wie groß ist das Volumen von 3 Molen Sauerstoff bei 0° C und 1,013 bar?
Lösung 1
Ein Mol eines idealen Gases beansprucht unter Standardbedingungen 22,4 Liter; also brauchen 3 Mole 67,2 Liter.
Lösung 2

$$V = \frac{n R T}{P}$$

$$= \frac{3 \text{ mol} \cdot 0{,}083 \text{ l bar K}^{-1} \text{ mol}^{-1} \cdot 273 \text{ K}}{1{,}013 \text{ bar}}$$

$$V = 67{,}1 \text{ l.}$$

Zeigen Sie, wie man mit Hilfe des idealen Gasgesetzes relative Molekülmassen berechnen kann.

Die molekularkinetische Theorie

Das zusammengefaßte Gasgesetz ist ein quantitativer Ausdruck, mit dem man Volumenänderungen aufgrund von Temperatur-, Druck- oder Massenänderungen berechnen kann. Es bedeutet keine *Erklärung* des Verhaltens von Gasen. Hier wird ein Modell entwickelt, das das Verhalten von Gasen unter verschiedenen Bedingungen widergibt.

Eine Frage, die das Modell beantworten sollte, ist: „Warum übt ein Gas einen Druck aus?" Man könnte meinen, daß ein Gas einen Druck ausübt, weil es eine kontinuierliche Substanz ist und wie eine Feder zurückdrückt, wenn man einen Druck ausübt. Wenn auch das Modell von der kontinuierlichen Substanz diese spezielle Beobachtung erklärt, geben andere Beobachtungen dazu Anlaß, von diesem Modell abzugehen. Gase expandieren in jedes beliebige, ihnen zur Verfügung gestellte Volumen; eine kontinuierliche Substanz täte das nicht.

Das Lehrbuch benutzt die Molekültheorie, um die Kompressibilität, die Druckwirkung, die Fähigkeit zur Ausdehnung, das Ausströmen und die Diffusion zu erklären. Wenn die Studenten die Anwendung der kinetischen Theorie auf diese Erscheinungen verstanden haben, stellen Sie fest, ob sie die Theorie auf andere Phänomene anwenden können. Stellen Sie Fragen wie etwa:

1. Warum dehnt sich ein Gas aus, wenn es bei konstantem Druck erwärmt wird?
2. Warum gehorchen Gase mit vollkommen unterschiedlichen chemischen und physikalischen Eigenschaften demselben Gasgesetz?
3. Warum bleibt der Druck eines Gases über Jahre hinweg konstant, wenn das Volumen, die Temperatur und die Masse konstant gehalten werden?

Studenten neigen dazu, die Gleichung

$$\frac{\text{Geschwindigkeit}_1}{\text{Geschwindigkeit}_2} = \sqrt{\frac{\text{Molmasse}_2}{\text{Molmasse}_1}}$$

zu lernen, ohne daß ihnen der Unterschied zwischen Geschwindigkeit und Zeit bewußt wird.

Beispiel
Berechnen Sie die relative Molmasse eines Gases, wenn ein vorgegebenes Volumen in 28,28 min durch eine Öffnung strömt, und es bekannt ist, daß das gleiche Volumen Sauerstoff bei gleicher Temperatur und gleichem Druck in 20,00 min durch diese Öffnung strömt.

Lösung

$$\frac{\text{Geschwindigkeit}_{O_2}}{\text{Geschwindigkeit}_X} = \frac{\dfrac{V_{O_2}}{20{,}00 \text{ min}}}{\dfrac{V_X}{28{,}28 \text{ min}}} = \sqrt{\frac{\text{Molmasse}_X}{32}}$$

$$\text{Molmasse}_X = \left(\frac{28{,}28}{20{,}00}\right)^2 \cdot 32 = 64$$

Beachten Sie, daß

$$\frac{\text{Zeit}_1}{\text{Zeit}_2} = \sqrt{\frac{\text{Molmasse}_2}{\text{Molmasse}_1}}$$

falsch ist.

2–5 Partialdrücke

Fordern Sie die Studenten auf, einen Ausdruck für den Molenbruch von Helium in einem Gemisch von He, Ar und Ne zu formulieren. Diese Aufgabe wird sie in die Lage versetzen, sich von dem einfachen Beispiel aus dem Lehrbuch zu lösen und den Begriff des Partikaldrucks besser zu verstehen.

Eine einfache Aufgabe zum Gesetz von Dalton ist die folgende: Angenommen, ein Behälter enthalte 10 Liter eines Gases bei 4 bar und ein anderer enthalte 8 Liter Gas bei 12 bar. Werden die beiden Behälter miteinander verbunden, so vermischen sich die Gase. Welches ist der Enddruck der beiden Behälter?

Lösung

Das Gesamtvolumen beider Behälter ist 18 Liter. Der Druck, den eines der Gase ausübt, beträgt

$$\frac{4\ \text{bar} \cdot 10\ \text{l}}{18\ \text{l}} = \frac{40}{18}\ \text{bar},$$

der des anderen Gases

$$\frac{12\ \text{bar} \cdot 8\ \text{l}}{18\ \text{l}} = \frac{96}{18}\ \text{bar}.$$

Damit ist der Gesamtdruck

$$\left(\frac{40}{18} + \frac{96}{18}\right)\text{bar} = 7{,}55\ \text{bar}.$$

2–6 Reale Gase

Würden die Gasgesetze bei allen Temperaturen und Drücken gelten, wäre es unmöglich, ein Gas zu verflüssigen. Daß Anziehungskräfte zwischen Gasmolekülen bestehen, ist offensichtlich, weil die meisten Gase beim Ausdehnen kälter werden. Das geschieht deshalb, weil Energie verbraucht wird, um die Anziehungskräfte zu überwinden. Das kältere Gas kann benutzt werden, um weiteres Gas in einem Zylinder abzukühlen, bevor es expandiert. Wird der Kreisprozeß fortgesetzt, tritt Verfüssigung ein. Offensichtlich ist unser molekularkinetisches Modell nicht vollkommen.

Je nach der Vertrautheit ihrer Studenten mit graphischen Darstellungen kann es notwendig sein, die Kurven in Abbildung 2-8 zu erläutern.
Zunächst müssen Sie sicher sein, daß sie verstehen, warum eine graphische Darstellung von $\frac{PV}{nRT}$ (dem Kompressibilitätskoeffizienten) gegen P eine Gerade mit der Steigung Null für ein ideales Gas sein sollte. Erklären Sie anschließend, daß negative und positive Abweichungen vom idealen Verhalten größere bzw. kleinere Kompressibilitäten als normal (d.h. dem Gesetz von Boyle entsprechend) bedeuten. Durch Aufsuchen des normalen atmosphärischen Druckes in der Darstellung sollen sich die Studenten davon überzeugen, daß es gerechtfertigt ist, bei gewöhnlichen Drücken die idealen Gasgesetze auf reale Gase anzuwenden.

Literatur

1. R.H. Borman and W.N. Stakely: „Studying the Properties of Gases Experimentally", *Chemistry* (März, 1965, S. 30). – Der Artikel beschreibt Versuche, mit Hilfe derer man zeigen kann, daß die durchschnittliche kinetische Energie von Molekülen aller Gase bei einer bestimmten Temperatur konstant ist.
2. N.W. Rakestraw: „Controlling Breathing Atmosphere". *Chemistry* (Oktober, 1970, S. 18). – Der Artikel diskutiert die chemischen Möglichkeiten, schädliche Umweltstoffe aus der Luft zu entfernen.

Fragen und Aufgaben

1. Moleküle in der Gasphase haben einen so großen Abstand voneinander, daß ihre Wechselwirkungen vernachlässigbar sind, so daß sie als einfache Punktmassen behandelt werden können, die sich durch den Raum bewegen. In flüssigen und festen Phasen sind Wechselwirkungen wichtig.
2. Ein Ballon dehnt sich aus, wenn er erwärmt wird. Ein aufgepumpter Reifen trägt ein Auto. Eine Quecksilbersäule wird von der Atmosphäre getragen.
3. $P_1 V_1 = P_2 V_2$

   $(1{,}50\ \mathrm{l})\ (0{,}99\ \mathrm{bar}) = (0{,}80\ \mathrm{bar})\ (V_2)$

   $$V_2 = 1{,}50\ \mathrm{l} \cdot \frac{0{,}99\ \mathrm{bar}}{0{,}80\ \mathrm{bar}}$$

   $$V_2 = 1{,}9\ \mathrm{l}.$$
4. Die graphische Darstellung einer Geraden ist leichter zu interpolieren (Ablesen von Werten zwischen den Meßpunkten) und zu extrapolieren (Ablesen von Werten jenseits des letzten Meßpunktes). Für eine Gerade gibt es mit $y = ax + b$ eine einfache mathematische Beziehung.
5. Der Nullpunkt auf der absoluten Temperaturskala ist diejenige Temperatur, bei der jede Molekülbewegung aufhört.
6. $\frac{V_1}{T_1} = \frac{V_2}{T_2}$

   $\mathrm{K} = 18 + 273 = 291 = T_1$

   $\mathrm{K} = -31 + 273 = 242 = T_2$

   $$V_2 = (1{,}50\ \mathrm{l}) \cdot \frac{242\ \mathrm{K}}{291\ \mathrm{K}} = 1{,}25\ \mathrm{l}.$$
7. Das Boylesche Gesetz wird angewendet, wenn eine Druck-Volumen-Änderung bei konstanter Temperatur mit einer bestimmten Gasmasse stattfindet.
   Das Charlessche Gesetz verknüpft Volumen und Temperatur bei konstantem Druck durch den Wert der Gaskonstanten.

   $$PV = nRT.$$

   Wird die Temperatur und die Zahl der Mole des Gases konstant gehalten, so ergibt sich PV = konstant (Boylesches Gesetz).
   Sind der Druck und die Zahl der Mole des Gases konstant, dann gilt

$$\frac{V}{T} = \frac{nR}{P} = \text{constant (Charlessches Gesetz).}$$

8. $P_1 V_1 = P_2 V_2$

$$\frac{P_1}{P_2} = \frac{V_2}{V_1} = \frac{0{,}933 \text{ bar}}{0{,}200 \text{ bar}} = \frac{4{,}67}{1} = \frac{\text{Endvolumen}}{\text{Anfangsvolumen}}.$$

9. Standardtemperatur (273 K oder 0° C) und -druck (1,013 bar; 1 bar = 10^5 Pa). Es handelt sich um einen Bezugszustand, mit dem alle Gase verglichen werden können. Ein Mol eines idealen Gases bei Standardbedingungen nimmt 22,414 Liter ein.

10. Das Volumen des Gases würde auf Null zurückgehen. Alle Gase kondensieren zu einer flüssigen oder festen Phase, bevor eine derart niedrige Temperatur erreicht werden kann.

11. $$\frac{P_1 V_1}{T_1} = \frac{P_2 V_2}{T_2}$$

oder

$$V_2 = V_1 \left(\frac{T_2}{T_1}\right)\left(\frac{P_1}{P_2}\right)$$

$$V_2 = 375 \text{ ml} \cdot \frac{273 \text{ K}}{348 \text{ K}} \cdot \frac{0{,}978 \text{ bar}}{1{,}013 \text{ bar}}$$

$$V_2 = 284 \text{ ml.}$$

12. Mole Propylen $= n = \dfrac{\text{Masse}}{\text{relative Molmasse}} = \dfrac{64{,}6 \text{ g}}{42{,}1 \text{ g mol}^{-1}}$

$$PV = nRT = \frac{\text{Masse}}{\text{relative Molmasse}} \cdot RT$$

$$V = \frac{(64{,}6 \text{ g}) \cdot (0{,}083 \text{ l bar mol}^{-1} \text{ K}^{-1})\ (292 \text{ K})}{(3{,}44 \text{ bar})\ (42{,}1 \text{ g mol}^{-1})}$$

$$V = 10{,}81 \text{ l.}$$

13. Mole $O_2 = \dfrac{3200 \text{ g}}{32{,}00 \text{ g mol}^{-1}}$

$$PV = nRT$$

$$P = \frac{(3200 \text{ g})\ (0{,}083 \text{ l bar mol}^{-1} \text{ K}^{-1})\ (300 \text{ K})}{(32{,}0 \text{ g mol}^{-1})\ (1{,}00 \cdot 10^2 \text{ l})}$$

$$P = 24{,}9 \text{ bar.}$$

14. Mole $Cl_2 = \dfrac{1{,}00 \cdot 10^{-2} \text{ g}}{70.9 \text{ g mol}^{-1}}$

bei 20° C:

$$P = \frac{(1{,}00 \cdot 10^{-2} \text{ g})\ (0{,}083 \text{ l bar mol}^{-1} \text{ K}^{-1})\ (293 \text{ K})}{(70{,}9 \text{ g mol}^{-1})\ (0{,}010 \text{ l})}$$

$$P = 0{,}34 \text{ bar.}$$

bei 250° C:

$$P = \frac{(1{,}00 \cdot 10^{-2}\ \text{g})\ (0{,}083\ \text{l bar mol}^{-1}\ \text{K}^{-1})\ (523\ \text{K})}{(70{,}9\ \text{g mol}^{-1})\ (0{,}010\ \text{l})}$$

$P = 0{,}612$ bar.

15. Das ist das Volumen, das von einem Mol eines idealen Gases bei Standardtemperatur und -druck eingenommen wird. Die Molmasse eines Gases kann näherungsweise berechnet werden, indem das Volumen einer gegebenen Gasmasse unter Standardbedingungen gemessen und angenommen wird, daß ein Mol 22,4 Liter einnimmt.

16. $\text{Zahl der Mole} = \frac{5{,}0 \cdot 10^{13}\ \text{Moleküle}}{6{,}02 \cdot 10^{23}\ \text{Moleküle mol}^{-1}}$

$$P = \frac{(5{,}0 \cdot 10^{13}\ \text{Moleküle})\ (0{,}083\ \text{l bar mol}^{-1}\ \text{K}^{-1})\ (273\ \text{K})}{(6{,}02 \cdot 10^{23}\ \text{Moleküle mol}^{-1})\ (1{,}00 \cdot 10^{-3}\ \text{l})}$$

$P = 1{,}88 \cdot 10^{-6}$ bar.

17. $P_{total} = p_1 + p_2 + p_3 = 1{,}5$ bar

$$p_1 = X_1 \cdot P_{total} \qquad X_1 = \frac{p_1}{P_{total}} = \frac{0{,}75\ \text{bar}}{1{,}50\ \text{bar}} = 0{,}50$$

$$X_2 = \frac{0{,}30\ \text{bar}}{1{,}50\ \text{bar}} = 0{,}20$$

$$X_3 = \frac{0{,}45\ \text{bar}}{1{,}50\ \text{bar}} = 0{,}30$$

18. $PV = nRT$

$$n = \frac{PV}{RT}$$

$$\text{Zahl der Atome} = Nn = \frac{NPV}{RT}$$

$$= \frac{(6{,}02 \cdot 10^{23}\ \text{Atome mol}^{-1})\ (1{,}529\ \text{bar})\ (2{,}34\ \text{l})}{(0{,}0831\ \text{l bar mol}^{-1}\ \text{K}^{-1})\ (308\ \text{K})}$$

$= 8{,}40 \cdot 10^{22}$ Atome.

19. Die Moleküle eines Gasgemisches wirken unabhängig voneinander.

20. Unter Standardbedingungen nimmt ein Mol XeO_4 22,4 Liter ein. Die Molmasse von XeO_4 beträgt 195,3 g.

$$\text{Dichte} = \frac{\text{Masse}}{\text{Volumen}} = \frac{195{,}3\ \text{g}}{22{,}4\ \text{l}} = 8{,}72\ \text{g l}^{-1}.$$

21. $$\text{Molmasse} = \frac{\text{Masse} \cdot RT}{PV} = \frac{(7{,}0\ \text{g})\ (0{,}083\ \text{l bar mol}^{-1}\ \text{K}^{-1})\ (300\ \text{K})}{(0{,}973\ \text{bar})\ (5{,}63\ \text{l})}$$

$= 31{,}8\ \text{g mol}^{-1}$.

22. Gesamtzahl der vorhandenen Mole ist 1,4.

$$p_{O_2} = X_{O_2} P_{total} = \frac{0{,}5\ \text{Mole}}{1{,}4\ \text{Mole}} \cdot 0{,}8\ \text{bar} = 0{,}3\ \text{bar}$$

$$p_{H_2} = X_{H_2} P_{total} = \frac{0{,}1\ \text{Mole}}{1{,}4\ \text{Mole}} \cdot 0{,}8\ \text{bar} = 0{,}1\ \text{bar}$$

$$p_{N_2} = X_{N_2} P_{total} = \frac{0{,}8\ \text{Mole}}{1{,}4\ \text{Mole}} \cdot 0{,}8\ \text{bar} = 0{,}5\ \text{bar}.$$

23. Die Geschwindigkeit eines Moleküls ist direkt proportional der Quadratwurzel der Temperatur, aber umgekehrt proportional der Quadratwurzel seiner Masse. Wenn sich Sauerstoffmoleküle (relative Molekülmasse = 32) genauso schnell wie Wasserstoffmoleküle (relative Molekülmasse = 2) bewegen, müssen sich die Sauerstoffmoleküle bei einer höheren Temperatur befinden.
24. Nach dem Diffusionsgesetz gilt:

$$\frac{\text{Geschwindigkeit } H_2}{\text{Geschwindigkeit } O_2} = \sqrt{\frac{\text{Relative Molmasse } O_2}{\text{Relative Molmasse } H_2}} = \sqrt{\frac{32}{2}} = \sqrt{16} = 4$$

Geschwindigkeit $H_2 = 4 \cdot 1660 \text{ km h}^{-1} = 6640 \text{ km h}^{-1}$.
Die Wahrscheinlichkeit, daß H_2 aus dem Gravitationsfeld der Erde entweicht, wäre größer.
25. Da die Dichte des Wassers ungefähr 1 g ml^{-1} ist, sind 0,5 ml etwa 0,5 g Wasser.

$$\text{Mole } H_2O = \frac{0{,}50 \text{ g}}{18{,}0 \text{ g mol}^{-1}}$$

$$V = \frac{(0{,}50 \text{ g})\ (0{,}083 \text{ l bar mol}^{-1} \text{ K}^{-1})\ (373 \text{ K})}{(18{,}0 \text{ g mol}^{-1})\ (1{,}066 \text{ bar})}$$

$V = 0{,}81$ l.
26. Masse NO_2 = Molmasse NO_2 in Gramm · Zahl der Mole NO_2

$$= \frac{(46{,}0 \text{ g mol}^{-1})\ (5{,}75 \text{ l})}{(22{,}4 \text{ l mol}^{-1})}$$

$= 11{,}8$ g NO_2.

27. $$\text{Mole } O_2 = \frac{27{,}4 \text{ g}}{32{,}0 \text{ g mol}^{-1}} = 0{,}856 \text{ Mole}$$

$$\text{Mole } H_2 = \frac{17{,}5 \text{ g}}{2{,}02 \text{ g mol}^{-1}} = 8{,}66 \text{ Mole}$$

Gesamtmolzahl = 9,52

$$p_{O_2} = \frac{0{,}856}{9{,}52} \cdot 3{,}75 = 0{,}334 \text{ bar}$$

$$p_{H_2} = \frac{8{,}66}{9{,}52} \cdot 3{,}75 = 3{,}41 \text{ bar.}$$

28. Der Druck des Acetylengases ist gleich dem Gesamtdruck, 1005 mbar, minus dem Dampfdruck des Wassers. Der Wasserdampfdruck bei 22,0° C beträgt 27 mbar.

$$p_{C_2H_2} = 1005 - 27 = 978 \text{ mbar}$$

Die vorhandenen C_2H_2-Mole sind

$$n = \frac{PV}{RT} = \frac{(0{,}978 \text{ bar})\ (0{,}874 \text{ l})}{(0{,}083 \text{ l bar mol}^{-1} \text{ K}^{-1})\ (295 \text{ K})}$$

$n = 0{,}0349$ Mole

Acetylen in Gramm = 0,0349 mol · 26,0 g mol^{-1}
= 0,907 g

Die Reaktionsgleichung zeigt, daß ein Mol Calciumcarbild zur Bildung von einem Mol Acetylen erforderlich ist. Also werden für 0,0349 Mole Acetylen 0,0349 Mole CaC_2 gebraucht.

29. $$\text{Molmasse} = \frac{\text{Masse} \cdot RT}{PV} = \frac{(0{,}395\ \text{g})\ (0{,}083\ \text{l bar mol}^{-1}\ \text{k}^{-1})\ (300\ \text{K})}{(0{,}933\ \text{bar})\ (0{,}250\ \text{l})}$$
$$= 42{,}2\ \text{g mol}^{-1}.$$

CH_2 hat eine relative Formelmasse von 14,03.

$$3 \cdot 14{,}03 = 42{,}09$$

Also: C_3H_6 = Molekülformel.

30. Die relativen Ausströmgeschwindigkeiten zweier Gase werden durch ihre relativen Molekülmassen bestimmt.

$$\frac{\text{Geschwindigkeit}_1}{\text{Geschwindigkeit}_2} = \sqrt{\frac{\text{relative Molmasse}_2}{\text{relative Molmasse}_1}}$$

Also:

$$\frac{\text{Geschwindigkeit}\ {}^{235}\text{UF}_6}{\text{Geschwindigkeit}\ {}^{238}\text{UF}_6} = \sqrt{\frac{352}{349}} = \sqrt{1{,}01} = 1{,}005.$$

3 Die Periodizität chemischer Eigenschaften

Seminaranleitung

Beachten Sie, daß in diesem Kapitel die Atomstruktur nicht diskutiert wird. Makroskopisches Verhalten ist Teil der täglichen Erfahrung der Studenten. Die relativen Massen, wie sie in Kapitel 1 behandelt wurden, bedeuten eine angemessene Erweiterung ihrer Kenntnis ebenso wie das Verhalten der Gase, das in Kapitel 2 diskutiert wurde. In Kapitel 3 wird die Versuchung aufkommen, mit der Besprechung der Elektronenstruktur zu beginnen; das Thema sollte aber bis Kapitel 4 verschoben werden. Die wichtigen Gedanken in Kapitel 3 hängen zusammen mit den Verhältnissen, in denen sich Elemente verbinden, außerdem im bestimmten Umfange mit den Eigenschaften von Stoffen und wie diese Faktoren die Anordnung des Periodensystems bestimmen.

Der Lehrbuchtext macht klar, daß eine flüchtige Prüfung mit Hilfe der Daltonschen Modellvorstellung zum Schluß führt, daß sich die chemischen Eigenschaften mit dem Größerwerden der Atome graduell ändern. Daran sollten Ihre Studenten denken, wenn sie die Einteilung der Elemente in periodische Gruppen diskutieren. Geschieht das, so dürfte das Interesse an der Atomstruktur von allein kommen. Ist das Verständnis für das periodische Verhalten vorhanden, sollte die Frage selbstverständlich sein: „Warum gibt es ein periodisches Verhalten?" Die folgenden Kapitel geben die Antworten auf diese Frage.

3–1 Die einfachen Hydride

Studenten machen gewöhnlich kein Hehl aus ihrer Abneigung gegenüber dem Auswendiglernen. Gerade das Periodensystem macht umfangreiches Auswendiglernen überflüssig. Lernen sie zum Beispiel, daß Helium sehr wenig reaktionsfreudig ist, so können sie voraussagen, daß andere Elemente derselben Familie ebenfalls reaktionsträge sind. Oder wenn sie die Chemie des Lithiums lernen, dann werden sie auch das Wichtigste der Chemie des Rubidiums kennen. Lithium bildet ebenso wie das Rubidium ein salzartiges Hydrid; Chlor bildet ein gasförmiges Hydrid genauso wie das Brom und so weiter.

3–3 Klassifizierung der Elemente

Der erste Absatz des Abschnitts 3-3 ist von besonderer Bedeutung. Sowohl HCl als auch LiH sind binäre Hydride, in denen das Atomverhältnis 1 : 1 ist. Diese Ähnlichkeit reicht aber nicht aus, um Chlor und Lithium in die selbe Familie einzuordnen. Geschmolzenes Lithiumhydrid ist ein Leiter für den elektrischen Strom, nicht dagegen Hydrogenchlorid [1]. Eher noch wichtiger ist, daß Lithium (Festkörper) im Gegensatz zum Chlor (Gas) ein ausgezeichneter Leiter ist.

[1] Im deutschen Sprachgebrauch ist der Name Chlorwasserstoff für HCl üblich; jedoch sollte dem rationellen Namen Hydrogenchlorid der Vorzug gegeben werden.

Die Elemente der Gruppen IA, IIA, VIIA und die inerten Gase verdeutlichen am besten den Gruppencharakter. Die Gruppen IVA und VA sind weniger typisch als diese vier Gruppen, weil innerhalb der beiden Mittelgruppen ein Übergang vom metallischen zum nichtmetallischen Charakter stattfindet.

3–4 Einige Familien der Elemente. Die Alkalimetalle

Obgleich alle Alkalimetalle an der Luft ihren metallischen Glanz verlieren, die Elektrizität leiten und mit Wasser reagieren, unterscheiden sich ihre Reaktionsgeschwindigkeiten beträchtlich. Das kann gezeigt werden, wenn man kleine Stücke Lithium, Natrium und Kalium in verschiedene Bechergläser mit Wasser gibt. Lithium reagiert mit so mäßiger Geschwindigkeit, daß das Vernichten in Wasser ein üblicher Weg ist, um das bei einer Reaktion nicht verbrauchte Lithium zu beseitigen. Mit Natrium findet eine heftige Reaktion statt, die unter Feuererscheingung oder gar explosionsartig ablaufen kann. Kalium reagiert noch heftiger als Natrium und erzeugt augenblicklich Flammen von brennendem Wasserstoff. Die Gleichung im Lehrbuch, die die Reaktion des Natriums mit dem Wasser wiedergibt, ist in Ionenform niedergeschrieben worden. Einige Erklärungen zum Begriff Ion erscheinen wünschenswert, doch denken Sie daran, daß eine ausführliche Diskussion der Atomstruktur erst in späteren Kapiteln stattfindet.

Andere Gruppen

Die Namen und Symbole der Elemente einer jeden Gruppe sollten diskutiert werden, um die Studenten mit diesen Elementen vertraut zu machen. Ihre Stellung im Periodensystem sollte festgestellt und dessen metallische und nichtmetallischen Bereiche betont werden. Im 3. Zeitschriftenhinweis werden die Elemente 113 und 114 in ihren Eigenschaften vorhergesagt und in den erwarteten Gruppen untergebracht. Das ist ganz sinnvoll; so kann man zeigen, wie der Chemiker aufgrund des Periodensystems Vorhersagen machen kann.

3–5 Valenz

Betonen Sie, daß die Hauptvalenzen einer jeden Gruppe gelernt werden müssen. Mehere Valenzen *eines* Elements werden manchem Studenten Schwierigkeiten bereiten. Hat er gelernt, daß einer der Gründe, den Schwefel in die Sauerstoffgruppe einzuordnen, die Bildung einer Verbindung SF_2 ist, dann lernt er anschließend, daß auch SF_4 und SF_6 existieren und daß Phosphor PF_3 und PF_5 bildet. Trösten Sie ihn mit der Versicherung, daß er später das Auftreten eines Elements in mehreren Valenzen verstehen wird, wenn er die Struktur der Atome kennenlernt. Weisen Sie darauf hin, daß die Alkalimetalle niemals eine andere Valenz als eins annehmen und Erdalkalimetalle keine andere Valenz als zwei haben.

3–6 Bindungen zwischen Atomen desselben Elements

Studenten haben Schwierigkeiten zu verstehen, warum der Begriff „Bindungszahl" besser geeignet ist als der Begriff „Valenz". Die Valenz eines Atoms ist definiert als die Zahl an Wasserstoff- oder Fluoratomen, mit denen sich ein Atom verbindet. In einer Verbindung wie CaO hat Calcium die Valenz zwei und Sauerstoff die Valenz zwei, weil sich ein Calcium mit zwei Wasserstoffatomen oder zwei Fluoratomen verbindet, ebenso wie Sauerstoff. Führen wir einen ähnlichen Gedankengang mit Kohlenstoffverbindungen wie CH_4, H_2CO und HCN durch, so kommen wir zum Schluß, daß Kohlenstoff in jeder der Verbindungen eine Valenz von vier besitzt. Im CH_4 sind vier Wasserstoffatome mit Kohlenstoff verbunden, also hat Kohlenstoff die Valenz vier. Im H_2CO (Formaldehyd) sind zwei Wasserstoffatome und ein Sauerstoffatom mit Kohlenstoff verbunden. Aber ein Sauerstoffatom kann sich mit zwei Wasserstoffatomen verbinden, also hat Kohlenstoff eine Valenz von vier. Der Stickstoff im HCN könnte drei Wasserstoffatome binden, somit hat Kohlenstoff wiederum eine Valenz von vier.
Wie diese Beispiele zeigen, wird die Anwendung der Valenzregeln ein bißchen umständlich. Die Strukturen für die Verbindungen

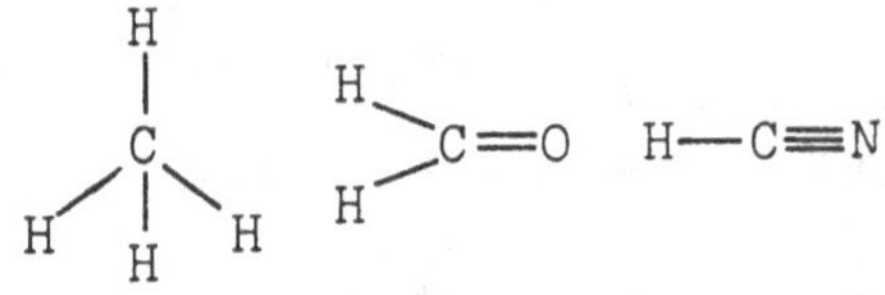

zeigen, daß durch einfaches Abzählen der Bindungen um jeden Kohlenstoff (Bindungszahl) das selbe Ergebnis erhalten wird.

Da Silicium in derselben Gruppe wie Kohlenstoff steht, könnten die Studenten wissen wollen, ob Silicium ähnlich wie Kohlenstoff die auffallende Fähigkeit besitzt, sich wiederholt mit sich selbst zu verbinden. Die molare C-C-Bindungsstärke beträgt 343 kJ mol^{-1}, die der Si-Si-Bindung 177 kJ mol^{-1}. Die molare C-O-Bindungsstärke ist 352 kJ mol^{-1} und die molare Si-O-Bindungsstärke 373 kJ mol^{-1}. Also hat Silicium eine größere Neigung, Si-O-Bindungen als Si-Si-Bindungen zu bilden, während Kohlenstoff eine ungefähr gleich große Neigung zur Bildung von C-C-Bindungen und von C-O-Bindungen hat. Daraus folgt, daß die Bindung des Siliciums mit sich selbst viel weniger vorkommt.

3–7 Übergangsmetalle

Die Elemente in den Übergangsgruppen sind einander weniger ähnlich als es die Elemente in den A-Gruppen sind. Die Elemente der zweiten und dritten Übergangsperiode einer Gruppe sind einander ähnlicher, verglichen mit den Elementen der ersten Periode. Es dürfte ganz interessant sein, ihren Studenten zu zeigen, wie das Periodensystem aussieht, wenn die Lanthaniden eingebaut werden. Die chemischen Eigenschaften der Lanthanidenelemente sind sehr ähnlich. Die Lanthaniden werden als besondere Familie angesehen, obwohl sie, streng betrachtet, Teil einer Periode sind.

Erweitertes Periodensystem

H																					
Li	Be																		usw.→		
Na	Mg																				
K	Ca	Sc															Ti	V	Cr	Mn	Fe
Rb	Sr	Y															Zr	Nb	Mo	Tc	Ru
Cs	Ba	La	Ce	Pr	Nd	Pm	Sm	Eu	Gd	Tb	Dy	Mo	Er	Tm	Yb	Lu	Hf	Ta	W	Re	Os
Fr	Ra	Ac	Th	Pa	U	Np	Pu	Am	Cm	Bk	Cf	Es	Fm	Md	No	Lw					

Literatur

1. E.G. Mazurs: „Ups and Downs of the Periodic Table". *Chemistry* (Juli, 1966, S. 7). Gibt eine Vielzahl von vorgeschlagenen Darstellungen des Periodensystems wieder.
2. G.P. Dinga: „The Elements and the Derivations of Their Names and Symbols". *Chemistry* (Februar, 1968, S. 20).
3. O.L. Keller, jr.: „Predicted Properties of Elements 113–114". *Chemistry* (November, 1970, S. 8).
4. T. Moeller: „Periodicity and the Lanthanides and Actinides". *J. Chem. Ed. 47,* 417 (1970).
5. D.P. Mellor: „The Noble Gases and Their Compounds". *Chemistry* (November, 1968, S. 16).
6. W.M. Allen: „The Diagonal Periodic Relationship". *Chemistry* (April, 1970, S. 22).
7. G.T. Seaborg: „From Mendelyeev to Mendelevium and Beyond." *Chemistry* (Januar, 1970, S. 6).
8. E. Garfield, G.S. Reverge and N. Rubin: „Fixed Valence and Molecular Formula Verification." *Chemistry* (Oktober, 1970, S. 13).
9. C.K. Jørgensen: „Der lose Zusammenhang zwischen Elektronenkonfiguration und chemischem Verhalten der schweren Elemente (Transurane)". *Angew. Chem. 85*, 1, 1–10 (1973). Vorhersage der Eigenschaften schwerer Elemente, spez. ihres Oxidationszustandes. Für Assistenten als weiterführende Lektüre.
10. O. Krätz: „Neue Erkenntnisse über die Anfänge des Periodensystems. Johann Ludwig Falckners System natürlicher Elementfamilien". *Nachr. Chem. Techn. 20*, 22, 459–60 (1972). Zusammenfassung eines Artikels der Zeitschrift *„Rete" 1*, 145 (1972), eines Berichts über einen Versuch, fünf Jahre vor Döbereiners Triadenregel die damals bekannten Elemente nach einem mathematischen Modell zu ordnen.

11. N.A. Figurovskij: „Die Entdeckung des Periodischen Systems der chemischen Elemente". *Die BASF 20*, 6, 161–65 (1970).

12. B.M. Kedrov: „Die Vorhersage des Ekasiliziums und die Entdeckung des Germaniums." *Schriftenreihe für Geschichte der Naturwissenschaften, Technik und Medizin (NTM) 3*, 8, 11–37 (1966).

13. J.W. van Spronsen: „Hundert Jahre Periodensystem der chemischen Elemente." *Schriftenreihe für Geschichte der Naturwissenschaften, Technik und Medizin (NTM) 6*, 1, 13–42 (1969).

Fragen und Aufgaben

1. Die Elemente werden derart in das Periodensystem gebaut, daß sich ihre chemischen Eigenschaften periodisch wiederholen. In einer senkrechten Gruppe des Periodensystems stehen Elemente mit ähnlichen chemischen Eigenschaften; sie bilden eine „Elementgruppe". Beispielsweise besitzen die Elemente der Gruppe II Be, Mg, Ca, Sr, Ba und Ra viele physikalische und chemische Ähnlichkeiten.
2. RbH, BaH_2, GaH_3, GeH_4, SbH_3, TeH_2, HJ.
3. Edelgase verhalten sich unter üblichen Bedingungen und in Gegenwart der meisten anderen Substanzen inert.
4. Lithium (Li), Natrium (Na), Kalium (K), Rubidium (Rb), Cäsium (Cs) und Francium (Fr).

   $$2\,M + 2\,H_2O \rightarrow 2\,M(OH) + H_2.$$
5. K, Kalium,
Na, Natrium,
P, Phosphor,
Ba, Barium,
Sb, Antimon,
Te, Tellur.
6. Ein Volumen von 8,2 Litern H_2-Gas enthält doppelt so viel H_2 wie 4,1 Liter, sofern die Gase gleiche Temperatur und gleichen Druck besitzen. Daher ist die Bindungsfähigkeit des Calciums doppelt so groß wie die des Natriums.
7. Valenz beschreibt die Bindungsfähigkeit eines Elements. Die Gruppe II hat eine allgemeine Valenz von 2, die Gruppe IV eine allgemeine Valenz von 4 und die Gruppe VII eine allgemeine Valenz von 1.
8. $BaCl_2$, MgO, BeS, Cs_2Te, SiH_4.
9. Metalle sind Elektrizitäts- und Wärmeleiter, sind duktil, hämmerbar, sie haben hohe Schmelz- und Siedepunkte und glänzen. Nichtmetalle haben ganz allgemein entgegengesetzte Eigenschaften; d.h. sie sind Nichtleiter, sie haben niedrige Schmelzpunkte und so weiter. Die Edelgase werden in einer Gruppe zusammengefaßt, weil sie eine Gruppe chemisch inerter Elemente bilden.
10. 39,10
132,91
172,01

    $$\text{Mittelwert} = \frac{172{,}01}{2} = 86{,}00.$$

    Der Wert im Periodensystem beträgt 85,47 und stimmt gut mit dem berechneten Wert von 86,00 überein.

11. Obgleich die Atomnummern ansteigen, nehmen die Atomradien ab. Das steht im Widerspruch zu dem, was man erwarten sollte. Der Grund dafür ist die Wechselwirkung zwischen dem Kern im Atommittelpunkt und den äußeren Elektronen. Eine vollständigere Antwort kann im Kapitel 5 gegeben werden.
12. (a) A_2X
    (b) AX_4
    (c) A_2X_3.
13. Gruppe I, Francium.

4 Die Bestandteile der Materie

Seminaranleitung

In diesem Kapitel werden die Experimente beschrieben, die die Grundlage für die bestehende Modellvorstellung vom Atom geschaffen haben. Sie werden nicht in Einzelheiten diskutiert, vielmehr soll besonderer Wert darauf gelegt werden zu zeigen, inwiefern jedes Experiment etwas über die Atomstruktur aussagt.

4–1 Atomtheorie

Sie könnten von ihren Studenten aufgefordert werden, die drei fundamentalen Hypothesen der Atomtheorie herauszuarbeiten. Da gesagt wurde, daß jede der drei Hypothesen Unvollkommenheiten enthalte, könnten ihre Studenten nach diesen Unvollkommenheiten fragen. Die erste Hypothese erklärt, daß Atome die elementaren Bausteine der Materie sind. Indem Dalton diese Aussage machte, betrachtete er die Atome als unteilbar. Tatsächlich bestehen die Atome aus Elektronen, Protonen und Neutronen. Elektronen werden leicht von Atomen abgegeben oder aufgenommen unter Bildung von Ionen:

$$Na \rightarrow Na^+ + e^- \text{ oder } Cl + e^- \rightarrow Cl^-.$$

Die Grundbausteine von Natriumchlorid sind also Ionen, nicht Atome. Durch Kernzerfall kann ein Atom in ein anderes umgewandelt werden. Bei diesem Prozeß können Alpha-, Beta- oder Gammastrahlen emittiert werden. Das Atom ist also aus Elementarteilchen zusammengesetzt, und diese können als Bausteine der Materie angesehen werden.

Wie im Lehrbuch ausgeführt wurde, schließt die zweite Hypothese die Existenz von Isotopen aus. Die Isotopenzusammensetzung eines jeden Elements (mit Ausnahme des Bleis) ist im wesentlichen überall in der Welt konstant. Das bedeutet, daß die relative Atommasse eines jeden Elements, die im Periodensystem erscheint und die der gewichtete Mittelwert der relativen Massen seiner Isotope ist, im wesentlichen konstant ist. Die Tatsache, daß die chemischen Eigenschaften isotoper Atome fast identisch sind, macht es zusammen mit dieser Konstanz der Atommassen (Isotopenzusammensetzung) möglich, eine Strukturtheorie auf der Annahme aufzubauen, daß alle Atome eines Elements identisch sind.

Die dritte Hypothese, so wichtig sie ist, berücksichtigt nicht diejenigen Substanzen, die nichtstöchiometrisch sind. Man findet z.B., daß Cu_2S nicht immer ein Kupfer-Schwefel-Verhältnis von genau 2 : 1 besitzt. Je nach der Art der Darstellung des Sulfids existiert es auch mit den Verhältniszahlen von 1,8 : 1 und 1,9 : 1. Untersuchungen haben gezeigt, daß es Löcher im dreidimensionalen Gitter von nichtstöchiometrischem Cu_2S gibt. Die chemischen Eigenschaften von stöchiometrischem und nichtstöchiometrischem Cu_2S sind im wesentlichen die gleichen, da ihre Kristallgitter mit Ausnahme einiger Löcher identisch sind.

Eine andere Substanzgruppe, für die die dritte Hypothese nicht genau gilt, ist die der amorphen Stoffe wie Glas, Gummi und die meisten Kunststoffe. Diese Substanzen bestehen aus willkürlich angeordneten Molekülen und haben Eigenschaften, die eher denen von Flüssigkeiten als von kristallinen Festkörpern ähneln.

4–2 Faradays Elektrolyseexperimente

Um die Entwicklung der Theorien, die zur heutigen Modellvorstellung der Atomstruktur führten, in richtiger historischer Sicht zu erkennen, ist es gut, sich den folgenden Ablauf der Ereignisse vor Augen zu führen. Dalton veröffentlichte seine Atomtheorie im Jahre 1807. Die Faradayschen Gesetze wurden 1832 und 1833 publiziert. Man muß sich klarmachen, daß der Begriff einer Einheit der Elektrizität (d.h. des Elektrons) erst im Jahre 1891 von Stoney eingeführt wurde. Die Tatsache, daß die ganze Materie Elektronen enthält, wurde von J.J. Thomson 1897 demonstriert.

Eine Diskussion der Elektrolyse unter Benutzung der Abbildung 4-1 erscheint an dieser Stelle sinnvoll. Versichern Sie sich, daß ihre Studenten verstanden haben, was elektrolytische Lösungen sind. Ein elektrolytischer Leiter leitet die Elektrizität aufgrund der Anwesenheit von Ionen. Es wird nützlich sein, die Leitungseigenschaften von elektrolytischen Lösungen und anderen Substanzen miteinander zu vergleichen. Ein elektrischer Strom, der durch einen metallischen Leiter fließt, verursacht keine chemische Änderung. Viele andere feste Substanzen (Isolatoren) leiten die Elektrizität nicht.

Beschreiben Sie bei ihrer Diskussion der Abbildung 4-1, was bei diesem speziellen Elektrolysevorgang stattfindet. Wenn Hydrogenchlorid gelöst wird, dissoziiert es in H^+- und Cl^--Ionen. Die H^+-Ionen (Kationen) werden an der Kathode durch Aufnahme eines Elektrons neutralisiert, gleichzeitig werden die Cl^--Ionen an der Anode durch Abgabe eines Elektrons neutralisiert. Wird der Strom lange genug durch die wäßrige

Lösung geschickt, so wird alles vorhandene HCl in die Gase H_2 und Cl_2 umgewandelt.

Die Studenten dürfen nicht annehmen, daß alle Werte der Tabelle 4-1 durch die Elektrolyse wäßriger Lösungen von Elektrolyten erhalten worden sind. Natrium und andere chemisch aktive Metalle werden bei der Elektrolyse von wäßrigen Lösungen ihrer Verbindungen nicht gewonnen, weil Wasser leichter elektrolysiert wird. Die Grammäquivalent-Masse der aktiven Metalle kann durch Elektrolyse ihrer geschmolzenen Salze bestimmt werden. Im nichtgeschmolzenen Zustande aber wären diese Substanzen schlechte Leiter, da ihre Ionen in einem Gitter fixiert und nicht frei beweglich sind. Werden 96 500 Coulomb (genauer: 96 487 Coulomb) durch geschmolzenes NaCl geschickt, so werden 23,0 g Natrium an der Kathode und gleichzeitig 35,5 g Chlor an der Anode abgeschieden.

Die Grammäquivalent-Masse eines Elements kann auf verschiedene Weise definiert werden. Wie in diesem Kapitel gezeigt wurde, ist sie die Substanzmenge in Gramm, die von 96 500 Coulomb oder einem Faraday an elektrischer Ladung abgeschieden wird. Da diese Strommenge ein Gramm Wasserstoff abscheidet, kann die Grammäquivalent-Masse auch als die Masse eines Elements definiert werden, die sich mit einem Gramm Wasserstoff verbindet. Wenn sich Ihre Studenten die Molekülformeln einiger der Wasserstoffverbindungen von Kapitel 3 ansehen, sollten sie in der Lage sein, die Grammäquivalent-Massen der Elemente, die sich mit Wasserstoff verbunden haben, schnell auszurechnen. Als Beispiel können Sie NaH, H_2S, MgH_2 und H_2O benutzen, wobei die Studenten zum Ergebnis kommen sollten, daß die Grammäquivalent-Massen von Na 23,0 g, von S 32,0/2 g, von Mg 24,3/2 g und von O 16,0/2 g sind.

Es sollte natürlich erwähnt werden, daß es zur Bestimmung der Äquivalentmasse nicht des elektrischen Stromes bedarf. Beispiel 4-1 zeigt die Anwendung der Faradayschen Gesetze, um die Äquivalentmasse des Nickels zu erhalten. Eine andere Methode, um zum selben Wert zu kommen, wäre, eine Nickeloxidprobe (NiO) in einem Strom von Wasserstoffgas zu erhitzen:

$$NiO + H_2 \xrightarrow{\text{Wärme}} Ni + H_2O.$$

Beispiel

Eine 5,00 g-Probe von NiO wird in H_2-Gas erhitzt, bis das Produkt eine konstante Masse aufweist. Das Produkt (Ni) wiegt 3,93 g. Wie groß ist die Grammäquivalentmasse von Nickel?

Lösung

Da die ursprüngliche Probe 5,00 g wiegt, müssen sich 3,93 g Ni mit 1,07 g O verbunden haben. Also ist die Nickelmasse, die sich mit 8,00 g O verbindet, oder die Grammäquivalentmasse von Nickel 29,4 g.

Beispiel

Bei der industriellen Produktion von Magnesium wird ein Strom von ungefähr 50 000 A benutzt. Wieviel Kilogramm Magnesium könnten in 24 Stunden hergestellt werden?

Lösung

$$50\,000 \text{ A} \cdot 24 \text{ h} \cdot \frac{60 \text{ min}}{\text{h}} \cdot \frac{60 \text{ s}}{\text{min}}$$
$$= 4{,}32 \cdot 10^9 \text{ As}$$
$$= 4{,}32 \cdot 10^9 \text{ C}$$
$$4{,}32 \cdot 10^9 \text{C} \cdot \frac{1 \text{ Äquivalentmasse}}{96487 \text{ C}} \cdot \frac{12{,}16 \text{ g}}{\text{Äquivalentmasse}}$$
$$= 5{,}44 \cdot 10^5 \text{g Mg}$$
$$= 544 \text{ kg Mg.}$$

Bevor wir das Thema der Elektrolyse lassen, helfen Sie ihren Studenten beim Verständnis des Vorganges, indem Sie ihnen erklären, daß die Masse eines an der Elektrode freigesetzten Elements nur von der Elektrizitätsmenge, nicht aber von der Konzentration oder der Temperatur abhängt.

4–3 Kathodenstrahlröhren

Sie sollten davon ausgehen, daß der Durchschnittsstudent in der Gruppe die Elektrizität nicht völlig versteht. Es ist deshalb angebracht, den Versuch mit der Kathodenstrahlröhre gründlich zu diskutieren (Abbildung 4-2). Dabei könnten Sie einige zusätzliche und geeignete Beobachtungen anführen, wie z.B.: Wurde die Röhre mit Luft gefüllt und die Elektroden haben einen Abstand von etwa 1 cm voneinander, so erzeugt eine Potentialdifferenz von 10 000 V eine geräuschvolle Entladung zwischen den Elektroden.

Wird der Druck in der Röhre auf 1 mbar verringert, so fließt ein Strom ruhig von der Kathode zur Anode; außerdem treten Leuchterscheinungen auf, deren Farbe für das betreffende Gas in der Röhre charakteristisch ist. Neon verursacht ein rotes Aufleuchten (wie in einer Neonröhre). Wird der Druck auf weniger als

10 μbar reduziert, so verschwindet das Aufleuchten fast vollständig, aber der Strom fließt weiter von der Kathode zur Anode.

Ihre Studenten werden leichter die Kathodenstrahlversuche begreifen, wenn ihnen weitere Versuche geschildert werden und sie daraus die geeigneten Schlüsse über die Natur der Kathodenstrahlen ziehen sollen. Die folgende Tabelle sei eine Anregung hierfür.

Experiment	*Beobachtung*	*Schlußfolgerung*
(1) Ein mit ZnS beschichteter Schirm wird in die Mitte einer Kathodenstrahlröhre zwischen Kathode und Anode gestellt.	Die zur Kathode gerichtete Seite des Schirms leuchtet auf.	Die Strahlen kommen von der Kathode.
(2) Die positive Elektrode wird an eine Seite der Kathodenstrahlröhre plaziert und nicht ans Ende. Die Kathodenstrahlen gehen durch ein kleines Loch dicht vor der Kathode.	Die Strahlen gehen an der Anode vorbei und treffen auf das Ende der Röhre.	Kathodenstrahlen bewegen sich geradeaus.
(3) Ein Objekt (z.B. ein Kreuz) wird vor ein Kathodenstrahlbündel gebracht.	Die Objektumrisse erscheinen als Schatten auf dem Ende der Röhre.	Kathodenstrahlen bewegen sich geradeaus.
(4) Ein Schaufelrad wird in den Kathodenstrahl gestellt.	Das Schaufelrad dreht sich.	Kathodenstrahlen besitzen Masse, denn auf das Rad wurde ein Impuls übertragen.
(5) Kathodenstrahlen bewegen sich durch zwei entgegengesetzt geladene Platten.	Der Kathodenstrahl wird zur positiven Platte hin abgelenkt.	Kathodenstrahlen sind negativ geladen.
(6) Die Kathodenstrahlen passieren den Raum zwischen positivem und negativem Pol eines Magneten.	Die Kathodenstrahlen werden entsprechend der Linke-Hand-Regel senkrecht zu ihrer Bewegungsrichtung und senkrecht zur Richtung des Magnetfeldes abgelenkt. (An dieser Stelle sollte der Assistent kurz auf die physikalischen Grundlagen des Phänomens eingehen).	Die Kathodenstrahlen sind negativ geladen.
(7) Es werden zehn verschiedene Substanzen als Kathodenmaterial verwendet.	Für jede der zehn Kathoden werden bei den Versuchen 1–6 identische Ergebnisse erhalten.	Kathodenstrahlen sind gleich, unabhängig davon, woraus die Kathoden gemacht sind.
(8) Zehn verschiedene Restgase befinden sich in der Kathodenstrahlröhre für zehn verschiedene Versuche.	Die Versuche 1–6 führen zu identischen Ergebnissen.	Kathodenstrahlen sind vom Restgas unabhängig.
(9) Verschiedene Arten von Metalldraht und Stromquellen werden benutzt.	Die Versuche 1–6 liefern identische Ergebnisse.	Kathodenstrahlen sind unabhängig von der Stromquelle und dem Metall, aus dem der Draht besteht.
(10) Kathodenstrahlen passieren magnetische und elektrische Felder.	Der Kathodenstrahl spaltet nicht auf, wenn er durch ein magnetisches oder elektrisches Feld geht.	Alle Teilchen der Kathodenstrahlen haben gleiche Masse und Ladung.

Die Ergebnisse des Thomsonschen Experiments und die Schlüsse, die daraus zu ziehen sind, sollten ausführlich behandelt werden. Um gut Bescheid zu wissen, sollte sich der Assistent vorher in einem Chemie- oder Physikbuch für Fortgeschrittene informieren. Tragen Sie nicht das Experiment in allen Einzelheiten vor; seien Sie aber auf alle Fragen der Studenten gut vorbereitet! Sind Sie der Meinung, daß es sich um Fragen handelt, die nicht die ganze Gruppe interessieren, so behandeln Sie diese im Anschluß an die Stunde.

Sie sollten wissen, daß

1. ein Magnetfeld keine Wirkung auf ein geladenes Teilchen hat, wenn sich das Teilchen nicht bewegt.
2. ein geladenes Teilchen um so stärker abgelenkt wird, je schneller es sich durch ein Magnetfeld bewegt.
3. ein schweres Teilchen, das sich in einem Magnetfeld bewegt, weniger als ein leichtes der gleichen Ladung abgelenkt wird.
4. von zwei sich in einem Magnetfeld bewegenden Teilchen der gleichen Masse dasjenige mit der höchsten Ladung am stärksten abgelenkt wird.
5. die Größe der Ablenkung der Ladung (c) und der Geschwindigkeit (v) proportional und der Masse (m) umgekehrt proportional ist.

$$\text{Ablenkung} \sim \frac{cv}{m}$$

6. ein geladenes Teilchen umso weniger abgelenkt wird, je schneller es sich durch eine elektrisches Feld bewegt, denn es befindet sich kürzere Zeit im Feld.
7. es in einem elektrischen Feld umso stärker abgelenkt wird, je größer die Ladung des Teilchens ist.
8. das Teilchen in einem elektrischen Feld umso weniger abgelenkt wird, je größer die Teilchenmasse ist.

Aus Punkt 5 folgt, daß das Verhältnis e/m bestimmt werden kann, wenn die Geschwindigkeit des Kathodenteilchens bekannt ist ($e = c$). Werden die elektrischen und magnetischen Felder in geeigneter Weise aufeinander abgestimmt, so kann die Ablenkung Null erreicht werden, da die Ablenkungen im elektrischen und magnetischen Feld einander entgegengesetzt gerichtet sind (wenn die elektrischen und magnetischen Felder im rechten Winkel zueinander angeordnet sind). Die Kraft, die vom magnetischen Feld ausgeht (Hev), ist dann gleich der Kraft, die vom elektrischen Feld ausgeübt wird (Ee), wobei H und E die magnetischen bzw. elektrischen Feldstärken sind.

$$Hev = Ee$$

und $$v = \frac{E}{H}.$$

Über die Berechnung von v aus den bekannten Größen von E und H kann das Verhältnis e/m erhalten werden.

Kanalstrahlen können in einer einfachen Kathodenröhre nachgewiesen werden, wenn die Kathode ein kleines Loch hat. Diese Strahlen entstehen, wenn Kathodenstrahlen während ihres Weges von der Kathode zur Anode auf Restgasmoleküle (z.B. H_2) treffen. Das Gas verliert Elektronen und bildet Kationen (z.B. H^+, $H_2{}^+$). Die Kationen werden mit großer Geschwindigkeit von der Kathode angezogen und passieren teilweise das Loch in ihr. Es wurde gezeigt, daß das Proton (H^+) in entgegengesetzter Richtung zum Elektron abgelenkt wird; daraus folgt, daß es positiv geladen ist. Der Wert für e^+/m_{H^+} wird in gleicher Weise erhalten wie der Wert e^-/m_{e^-}.

4–4 Weitere hochenergetische Strahlungen. Radioaktivität

An dieser Stelle sind einige Worte zur Natur der Radioaktivität zu sagen. Als die Elemente der Erde gebildet wurden, waren die meisten von ihnen stabil. Einige aber, wie das $^{238}_{92}U$, waren instabil und zerfallen seitdem. Diese instabilen Atome emittieren verschiedene Arten von Strahlung (Energie und Masse) bis am Ende der Zerfallskette ein stabiles Atom übrigbleibt. Tabelle 4–3 gibt einen Überblick über die Eigenschaften der verschiedenen Strahlungsarten. Gammastrahlen sind sehr durchdringend, so daß besondere Abschirmungen zum Schutz erforderlich sind. Typische Beta-Strahlen können Hautschäden verursachen, aber sie sind weniger durchdringend als Gammastrahlen. Noch weniger durchdringend sind typische Alpha-Strahlen. Vom Standpunkt der ionisierenden Wirkung jedoch sind die Alpha-Teilchen am gefährlichsten, gefolgt von den Beta-Strahlen und den Gamma-Strahlen. Ein Alpha-Emitter ist äußerst gefährlich, wenn er in den Körper aufgenommen wird. Denn obwohl Alpha-Teilchen keine große Reichweite haben, zerstören sie doch das gesamte Gewebe in ihrer unmittelbaren Umgebung wegen ihres großen Ionisationsvermögens.

4–5 Charakteristische Einheiten der Strahlung

Da Einheiten die Grundlage für jede Berechnung sind, ist die Wichtigkeit dieses Abschnitts selbstverständlich.

Zunächst sollte die Gelegenheit benutzt werden, die Kenntnisse der Studenten über die Einheiten von Kraft und Energie aufzufrischen. Die Kraft kann stets als $\frac{\text{Masse} \cdot \text{Länge}}{\text{Zeit}^2}$ angegeben, die Energie auf $\frac{\text{Masse} \cdot \text{Länge}^2}{\text{Zeit}^2}$ zurückgeführt werden. Das ist sinnvoll, denn Arbeit (die die Einheiten der Energie besitzt) ist gleich Kraft mal Weg. Wird die Masse in Kilogramm, die Länge in Metern und die Zeit in Sekunden ausgedrückt, so ist die entsprechende Energieeinheit das Joule.

In diesem Abschnitt werden drei Energieeinheiten eingeführt: Erg, Elektronenvolt und Joule. Wie im Lehrbuch festgestellt wird, ist das Elektronenvolt eine sehr kleine Energiegröße. Auch das Erg stellt eine zu kleine Energiemenge dar (10^{-7} Joule), um als bequeme Einheit für makroskopische Energieberechnungen verwendet werden zu können; außerdem ist es keine Einheit des „Internationalen Einheitensystems" und darf entsprechend dem „Gesetz über Einheiten im Meßwesen" vom 1.1.1978 ab in der Bundesrepublik Deutschland nicht mehr verwendet werden. Das Joule dagegen ist eine viel größere Energieeinheit, es eignet sich zur Angabe von Energieänderungen bei chemischen Reaktionen, wie sie im Laboratorium stattfinden. Von gleicher Größenordnung ist die Kalorie (1 Kalorie = 4,187 Joule), die bisher fast ausschließlich für diese Zwecke benutzt wurde, aber ebenso wie das Erg ab 1.1.1978 nicht mehr verwendet werden darf.

Es kann sein, daß die Studenten den Begriff der Atommasseneinheit (u) nicht völlig verstanden haben, der im Lehrbuch nur kurz erwähnt wird. Diese Einheit wird für die Massen subatomarer Teilchen verwendet. Die Masse eines Elektrons und eines Protons sind $9{,}11 \cdot 10^{-28}$ g bzw. $1{,}67 \cdot 10^{-24}$ g. Da es unbequem ist, mit derart kleinen exponentiellen Größen zu arbeiten, werden Atommasseneinheiten anstelle der Gramm verwendet. Die Umwandlung von u in Gramm wird einfach durch Division des u-Wertes durch die Loschmidtsche Zahl erreicht. Die Masse eines Elektrons ist 0,000548 u. Also ergibt sich

$$0{,}000548 \text{ u Elektron}^{-1} \; \frac{1 \text{ g}}{6{,}02 \cdot 10^{23} \text{ u}}$$
$$= 9{,}11 \cdot 10^{-28} \text{ g Elektron}^{-1}.$$

4–6 Photonen, die Elementarteilchen des Lichts

Da sich dieser Abschnitt ebenfalls mit wichtigen Definitionen und Einheiten befaßt, verdient er ausführliche Besprechung. Behandeln Sie die Definitionen der Lichtgeschwindigkeit, der Wellenlänge und der Frequenz!
Der Vergleich zwischen einer Lichtwelle und dem Wellenspiel auf der Wasseroberfläche ist gut, dennoch gibt es einige wesentliche Unterschiede zwischen beiden Erscheinungen. Bei einer Welle auf der Wasseroberfläche bewegt sich das Medium (das Wasser) im Wellenbild. Bei elektromagnetischen Wellen aber gibt es keine Bewegung des Mediums.

Betonen Sie die Beziehung zwischen Energie, Frequenz, Wellenlänge und Geschwindigkeit! Weisen Sie darauf hin, daß die Energie der Strahlung umso größer ist, je höher die Frequenz und je kürzer die Wellenlänge sind; umgekehrt, je geringer die Frequenz und je größer die Wellenlänge sind, umso kleiner ist die Strahlungsenergie. Die Studenten sollen in der Lage sein, qualitative Vergleiche zwischen den Energien der in Tabelle 4–2 aufgeführten Strahlungsarten anzustellen.

Es dürfte für die Studenten ganz eindrucksvoll sein, die Energie einer Radiowelle mit der einer Röntgenwelle zu vergleichen.

Aufgabe

Berechnen Sie die Energie eines Lichtquants, das die Wellenlänge a) 0,2 nm und b) $2 \cdot 10^6$ cm besitzt!

Lösung

$$\text{a) } \nu = \frac{c}{\lambda} = \frac{3 \cdot 10^{10}\ \text{cm s}^{-1}}{2 \cdot 10^{-8}\ \text{cm}} = 1{,}5 \cdot 10^{18}\ \text{s}^{-1}$$

$$E = h \cdot \nu = 6{,}63 \cdot 10^{-34}\ \text{J s} \cdot 1{,}5 \cdot 10^{18}\ \text{s}^{-1} = 9{,}95 \cdot 10^{-16}\ \text{J}$$

$$\text{b) } \nu = \frac{c}{\lambda} = \frac{3 \cdot 10^{10}\ \text{cm s}^{-1}}{2 \cdot 10^{6}\ \text{cm}} = 1{,}5 \cdot 10^{4}\ \text{s}^{-1}$$

$$E = h \cdot \nu = 6{,}63 \cdot 10^{-34}\ \text{J s} \cdot 1{,}5 \cdot 10^{4}\ \text{s} = 9{,}95 \cdot 10^{-30}\ \text{J.}$$

Die Aufgabe zeigt, daß ein Röntgenstrahl von 0,2 nm Wellenlänge eine Energie hat, die um 14 Größenordnungen größer ist als eine Radiowelle von $2 \cdot 10^6$ cm.

Aus Tabelle 4–2 können Ihre Studenten erkennen, daß das sichtbare Licht nur einen kleinen Teil des elektromagnetischen Spektrums darstellt.

Eventuell wird ein Student die Frage stellen, wohin die Schallwelle bezüglich der anderen in diesem Abschnitt erwähnten Wellen gehört. Eine Schallwelle ist keine elektromagnetische Strahlung. Sie bewegt sich fort, in dem sie das Medium zum Schwingen bringt und verhält sich damit vollkommen analog der Welle auf einer Wasseroberfläche.

4–7 Das Rutherfordsche Atommodell

Die Studenten sollten den großen Beitrag von Rutherford für die Entwicklung der modernen Atomtheorie erkennen. Gehen Sie davon aus, daß das „Rosinenkuchen-Atom" eine richtige Darstellung des Atoms ist und beschreiben Sie dann, welche Widersprüche zu den von Rutherford beobachteten Befunden auftreten. Wenn die Protonen gleichmäßig über das Atom verteilt sind, würde ein hochenergetisches Alpha-Teilchen viele kleine Ablenkungen erfahren und, insgesamt betrachtet, gebeugt werden. Eine Ablenkung über große Winkel aber wäre höchst unwahrscheinlich, da es keine Ladungskonzentration gibt, die für derartige Ablenkungen groß genug wäre. Die von Rutherford und seinen Mitarbeitern beobachteten Weitwinkelstreuungen können nur erklärt werden unter der Annahme, daß die gesamte positive Ladung eines Atoms in einem Kern konzentriert ist. Da Weitwinkelstreuungen nur selten beobachtet werden, schloß Rutherford, daß die konzentrierten Protonen nur einen kleinen Teil des gesamten Atomvolumens einnehmen.

Im Zusammenhang mit den riesigen Dichten des Atomkerns können Sie die 1968 entdeckten Pulsare diskutieren. Pulsare sind Objekte außerhalb des Sonnensystems, die Radiowellen emittieren. Sie sind vermutlich Neutronensterne mit Dichten zwischen 10^{11} und 10^{15} Gramm pro Kubikzentimeter und würden gigantischen Atomkernen ähneln.

4–8 Die Zusammensetzung der Atomkerne.

Die Studenten könnten sich wundern, daß es eine linare Abhängigkeit zwischen Z und $\sqrt{\nu}$ und nicht zwischen Z und ν gibt. Energie ist dem Quadrat der Kernladung proportional, also $E \sim Z^2$. Da aber die Energie auch der Frequenz proportional ist, muß die Frequenz proportional Z^2 oder $Z \sim \sqrt{\nu}$ sein.

4–9 Isotope

Die Studenten verstehen das in diesem Abschnitt behandelte im allgemeinen ohne weiteres. Eine gute Übung dazu ist, eine Tabelle von der folgenden Art zu vervollständigen:

Element	*Zahl der Elektronen*	*Zahl der Protonen*	*Zahl der Neutronen*
$^{66}_{30}Zn$	--	--	--
$^{--}_{33}As$	--	--	42
$^{2}_{--}H$	--	--	--

Ein Beispiel zur Berechnung der durchschnittlichen relativen Atommasse ist: Berechnen Sie die relative Atommasse von Ne, von dem bekannt ist, daß es sich zu 90,92 % aus ^{20}Ne, zu 0,26 % aus ^{21}Ne und zu 8,82 % aus ^{22}Ne zusammensetzt.

Lösung

$$
\begin{aligned}
0{,}9092 \cdot 20 &= 18{,}187\\
0{,}0026 \cdot 21 &= 0{,}055\\
0{,}0882 \cdot 22 &= 1{,}941\\
\hline
&= 20{,}183
\end{aligned}
$$

Durchschnittliche relative Atommasse

4–10 Die Wechselwirkung von Licht mit Materie

In diesem Abschnitt wird ein sehr wichtiger Begriff, nämlich die gequantelte Energie, diskutiert. Gehen Sie jede der Beobachtungen, die eine Folge des photoelektrischen Effektes sind, sorgfältig mit Ihren Studenten durch. Wenn Sie den experimentellen Beweis des Quants in diesem Abschnitt verstehen, werden sie auch leichter die Quantenniveaus des Atoms verstehen, die im nächsten Kapitel eingeführt werden.

Beispiele wie 4–6 geben dem Studenten weitere praktische Erfahrung, die ihm die Beziehungen zwischen Frequenz, Wellenlänge und Energie vertrauter machen.

4–11 Emissionsspektren

Der letzte Abschnitt des Kapitels vervollständigt die Darstellung des Grundlagenmaterials für das Quantenmodell des Atoms, was das Thema des nächsten Kapitels ist. Es sollte besonders auf die Beobachtungen hingewiesen werden, die die Forscher dahin brachten, daß sie die diskreten Energiezustände im Atom als notwendig erkannten.

Ebenso wie bestimmte Substanzen Licht absorbieren mit einer Frequenz, die für diese besondere Substanz charakteristisch ist, so emittieren manche Substanzen Licht charakteristischer Frequenzen, wenn sie erhitzt werden. Die Tatsache, daß nur bestimmte Frequenzen emittiert werden, läßt vermuten, daß das Elektron nur bestimmte (gequantelte) Energiebeträge besitzen kann.

Die Rydberg-Gleichung ist wichtig, weil sie zeigt, daß eine genaue mathematische Beziehung zwischen den

Wellenlängen im Spektrum besteht. Erläutern Sie Ihren Studenten, daß die Gleichung allein aus experimentellen Daten abgeleitet worden ist.

Die Einführung in ein theoretisches Modell, das die Rydberg-Gleichung erklärt und mit den anderen, in diesem Kapitel beschriebenen Experimenten nicht im Widerspruch steht, sollte für Ihre Studenten ein gewisses Erlebnis sein.

Literatur

1. E.N. da C. Andrade: „The Birth of the Nuclear Atom". *Scientific American* (November, 1956, S. 33). Beschreibung der Atomstrukturtheorien bis zum Rutherfordschen Experiment und der Arbeit von Bohr.
2. R. Hofstadter: „The Atomic Nucleus". *Scientific American* (Juli, 1956, S. 55). Beschreibt Versuche mit gestreuten Elektronen, die zeigen, daß Kerne und das Proton selbst sogar eine unscharfe „Haut" haben; ihre Dichte nimmt von innen nach außen ab.
3. J.P. Osticker: „The Nature of Pulsars". *Scientific American* (Januar, 1971, S. 33). Diskutiert Existenznachweise von Neutronensternen und ihre außerordentlichen Dichten.
4. R.E. Oesper: „Michael Faraday; An Informal Sketch". *Chemistry* (März, 1970, S. 16). Eine kurze Schilderung der Persönlichkeit.

Fragen und Aufgaben

1. α-Teilchen sind Heliumkerne, die zwei Protonen und zwei Neutronen enthalten. β-Teilchen sind Elektronen und γ-Strahlen sind hochenergetische elektromagnetische Strahlung. In gewissem Sinne ist die Frage unfair, weil wir uns die elektromagnetische Strahlung mit einigen teilchenähnlichen Eigenschaften vorstellen können, wie wir Energiepakete Photonen oder Quanten nennen. Ähnlich gibt es nach de Broglie eine Welle, die mit jedem Teilchen verknüpft ist; also müssen α- und β-Teilchen charakteristische Wellenlängen zugeordnet werden.
2. Thomson stellte sich das Atom als eine diffuse Wolke von positiver Ladung vor, in der Teilchen mit negativer Ladung verteilt sind. Das Rutherfordsche Modell konzentrierte die positive Ladung und die Atommasse im Kern ($\approx 10^{-13}$ cm Radius) und verteilte die negative Ladung um den Kern in einer Kugel mit dem Radius von ungefähr 10^{-8} cm. α-Teilchen, die eine zweifach positive Ladung tragen, sollten durch das Goldatom einer dünnen Folie hindurchgehen, wenn das Thomsonsche Modell richtig ist. Wäre dagegen das Rutherfordsche Modell richtig, so sollten einige α-Teilchen den Goldkern direkt treffen und zurückgeworfen oder abgelenkt werden. Der letztere Fall wird im α-Streuversuch von Rutherford beobachtet.
3. Faraday zeigte, daß es eine einfache ganzzahlige Beziehung zwischen der Masse einer Substanz, die eine gegebene Elektrizitätsmenge erzeugen kann, und der relativen Atommasse der Substanz besteht. Das legt eine teilchenähnliche Natur der Elektrizität nahe, die die chemische Reaktion verursacht.
4. Tabelle 4–1 zeigt, daß Aluminium 3 Äquivalente mol^{-1} besitzt.

Die Zeit: $5\ \text{h}\ 30\ \text{min} = (5{,}5\ \text{h})\ (60\ \text{min}\,\text{h}^{-1})\ (60\ \text{s}\,\text{min}^{-1})$
$= 19\,800\ \text{s}$

$$\text{Mole Al} = \frac{\text{C}}{(\text{C Äquivalentmasse}^{-1})\ (\text{Äquivalentmasse mol}^{-1})}$$
$$= \frac{(1{,}00\ \text{C s}^{-1})\ (19\,800\ \text{s})}{(96\,500\ \text{C Äquivalentmasse}^{-1})\ (3\ \text{Äquivalentmassen mol}^{-1})}$$
$= 0{,}068$ mol.

5. $$0{,}782\ \text{g}\ Cu^{2+} = \frac{(0{,}782\ \text{g})\ (2\ \text{Äquivalentmassen mol}^{-1})}{(63{,}55\ \text{g mol}^{-1})}$$
$= 2{,}46 \cdot 10^{-2}$ Äquivalentmassen Cu^{2+},
die $2{,}46 \cdot 10^{-2}$ Faraday brauchen, um zu Cu reduziert zu werden oder
$(2{,}46 \cdot 10^{-2}\ \text{Faraday})\ (96\,500\ \text{C Faraday}^{-1})$
$= 2{,}37 \cdot 10^{3}$ C.

6. Zahl der Coulomb = (Äquivalentmasse Ag) (C Äquivalentmasse^{-1})
$$= \frac{(0{,}197\ \text{g})\ (9{,}65 \cdot 10^{4}\ \text{C Äquivalentmasse}^{-1})}{107{,}9\ \text{g Äquivalentmasse}^{-1}}$$
$= 176$ C.

7. Das ist die Ladungsmenge, die zur Reduktion von einem Mol ($6{,}022 \cdot 10^{23}$ Atome) einer Reihe von Elementen erforderlich ist. Die Ladung eines Elektrons ist auch auf anderen Wegen gemessen worden; dabei wird bestätigt, daß $9{,}65 \cdot 10^{4}$ Coulomb die Ladungsmenge ist, die $6{,}022 \cdot 10^{23}$ Elektronen besitzen.

8. Coulomb $= 1{,}5\ \text{C s}^{-1} \cdot 3600\ \text{s h}^{-1} \cdot 1\ \text{h} = 5400$ C
$$\text{Zahl der Faraday} = \frac{5{,}4 \cdot 10^{3}\ \text{C}}{9{,}65 \cdot 10^{4}\ \text{C Faraday}^{-1}} = 0{,}056\ \text{Faraday}$$

g Sauerstoff $= 0{,}056$ Äquivalent $\cdot$ 8,0 g Äquivalent^{-1} = 0,45 g
g Kalium $= 0{,}056$ Äquivalent $\cdot$ 39,1 g Äquivalent^{-1} = 2,2 g
g Aluminium $= 0{,}056$ Äquivalent $\cdot$ 9,0 g Äquivalent^{-1} = 0,50 g
g Brom $= 0{,}056$ Äquivalent $\cdot$ 79,9 g Äquivalent^{-1} = 4,5 g.

9. $$\frac{9{,}65 \cdot 10^{4}\ \text{C g-Atom}^{-1}}{6{,}02 \cdot 10^{23}\ \text{Atome g-Atom}^{-1}} = 1{,}60 \cdot 10^{-19}\ \text{C Atom}^{-1}.$$

10. $$\frac{e}{m} = 1{,}76 \cdot 10^{8}\ \text{C g}^{-1}$$
$$\text{Masse} = \frac{1{,}60 \cdot 10^{-19}\ \text{C}}{1{,}76 \cdot 10^{8}\ \text{C g}^{-1}} = 9{,}1 \cdot 10^{-28}\ \text{g}.$$

11. $$\text{Mole Na} = \frac{10{,}0\ \text{g}}{23{,}0\ \text{g mol}^{-1}} = 0{,}435\ \text{mol}$$
Zahl der Elektronen $= 0{,}435\ \text{Mole} \cdot 6{,}02 \cdot 10^{23}\ \text{Atome Mol}^{-1}$
$\cdot\ 11\ \text{Elektronen Atom}^{-1}$
$= 2{,}88 \cdot 10^{24}$ Elektronen.
Die selbe Anzahl Protonen ist vorhanden. Es gibt $3{,}14 \cdot 10^{24}$ Neutronen.
Die gesamte Masse der Elektronen ist

$2{,}88 \cdot 10^{24}\ \text{Elektronen} \cdot 9{,}11 \cdot 10^{-28}\ \text{g Elektron}^{-1}$
$= 2{,}62 \cdot 10^{-3}$ g.

Die Masse der Elektronen (0,00262 g) beträgt nur 0,03 % der Gesamtmasse.

12.

Kohlenstoff-12:	6 Protonen	6 Elektronen	6 Neutronen
Kohlenstoff-13:	6 Protonen	6 Elektronen	7 Neutronen
Sauerstoff-16:	8 Protonen	8 Elektronen	8 Neutronen
Sauerstoff-17:	8 Protonen	8 Elektronen	9 Neutronen
Sauerstoff-18:	8 Protonen	8 Elektronen	10 Neutronen
Chlor-35:	17 Protonen	17 Elektronen	18 Neutronen
Chlor-37:	17 Protonen	17 Elektronen	20 Neutronen

13. $E = \frac{hc}{\lambda}$. Die Energie ist der Geschwindigkeit und der Wellenzahl ($\frac{1}{\lambda}$ oder ν) proportional.
14. Wellenzahlen werden häufig benutzt, weil die Energie der elektromagnetischen Strahlung mit der Wellenzahl der Strahlung wächst; dabei ist die Wellenzahl einfach der Kehrwert der Wellenlänge. Die Wellenzahl hat gewöhnlich auch eine bequemere Größe als die Frequenz.
15. Siehe Tabelle 4–4. Purpur.
16. Die Gesamtenergie von einem Mol He-Ionen, die eine Geschwindigkeit von $8{,}4 \cdot 10^6$ m s^{-1} besitzen, kann nach der Beziehung

$$\frac{1}{2} m \nu^2 = \text{Energie}$$

berechnet werden.

$$\frac{1}{2} \cdot (8{,}4 \cdot 10^6 \text{ m s}^{-1})^2 \cdot 4 \cdot 10^{-3} \text{ kg} = 1{,}41 \cdot 10^{11} \text{ J}.$$

17. Ein Elektron kann durch ein Photon aus einer Metalloberfläche herausgelöst werden, vorausgesetzt das Photon hat ausreichend Energie, um die Bindungsenergie zwischen Metall und Elektron zu überwinden. Ist die Photoenergie größer als die Bindungsenergie, so wird diese überschüssige Energie in kinetische Energie des Elektrons umgewandelt.
18. $\lambda = \frac{c}{\nu} = \frac{3{,}0 \cdot 10^8 \text{ m s}^{-1}}{5{,}0 \cdot 10^{14} \text{ s}^{-1}} = 6{,}0 \cdot 10^{-7} \text{ m} = 600 \text{ nm}$

    Gelb.
19. $\nu = \frac{c}{\lambda} = \frac{3{,}0 \cdot 10^8 \text{ ms}^{-1}}{4{,}60 \cdot 10^{-7} \text{ m}} = 6{,}5 \cdot 10^{14} \text{ s}^{-1}$.
20. $2 \cdot 10^{-10} \text{ m} = \lambda$.

    $$E = \frac{h \cdot c}{\lambda} = \frac{6{,}63 \cdot 10^{-34} \text{ JsPhoton}^{-1} \cdot 3{,}0 \cdot 10^8 \text{ ms}^{-1}}{2 \cdot 10^{-10} \text{ m}} = 9{,}9 \cdot 10^{-16} \text{ JPhoton}^{-1}.$$

    $$(9{,}9 \cdot 10^{-16} \text{ J Photon}^{-1}) \cdot (6{,}02 \cdot 10^{23} \text{ Photonen mol}^{-1}) = 6{,}0 \cdot 10^5 \text{ kJ mol}^{-1}.$$

    Ja, Röntgenstrahlen können chemische Reaktionen auslösen.
21. $\nu = 1{,}000 \cdot 10^6 \text{ s}^{-1}$

    $\lambda = \frac{c}{\nu} = \frac{3{,}0 \cdot 10^8 \text{ m s}^{-1}}{1{,}000 \cdot 10^6 \text{ s}^{-1}} = 3{,}0 \cdot 10^2 \text{ m}$

    $E = h\nu = 6{,}63 \cdot 10^{-34} \text{ Js} \cdot 1{,}000 \cdot 10^6 \text{ s}^{-1}$

    $E = 6{,}63 \cdot 10^{-28} \text{ J}$

$$\text{kJ mol}^{-1} = (6{,}63 \cdot 10^{-31}\ \text{kJ Photon}^{-1}(\ (6{,}02 \cdot 10^{23}\ \text{Photonen mol}^{-1})$$
$$= 3{,}99 \cdot 10^{-7}\ \text{kJ mol}^{-1}.$$

Diese Energie ist viel zu klein, um eine chemische Reaktion ablaufen zu lassen.

22. $$E = \frac{hc}{\lambda} = \frac{6{,}63 \cdot 10^{-34}\ \text{J s} \cdot 3{,}0 \cdot 10^{8}\ \text{ms}^{-1}}{3{,}60 \cdot 10^{-7}\ \text{m}}$$
$$= 5{,}52 \cdot 10^{-19}\ \text{J}$$
$$E_{\text{Bindung}} = \frac{6{,}63 \cdot 10^{-34}\ \text{J s} \cdot 3{,}0 \cdot 10^{8}\ \text{m s}^{-1}}{5{,}20 \cdot 10^{-7}\ \text{m}}$$
$$= 3{,}82 \cdot 10^{-19}\ \text{J}.$$

Die Energie des Elektrons beträgt $(5{,}52 - 3{,}82) \cdot 10^{-19}$ J
$$= 1{,}70 \cdot 10^{-19}\ \text{J}.$$
$$E = \frac{1}{2} m v^2$$
$$v = \frac{2E}{m} = \sqrt{\frac{2 \cdot 1{,}70 \cdot 10^{-19}\ \text{J}}{9{,}11 \cdot 10^{-31}\ \text{kg}}} = \sqrt{0{,}373 \cdot 10^{12}}$$
$$= 6{,}1 \cdot 10^{5}\ \text{m s}^{-1}.$$

23. $$\Delta E = h \cdot c \left(\frac{1}{\lambda_1} - \frac{1}{\lambda_2}\right)$$
$$= (6{,}63 \cdot 10^{-34}\ \text{J s})\ (3{,}00 \cdot 10^{8}\ \text{m s}^{-1}) \left(\frac{1}{4{,}861 \cdot 10^{-7}\ \text{m}} - \frac{1}{4{,}340 \cdot 10^{-7}\ \text{m}}\right)$$
$$= 4{,}9 \cdot 10^{-20}\ \text{J}.$$

24. Aus der Rydberg-Gleichung, $\frac{1}{\lambda} = R\left(\frac{1}{n_1^2} - \frac{1}{n_2^2}\right)$ und

$n_1 = 2$ und $n_2 = 3$; 4 ergibt sich:

$$\frac{1}{\lambda_a} = R\left(\frac{1}{4} - \frac{1}{9}\right) = \frac{5R}{36};\ \frac{1}{\lambda_b} = R\left(\frac{1}{4} - \frac{1}{16}\right) = \frac{3R}{16}$$

$E = \frac{hc}{\lambda}$, damit ergibt sich in den beiden Fällen:

$$E_a = \frac{5hcR}{36} \text{ und } E_b = \frac{3hcR}{16}$$
$$hcR = (6{,}63 \cdot 10^{-34}\ \text{J s})\ (3{,}00 \cdot 10^{8}\ \text{ms}^{-1})\ (1{,}097 \cdot 10^{7}\ \text{m}^{-1})$$
$$= 2{,}18 \cdot 10^{-18}\ \text{J s}$$
$$E_a = 2{,}18 \cdot 10^{-18} \cdot \frac{5}{36}\ \text{J} = 3{,}03 \cdot 10^{-19}\ \text{J}$$
$$E_b = 2{,}18 \cdot 10^{-18} \cdot \frac{3}{16}\ \text{J} = 4{,}09 \cdot 10^{-19}\ \text{J}.$$

5 Die Elektronenstruktur der Atome

Seminaranleitung

Die in diesem Kapitel gebrachten Theorien sind so grundlegend für das Verständnis der chemischen Erscheinungen, daß es wichtig ist, sie mit besonderem Nachdruck zu diskutieren. Damit die Atomstruktur mit den chemischen Eigenschaften in Verbindung gebracht wird, sollten Sie genügend Zeit auf die Diskussion der Ionisierungsenergien, der Valenzelektronen und des periodischen Verhaltens verwenden. Das ist besonders wichtig, um die Prinzipien der Bindung vorzubereiten, die im nächsten Kapitel behandelt werden.

5–1 Quantentheorie der Atome

Weisen Sie Ihre Studenten darauf hin, daß die Bohrsche Theorie eine Modellvorstellung ist und wie alle Modellvorstellungen der Prüfung durch das Experiment standhalten muß, soll sie überleben. Die Bohrsche Theorie hat nicht überlebt, trotzdem ist sie von großer Bedeutung, weil sie den Quantenbegriff in die Modellvorstellung vom Atom eingeführt hat. Der Quantenbegriff hat selbstverständlich überlebt; er ist eine grundlegende Eigenschaft der bestehenden wellenmechanischen Modellvorstellung. Die Bohrsche Theorie wird im Lehrbuch nur in Teilen vorgestellt, die aber ausreichend sind, um zu zeigen, wie die Quantentheorie auf das Atom angewendet werden kann und um ein Beispiel für die Entwicklung einer Modellvorstellung zu bringen, die mit vielen, wenn auch nicht mit allen experimentellen Erscheinungen übereinstimmt.
Der Assistent sollte nicht ins Einzelne der Bohrschen Atomvorstellung gehen. Zur Information für den Assistenten aber und zur Vorbereitung auf Fragen, die einige Studenten stellen könnten, werden im folgenden einige Aspekte der Bohrschen Theorie herausgearbeitet.
Im Hinblick auf Gleichung 5–1, wo die Zentrifugalkraft der elektrostatischen Anziehungskraft gleichgesetzt wird, kann mit Hilfe der Dimensionsanalyse gezeigt werden, daß sowohl $\frac{mv^2}{r}$ als auch $\frac{1}{4\pi\epsilon_0}\frac{e^2}{r^2}$ Kräfte sind. Rufen Sie sich in Erinnerung, daß ein Ausdruck für die Kraft stets auf $\frac{\text{Masse} \cdot \text{Länge}}{\text{Zeit}^2}$ zurückgeführt werden kann ($1\ \text{J} = 1\ \text{VAs} = 1\ \text{kg}\,\text{m}^2\,\text{s}^{-2}$)

$$\frac{mv^2}{r} = \frac{\text{kg}\,\text{m}^2\,\text{s}^{-2}}{\text{m}} = \text{kg}\,\text{m}\,\text{s}^{-2}$$

$$\frac{1}{4\,\pi\,\epsilon_0}\,\frac{e^2}{r^2} = \frac{A^2\,s^2}{\frac{As}{Vm}\,m^2} = \frac{VAs}{m} = \frac{kg\,m^2\,s^{-2}}{m} = kg\,m\,s^{-2}.$$

Die Dimensionsanalyse von Gleichung 5–2 führt zu:

$$E = -\frac{2\,\pi^2\,e^4\,m_e}{4^2\,\pi^2\,\epsilon_0^2\,h^2\,n^2} = \frac{A^4\,s^4\,kg}{\frac{A^2\,s^2}{V^2\,m^2}\,V^2\,A^2\,s^4} = kg\,m^2\,s^{-2}$$

Die Berechnung der Rydberg-Konstanten ist eine gute Übung. Aus den Gleichungen 5–2 und 5–3 des Lehrbuches ergibt sich:

$$R = \frac{R'}{hc} = \frac{2\,\pi^2\,e^4\,m_e}{(4\,\pi\,\epsilon_0)^2\,h^2ch}$$

$$= \frac{2\,(3{,}14)^2\;(1{,}6\cdot 10^{-19}\;C)^4\;(9{,}11\cdot 10^{-31}\;kg)}{4^2\cdot 3{,}14^2\cdot (8{,}85\cdot 10^{-12}\;\frac{As}{Vm})^2\;(6{,}63\cdot 10^{-34}\;Js)^3\,(3\cdot 10^8\;m\,s^{-1})}$$

$$= 1{,}09\cdot 10^7\;m^{-1}.$$

Der experimentelle Wert stimmt sehr gut mit dem theoretischen überein.

Obgleich hier nicht beabsichtigt ist, in Ableitungen zu versinken, so könnte doch von einigen Studenten die Frage gestellt werden, wie der Wert von 0,0529 nm für den Bohrschen Radius erhalten worden ist. Gehen Sie von Gleichung 5–1, $\frac{mv^2}{r} = \frac{e^2}{4\,\pi\,\epsilon_0\,r^2}$ aus. Könnte die Geschwindigkeit eines Teilchens bestimmt werden, dann könnte r berechnet werden, da m und e bekannte Größen sind. Der Drehimpuls $m\,v\,r$ eines Elektrons war von Bohr als das ganze Vielfache von $\frac{h}{2\,\pi}$ festgesetzt worden, so daß $m\,v\,r = \frac{n\,h}{2\,\pi}$ (n = 1, 2, 3, ...) ist. Anders ausgedrückt: Der Drehimpuls ist gequantelt, d.h. er kann nur diskrete Werte annehmen. Auflösen der Gleichung nach v und Einsetzen in Gleichung 5–1 ergibt:

$$\frac{m}{r}\left(\frac{n\,h}{2\pi m r}\right)^2 = \frac{1}{4\,\pi\,\epsilon_0}\,\frac{e^2}{r^2}\quad \text{und}$$

$$r = \frac{n^2\,h^2\,\epsilon_0}{\pi m e^2} = \frac{(1)\;(6{,}63\cdot 10^{-34}\;Js)^2\;(8{,}85\cdot 10^{-12}\;AsV^{-1}\,m^{-1})}{(3{,}14)\,(9{,}11\cdot 10^{-31}\;kg)\,(1{,}6\cdot 10^{-19}\;C)^2}$$

$$r = 5{,}31\cdot 10^{-11}\;m.$$

Abbildung 5–3 ist sehr aufschlußreich. Ein Elektron im Zustand n = 1 (Grundzustand) kann in den Zustand n = 2 nur dann angeregt werden, wenn es eine

Energie absorbiert, die der Energiedifferenz der beiden Zustände 1 und 2 entspricht. Geht das Elektron von Zustand 2 in den Zustand 1 über, wird die gleiche Energiemenge emittiert. Absorptions- und Emissionsspektren sind also in ihren Linienlagen identisch. Gehen Sie mit Ihren Studenten die wichtigsten Punkte der Beispiele 5–1, 5–2 und 5–3 durch. Beachten Sie, daß im Beispiel 5–1 n_1 dem niedrigeren Energiezustand und n_2 dem höheren Energiezustand entsprechen. Im Beispiel 5–2 könnte für einige Studenten der Hinweis nützlich sein, daß $1/\infty$ gleich Null ist. Die molare Ionisierungsenergie wird zu 1315 kJ mol^{-1} berechnet, der experimentell bestimmte Wert ist 1313 kJ mol^{-1}. Das ist also ein gutes Beispiel für die enge Übereinstimmung von Theorie und Experiment.

5–2 Moderne Quantentheorie

Die Unschärferelation ist gewöhnlich für Studenten etwas verwirrend. Das Prinzip besagt, daß es unmöglich ist, die genaue Position und die exakte Geschwindigkeit eines Elektrons gleichzeitig zu kennen. Der Student mag denken, daß die Unschärfe bei der Messung mit weiter fortgeschrittener Versuchstechnik immer kleiner wird, bis Geschwindigkeit und Position gleichzeitig genau bestimmt werden können. Führen Sie aus, daß die Unschärferelation theoretisch abgeleitet worden ist und nicht mit irgendwelchen Instrumenten oder experimentellen Messungen zusammenhängt.

Beispiel 5–4 sollte in Einzelheiten diskutiert werden. Es ist unmöglich, den Ort eines Elektrons mit größerer Genauigkeit zu bestimmen als der Wellenlänge des Lichts entspricht, das bei der Messung benutzt wurde. Wenn also Röntgenlicht von 1 nm verwendet wurde, erlauben die Gesetze der Optik nicht, den Ort des Elektrons genauer als ± 1 nm zu bestimmen. Im Prinzip sollte man daher die Position des Elektrons um so genauer bestimmen können, je kürzer die Wellenlänge ist. Um aber den Ort eines Elektrons festzulegen, bedarf es einer Kollision zwischen dem Elektron und dem Photon; da Photonen mit kürzerer Wellenlänge eine größere Energie besitzen, so wird die Unschärfe des Impulses (mv) um so größer sein, je kürzer die Wellenlänge ist.

Da Ort und Geschwindigkeit des Elektrons unscharf sind, ist es am besten, man definiert seinen Ort durch die Wahrscheinlichkeit, mit der man ein Elektron an einem bestimmten Raumpunkt antrifft. Abbildung 5–5 zeigt die Darstellung der Aufenthaltswahrscheinlichkeit für ein Elektron.

In der Unschärferelation steckt der Gedanke, daß es nutzlos ist, über Dinge zu grübeln, die wir niemals beweisen oder widerlegen können.
Wenn es die Zeit erlaubt, können Sie Ihre Studenten mit dieser Vorstellung provozieren.

5–3 Die Quantenzahlen

Die Quantenzahlen sind für die Studenten meistens etwas Geheimnisvolles. Das liegt daran, daß sie nicht wissen, wie man zu ihnen kommt. Natürlich können Sie nicht den Ursprung der Zahlen in allen Einzelheiten herausarbeiten, aber wenn Ihre Studenten den Wunsch haben, mehr über die Quantenzahlen zu erfahren, so sollte die folgende kurze qualitative Diskussion ihrer Herkunft und ihrer Beziehungen untereinander zum Verständnis beitragen.

Es wurde festgestellt, daß die Energie des Wasserstoffatoms durch $E = -\frac{13{,}6}{n^2}\,\mathrm{eV}$ gegeben ist und daß die Energiebeträge, die das Wasserstoffatom besitzen kann, vollständig durch die Zahl n bestimmt sind. Zusätzlich zur gequantelten Energie besitzt das Elektron einen Drehimpuls, der ebenfalls gequantelt ist. Der Ausdruck für den Drehimpuls eines Elektrons muß daher, ähnlich wie der Energieausdruck, eine Quantenzahl enthalten, der die Werte für den Drehimpuls beschränkt. Qualitativ ist es einzusehen, daß die Drehimpulsquantenzahl l stets kleiner als die Quantenzahl n ist, denn ein Teilchen, das einen Drehimpuls besitzt, muß auch kinetische Energie haben. Da n die Energie bestimmt, ist l von n abhängig. Der Drehimpuls des Elektrons bestimmt das Gebiet, in dem das Elektron mit einer gewissen Wahrscheinlichkeit zu finden ist. Die Quantenzahl l kann daher am anschaulichsten als die Orbitalquantenzahl beschrieben werden.

Ein sich bewegendes Elektron besitzt ein magnetisches Feld. Bewegt sich das Elektron in einem Magnetfeld, so tritt das Magnetfeld des Teilchens mit dem äußeren Magnetfeld in Wechselwirkung. Diese Wechselwirkung ist gequantelt; daraus folgt, daß das Elektron nur bestimmte Orientierungen annehmen kann, wie sie durch die Quantenzahl m beschrieben werden. Da das Magnetfeld des Elektrons durch die Orbitalbewegung erzeugt wird, erscheint es vernünftig, daß die magnetische Quantenzahl m durch die Orbitalquantenzahl l begrenzt wird.

Schließlich ist der Elektronenspin gequantelt, das wird durch s ausgedrückt, die letzte der vier Quantenzahlen.

Zusammenfassend kann gesagt werden: Die Energie eines Elektrons in einem Atom kann nur bestimmte Werte annehmen, der Drehimpuls hat nur bestimmte Werte, das magnetische Feld des Elektrons kann nur bestimmte Orientierungen annehmen und der Elektronenspin kann nur bestimmte Werte haben.

Beispiele wie 5–6 und 5–7 sind gute Übungen, um Quantenzahlen zuzuordnen.

Beispiel

Wird ein Elektron aus dem Grundzsutand ($n = 1$) in den ersten angeregten Zustand ($n = 2$) angeregt, welche möglichen Werte von l und m gibt es dann in diesem Zustand?

Lösung

Da $n = 2$ ist, kann l 0 oder 1 sein. Wenn $l = 0$ ist, kann m nur 0 sein und wenn $l = 1$ ist, kann m $-1, 0$ oder +1 sein. Es gibt also acht erlaubte Kombinationen von l, m und s für ein Elektron auf dem Niveau $n = 2$.

Die Anwendung der Quantenzahlen

Im Lehrbuch wurde die Aussage gemacht, daß „nur ein Elektron dieselben vier Quantenzahlen besitzen kann". Anders ausgedrückt: Es gibt in einem Atom keine zwei Elektronen, die dieselbe Kombination von Werten für n, l, m und s haben. Man kann auch sagen, daß zwei Elektronen dasselbe Orbital nur besetzen können, wenn sie unterschiedliche Spinquantenzahlen haben oder daß nicht mehr als zwei Elektronen dasselbe Orbital besetzen können. Das Ausschließungsprinzip ist ein experimenteller Tatbestand und besitzt keine fundamentale Erklärung ebensowenig wie die Anziehung einer positiven Ladung durch eine negative Ladung.

Übung

Wie lauten die Werte für alle 4 Quantenzahlen für jedes der 10 Elektronen im Neon?

Lösung

Elektron	*n*	*l*	*m*	*s*
1	1	0	0	+ 1/2
2	1	0	0	– 1/2
3	2	0	0	+ 1/2
4	2	0	0	– 1/2
5	2	1	+ 1	+ 1/2
6	2	1	0	+ 1/2
7	2	1	– 1	+ 1/2
8	2	1	+ 1	– 1/2
9	2	1	0	– 1/2
10	2	1	– 1	– 1/2

Die Wahl von + 1/2 für die Spinquantenzahl als niedriger Energiezustand ist willkürlich, ebenso die von + 1 als niedrigster Energiewert von m. Selbstverständlich würden alle Zustände mit dem selben Wert von n ohne äußeres Magnetfeld entarten oder energetisch gleichwertig werden.

5–4 Elektronenstrukturen von Atomen

Beachten Sie, daß zwischen dem Wasserstoffatom, das nur ein Elektron besitzt, und Atomen mit mehr als einem Elektron unterschieden wird. Ist das Wasserstoffatom nicht in einem magnetischen Feld, so wird die Energie ausschließlich durch die Quantenzahl n charakterisiert. In einem System mit vielen Elektronen trägt der Wert von l ebenfalls zur Energie bei, da sich die Elektronen gegenseitig beeinflussen. Diese größere Kompliziertheit aller Atome im Vergleich zum Wasserstoffatom kann graphisch in folgender Weise dargestellt werden:

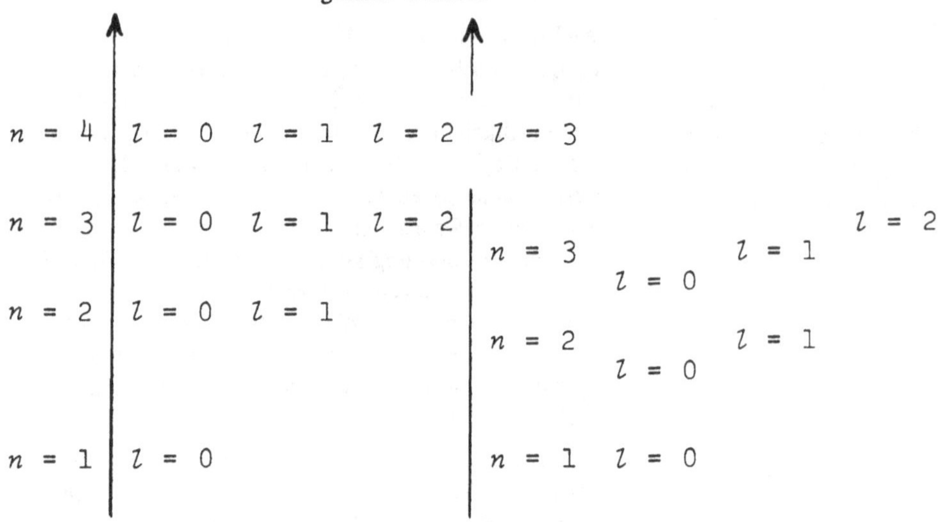

Wasserstoffatom Atom mit vielen Elektronen

Kein äußeres Magnetfeld

Stellen Sie fest, ob Ihre Studenten die Beziehung zwischen den Quantenzahlen und den Ionisierungsenergien in Tabelle 5–2 verstanden haben. Nach Abschnitt 5–1 läßt sich aus der Bohrschen Gleichung die Beziehung zwischen dem Abstand des Elektrons vom Kern und der Quantenzahl n ableiten: $r = \frac{\epsilon_0 n^2 h^2}{\pi m e^2}$. Die Tatsache, daß r direkt n^2 proportional ist, bedeutet in moderner Ausdrucksweise, daß mit wachsendem n der Aufenthalt des Elektrons in größerem Abstand vom

Kern wahrscheinlicher ist. Daraus folgt, daß die Ionisierungsenergie für ein Elektron umso geringer ist, je höher der Wert von n ist. Lithium verliert daher leicht das Elektron, das sich im Niveau $n = 2$ befindet, und bildet Li^+.

Die Orbitale in Abbildung 5–8 verdienen Aufmerksamkeit, da häufig bei den Studenten falsche Vorstellungen über Orbitale bestehen. Als erstes sollten die Studenten verstehen lernen, daß die Quantenzahl l durch die Beziehungen *s, p, d, f* usw. für die Orbitale gekennzeichnet ist, und zwar in folgender Weise:

$l = 0$ für ein *s*-Orbital,

$l = 1$ für ein *p*-Orbital,

$l = 2$ für ein *d*-Orbital und

$l = 3$ für ein *f*-Orbital.

Wichtiger aber ist der Hinweis, daß die Orbitalzeichnungen in Abbildung 5–8 die Flächen konstanter Aufenthaltswahrscheinlichkeiten darstellen. Die Wahrscheinlichkeit, ein Elektron im dargestellten Volumen anzutreffen, mag 99 % sein, aber theoretisch hat das Orbital keine Grenze; es existiert eine gewisse, wenn auch kleine Wahrscheinlichkeit, das Elektron in unendlicher Entfernung vom Kern zu finden. Wir sprechen auch oft davon, daß Elektronen in Orbitale gebracht werden, so als ob es tatsächlich kleine leere Fächer gibt, in die Elektronen untergebracht werden können. Betonen Sie, daß Orbitale nicht vorhanden sind, wenn kein Elektron darin ist.

Daß die Ionisierungsenergien allgemein innerhalb einer Periode im Periodensystem zunehmen, zeigt Tabelle 5–3. Dafür sind zwei Tatsachen verantwortlich: Einmal werden die Valenzelektronen auf dasselbe Quantenniveau gebracht. Das bedeutet, daß alle innerhalb eines Volumens sind mit Grenzflächen, die ungefähr den gleichen Abstand vom Kern haben; andererseits aber nimmt die Kernladung innerhalb einer Periode zu.

In diesem Zusammenhang ist es interessant, die Ionisierungsenergien der Alkalimetalle zu vergleichen.

Wie man sieht, nimmt die Energie zur Loslösung eines Elektrons in der Gruppe ab, obgleich die Kernladung zunimmt. Der Anstieg der Kernladung wird durch die Tatsache ausgeglichen, daß das Elektron, das

Metall	Ionisierungsenergien [eV]	Kernladung
Li	5,39	3
Na	5,14	11
K	4,34	19
Rb	4,18	37
Cs	3,89	55

vom Cäsium abgegeben wird, die meiste Zeit viel weiter vom Kern entfernt ist, als das Elektron, das vom Rubidium abgegeben wird und so weiter.

Übung

Es ist lehrreich, wenn Ihre Studenten die Ionisierungsenergien gegen die Ordnungszahlen graphisch auftragen. Eine solche Darstellung bringt natürlich das Periodengesetz zum Ausdruck.

Seien Sie darauf vorbereitet, kurz beschreiben zu können, wie eine Ionisierungsenergie bestimmt wird, falls ein Student danach fragt. Die Studenten haben im Kapitel 4 des Lehrbuchs Entladungsröhren kennengelernt. Wird ein Gas in eine Entladungsröhre gebracht und die Spannung an den Platten langsam erhöht, so wird schließlich ein Punkt erreicht, bei dem die Spannung ausreichend ist, um Elektronen aus den Atomen zu reißen. Aus diesem Spannungswert kann eine Ionisierungsenergie berechnet werden.

Es lohnt sich für Ihre Studenten, wenn sie in der Lage sind, eine Elektronenkonfiguration für ein Atom allein aus der Kenntnis seiner Stellung im Periodensystem heraus aufzuschreiben. In Kapitel 3 haben sie gelernt, daß es Gruppen von Elementen und Elementperioden gibt. Wir können jetzt die Atomstruktur mit der chemischen Ähnlichkeit von Elementen innerhalb einer Gruppe in Verbindung bringen. Beispielsweise besitzen alle Alkalimetalle eine Elektronenkonfiguration der Valenzschale, die ns entspricht:

Li	$1s^2\ 2s^1$	$(He)(2s^1)$
Na	$1s^2\ 2s^2\ 2p^6\ 3s^1$	$(Ne)(3s^1)$
K	$1s^2\ 2s^2\ 2p^6\ 3s^2\ 3p^6\ 4s^1$	$(Ar)(4s^1)$
Rb	$1s^2\ 2s^2\ 2p^6\ 3s^2\ 3p^6\ 4s^2\ 3d^{10}\ 4p^6\ 5s^1$	$(Kr)(5s^1)$

In ähnlicher Weise haben alle Halogene eine Valenzschalenkonfiguration von ns^2np^5 und bilden daher eine Gruppe.

Das Periodensystem kann wie folgt aufgeteilt werden:

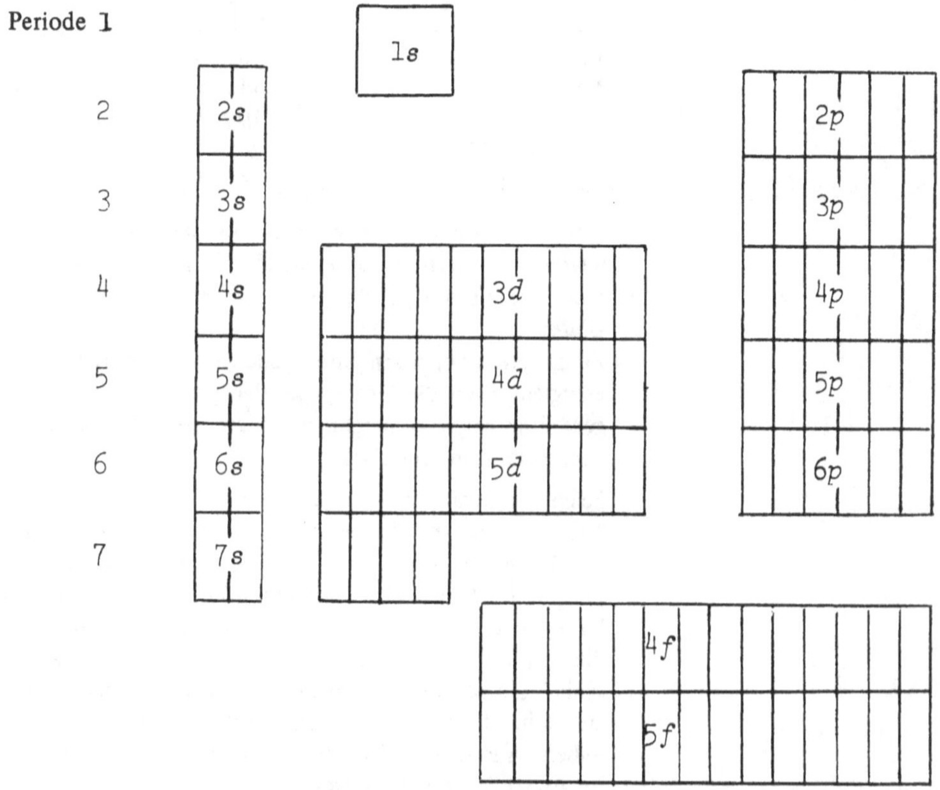

Beim Betrachten des Periodensystems sollte der Student in der Lage sein, sofort zu sagen, welche Valenzelektronen in einem Atom vorhanden sind und die Elektronen zu nennen, die in der Lage sind, Bindungen einzugehen, was Thema des nächsten Kapitels ist.

Übung

Geben Sie Ihren Studenten als Aufgabe, die Elektronenkonfigurationen von Elementen hinzuschreiben, von denen Sie nur die Ordnungszahl kennen.

5–5 Die schwereren Elemente

Stellen Sie für das Beispiel 5–9 ein Energieniveauschema auf, das zeigt, daß das 3*d*-Niveau eine höhere Energie besitzt als das 4*s*-Niveau.

Übung

Welches ist die höchste Zahl an 3*d*-Elektronen, die in einem Atom vorhanden sein können.

Lösung

Für ein 3*d*-Elektron ist $n = 3$ und $l = 2$. Die erlaubten Kombinationen von n, l und s sind also:

Elektron	n	l	m	s
1	3	2	+2	+½
2	3	2	+1	+½
3	3	2	0	+½
4	3	2	-1	+½
5	3	2	-2	+½
6	3	2	+2	-½
7	3	2	+1	-½
8	3	2	0	-½
9	3	2	-1	-½
10	3	2	-2	-½

Die größte Zahl an Elektronen im 3*d*-Niveau ist also 10. Auf ähnliche Weise kann gezeigt werden, daß die größte Zahl an 4*s*-Elektronen 2, an 4*p*-Elektronen 6 und an 4*f*-Elektronen 14 ist.

Literatur

1. G.T. Seaborg: „Das Periodensystem der Zukunft". *Chemie in unserer Zeit 3,* S. 131 (1969).
2. R. Stephen Berry: „Atomic Orbitals". *AC_3Resource Paper V; J. Chem. Ed. 43,* 283 (1966). Beschreibt die Bedeutung von Orbitalen und ihre Darstellung. Eine gute Zusammenfassung für Assistenten.
3. G. Gamow: „The Exclusion Principle". *Scientific American* (Juli, 1959, S. 74). Eine verständliche Beschreibung der Ursache, der Bedeutung und der Anwendung des Ausschließungsprinzips.
4. R.N. Keller: „Energy Level Diagrams and Extranuclear Building of the Elements". *J. Chem. Ed. 39,* 389 (1962). Führt aus, daß die relative Reihenfolge der Stabilität von Atomorbitalen, wie sie üblicherweise aufgestellt wird, die Reihenfolge des Wasserstoffatoms ist. Die Stabilitätsreihenfolge ändert sich häufig mit den Änderungen der Kernladung oder der Zahl der den Atomkern umgebenden Elektronen.
5. F.L. Lambert: „Atomic Orbitals From Wave Patterns". *Chemistry* (Teil I, *41*, 1968, S. 10; Teil II: *41*, 1968, S. 8). Eine elementare Diskussion der Welleneigenschaften. Atomorbitale ähneln dreidimensionalen Wellen; s-, p- und d-Orbitale werden qualitativ erläutert durch Betrachten der Eigenschaften von einfacheren Wellen.
6. R.E. Powell: „Relativistic Quantum Mechanics". *J. Chem. Ed. 45,* 559 (1968). Zu weitgehend für Studienanfänger, aber sehr informativ für Assistenten. Zeigt, daß bei Benutzung der relativistischen Wellenmechanik alle vier Quantenzahlen erhalten werden statt wie sonst nur drei. Kritisiert die übliche Vorstellung vom Elektronenspin. Studenten stellen häufig die Frage: „Wie kann ein Elektron von einem Lappen eines p-Orbitals zum anderen kommen?" Die Antwort in der Vergangenheit war gewöhnlich, daß man so nicht fragen kann. Anhand der relativistischen Wellenmechanik wird gezeigt, daß es stets eine endliche Wahrscheinlichkeit gibt, daß das Elektron am Kern gefunden wird, d.h. es gibt keine Knoten in der Aufenthaltswahrscheinlichkeitsdichte.

Fragen und Aufgaben

1. Das Wasserstoffatom hat ein Proton als Kern, und ein Elektron befindet sich auf einer Kreisbahn darum. Die Energie des Elektrons ist gequantelt und kann nur bestimmte endliche Werte annehmen. Das Elektron kann von einer äußeren Quelle durch einen ganz bestimmten Energiebetrag angeregt werden und auf ein anderes Energieniveau springen. Das Elektron kann nach der Anregung wieder auf ein niedrigeres Energieniveau fallen und gibt dabei seine überschüssige Energie in Form von Licht ($h\nu$) ab. Neu im Bohrschen Modell ist der Begriff des gequantelten Energieniveaus im Gegensatz zum kontinuierlichen. Die Quantenzahl n gibt die möglichen Energieniveaus im Wasserstoffatom an.
2. Zur Berechnung der Wellenlänge des Lichts, das zur Anregung des Elektrons notwendig ist, kann die Rydberggleichung dienen:
$$\frac{1}{\lambda} = 1{,}0967 \cdot 10^7\ \mathrm{m^{-1}} \left(\frac{1}{n_1^2} - \frac{1}{n_2^2}\right)$$
$$\frac{1}{\lambda} = 1{,}0967 \cdot 10^7\ \mathrm{m^{-1}} \left(\frac{1}{1^2} - \frac{1}{3^2}\right)$$
$$\frac{1}{\lambda} = 1{,}0967 \cdot 10^7\ \mathrm{m^{-1}} \cdot \frac{8}{9}$$
$$= 0{,}9748 \cdot 10^7\ \mathrm{m^{-1}}$$
$$\lambda = 1{,}026 \cdot 10^{-7}\ \mathrm{m} = 102{,}6 \cdot 10^{-9}\ \mathrm{m} = 102{,}6\ \mathrm{nm}\ \text{(ultraviolett)}$$
$$\text{Energie pro Atom} = \frac{hc}{\lambda}$$
$$= \frac{6{,}63 \cdot 10^{-34}\ \mathrm{Js} \cdot 3{,}00 \cdot 10^8\ \mathrm{m\,s^{-1}}}{1{,}026 \cdot 10^{-7}\ \mathrm{m}}$$
$$= 1{,}94 \cdot 10^{-18}\ \text{Joule Atom}^{-1}.$$
3. $$(\Delta m v)(\Delta x) = \frac{h}{4\pi}$$
$$(m \Delta v)(\Delta x) = \frac{h}{4\pi}$$
$$(1{,}470\ \mathrm{kg})\,(0{,}1\ \mathrm{m\,s^{-1}})\,(\Delta x) = \frac{6{,}63 \cdot 10^{-34}\ \mathrm{Js}}{4 \cdot 3{,}14}$$
$\Delta x = 3{,}6 \cdot 10^{-34}$ m (Als Hinweis: Joule = kg · $\mathrm{m^2 s^{-2}}$).
Die Unbestimmtheit in der Position ist nicht wahrnehmbar.
4. Das Modell von Bohr postuliert, daß der Radius der Kreisbahn des Elektrons sowie die Geschwindigkeit und die Energie des Elektrons mit einer Reproduzierbarkeit bestimmt werden können, die allein durch die Genauigkeit der in seinen Gleichungen auftretenden Größen begrenzt wird. Heisenberg behauptet, daß es eine grundsätzliche Unschärfe von Ort und Impuls des Elektrons gibt.
5. n = Hauptquantenzahl; sie gibt die Hauptenergieniveaus im Atom an. $n = 1, 2, 3, \ldots, \infty$.
l = Orbitalquantenzahl; sie gibt Auskunft über die allgemeine Form des Orbitals im Raum. $l = 0, 1, 2, \ldots, (n-1)$.
m = magnetische Quantenzahl; sie beschreibt die Orientierung des Orbitals im Raum. $m = -l, \ldots 0, \ldots, +l$.
s = Spinquantenzahl; sie kennzeichnet die Spinorientierung des Elektrons. $s = \pm 1/2$.

6. Wird das Elektron eines Wasserstoffatoms in das E_5-Energieniveau ($n = 5$) angehoben, so kann es auf E_4 fallen ($n = 4$) und ein Photon Licht im infraroten Bereich (Brackett-Serien) aussenden. Es kann weiter Energie abgeben, indem es auf das E_3-Niveau ($n = 3$) fällt und ein anderes Photon (Paschen-Serien) ausstrahlt. Durch Zurückfallen auf E_2 und E_1 werden Photonen in den Balmer- und Lyman-Serien abgegeben. Eine Aussendung in umgekehrter Reihenfolge kann nicht eintreten, da die Emission in den Lyman-Serien das Atom in den Grundzustand versetzt.
7. Als Beispiel kann ein Wasserstoffatom verwendet werden. Sind ein Proton und ein Elektron unendlich weit voneinander entfernt, ist ihre Wechselwirkungsenergie gleich Null. Bewegen sie sich aufeinander zu, so beeinflussen sie sich durch gegenseitige Anziehung. Um das Elektron und den Kern wieder auf unendlichen Abstand zu bringen, muß Arbeit geleistet werden (eine positive Energiemenge wird gebraucht); die Energie eines Systems Proton-Elektron bei endlichem Abstand beider voneinander muß also kleiner als Null sein.
8. $_{18}$Ar: $1s^2\ 2s^2\ 2p^6\ 3s^2\ 3p^6$
   6*s*-Elektronen
   12*p*-Elektronen.

   Für das 18. Elektron gilt: $n = 3$, $l = 1$, $m = +1$, 0 oder -1, $s = +1/2$ oder $-1/2$.
9. Das Element 2, Helium, hat zwei Elektronen im Niveau $n = 1$, womit dieses Niveau vollständig besetzt ist. Diese Begrenzung ist durch das Ausschließungsprinzip von Pauli gegeben, da $n = 1$, $l = 0$, $m = 0$ und $s = \pm 1/2$ sind und somit nur zwei unterschiedliche Kombinationen der vier Quantenzahlen möglich sind. Zwei der drei Elektronen des Elementes 3 sind im Niveau $n = 1$, das dritte Elektron aber wird in das Niveau 2*s* gehoben. In ähnlicher Weise gehören alle 10 Kombinationen der Quantenzahlen des Elementes 10, Neon, zur Auffüllung des Niveaus $n = 2$. Das elfte Elektron des Natriums, Element 11, muß daher in das Niveau 3*s* angehoben werden.
10. $_8$O: $1s^2 2s^2 2p^4$

    $_{16}$S: $1s^2 2s^2 2p^6 3s^2 3p^4$

    $_{34}$Se: $1s^2 2s^2 2p^6 3s^2 3p^6 4s^2 3d^{10} 4p^4$

    $_{52}$Te: $1s^2 2s^2 2p^6 3s^2 3p^6 4s^2 3d^{10} 4p^6 5s^2 4d^{10} 5p^4$

    Jedes Element besitzt eine np^4-Konfiguration, was vermuten läßt, daß sie ähnliche chemische Eigenschaften haben werden. So sollten sie z.B. alle Ionen mit der Ladung -2 bilden können.
11. Die Zahl der positiven Ladung in den Atomkernen wächst von Lithium ($Z = 3$) bis Neon ($Z = 10$). Die Elektronen, die gleich der Zahl der Protonen sind, werden von Lithium bis Neon auf der Schale $n = 2$ untergebracht. Diese Elektronen schirmen sich gegenseitig nicht sehr wirksam gegen die wachsende positive Ladung des Kerns ab. Daraus folgt eine stärkere Anziehungskraft zwischen Kern und Elektronen in Richtung von Lithium zum Neon. Natrium ($Z = 11$) hat das letzte Elektron in der 3*s*-Schale, außerhalb der gefüllten Neon-Schale. Das 3*s*-Elektron des Na ist durch die 10 Elektronen der niedrigerliegenden Or-

bitale gut abgeschirmt und ist durchschnittlich vom Kern weiter entfernt als das 2*s*-Elektron des Li. Die E_i von Na ist also kleiner als die E_i von Li.

12. Bis zum Niveau $n = 3$ gibt es keine *d*-Niveaus ($l = 2$). Für $n = 3$ und darüber gibt es fünf *d*-Orbitale, die durch die fünf Werte von *m* (+ 2, + 1, 0 – 1, – 2) gekennzeichnet sind.
13. Die höchstmögliche Anzahl von Elektronen in einem Energie-Hauptniveau (*n*) kann nach der Beziehung

$$\text{Höchstmögliche Anzahl von Elektronen} = 2(n)^2$$

berechnet werden.
Für $n = 4$:

$$2(4)^2 = 32 \text{ Elektronen.}$$

Wenn $n = 4$ ist, kann l höchstens gleich drei sein. Elektronen mit $l = 3$ werden *f*-Elektronen genannt.

14. Es handelt sich um eine „isoelektronische" Reihe, weil sie alle eine Elektronenkonfiguration besitzen, die mit der von Neon identisch ist:

$$1s^2\ 2s^2\ 2p^6.$$

Das kleinste Ion ist Na^+ und das größte N^{3-}.

$$Na^+ < Ne < F^- < O^{2-} < N^{3-}.$$

15. Al: $1s^2 2s^2 2p^6 3s^2 3p^1$

Si: $1s^2 2s^2 2p^6 3s^2 3p_x^1 3p_y^1$

P $1s^2 2s^2 2p^6 3s^2 3p_x^1 3p_y^1 3p_z^1$

S: $1s^2 2s^2 2p^6 3s^2 3p_x^2 3p_y^1 3p_z^1$

16. Cr: $1s^2 2s^2 2p^6 3s^2 3p^6 4s^1 3d^5$

Cu: $1s^2 2s^2 2p^6 3s^2 3p^6 4s^1 3d^{10}$

Halbaufgefüllte und vollkommen aufgefüllte d-Schalen sind besonders beständig.

17. F: $1s^2 2s^2 2p^5$

Cl: $1s^2 2s^2 2p^6 3s^2 3p^5$

Für die Halogene ist die allgemeine Konfiguration np^5 charakteristisch.

18. Gruppe IIA: ns^2
Gruppe VIA: ns^2np^4.
Gruppennummer und Anzahl der Valenzelektronen sind identisch.

19. $O(1s^2 2s^2 2p^4) \xrightarrow{+2e^-} O^{2-}(1s^2 2s^2 2p^6)$

$Cl(1s^2 2s^2 2p^6 3s^2 3p^5) \xrightarrow{+1e^-} Cl^-(1s^2 2s^2 2p^6 3s^2 3p^6)$

$$Na(1s^2 2s^2 2p^6 3s^1) \xrightarrow{-1e^-} Na^+(1s^2 2s^2 2p^6)$$

$$Ca(1s^2 2s^2 2p^6 3s^2 3p^6 4s^2) \xrightarrow{-2e^-} Ca^{2+}(1s^2 2s^2 2p^6 3s^2 3p^6)$$

20. Mg: $1s^2 2s^2 2p^6 3s^2$

K: $1s^2 2s^2 2p^6 3s^2 3p^6 4s^1$

Al^{3+}: $1s^2 2s^2 2p^6$

21. N: $1s^2 2s^2 2p_x^1 2p_y^1 2p_z^1$

O: $1s^2 2s^2 2p_x^2 2p_y^1 2p_z^1$ oder $1s^2 2s^2 2p_x^1 2p_y^2 2p_z^1$

or $1s^2 2s^2 2p_x^1 2p_y^1 2p_z^2$

6 Bindungen in Molekülen

Seminaranleitung

In diesem Kapitel wird das Lewis-Modell einer chemischen Bindung eingeführt. Die Studenten sollen in die Lage versetzt werden, Moleküle durch Lewis-Formeln darzustellen. Es soll ihnen klarwerden, daß das Lewis-Modell modiziert werden muß, um erweiterte Oktette zu erfassen und daß andere Strukturen besser beschrieben werden, wenn der Begriff der Resonanz zu Hilfe genommen wird.

Die Studenten werden verstehen, was mit einer polaren Bindung gemeint ist. Sie sollen lernen, daß eine derartige Bindung quantitativ mit Hilfe des Dipolmoments beschrieben und aus den Elektronegativitätswerten vorhergesagt werden kann. Am Ende des Kapitels werden die Studenten mit den Begriffen der Einfach-, Doppel- und Dreifachbindung vertraut sein.

6–1 Wasserstoff und Helium
6–2 Fluor und Neon
6–3 Die Hydride und Fluoride

Diese Abschnitte enthalten wichtige Begriffe wie Lewis-Formeln, kovalente Bindungen, Bindungsenergie und Bindungslänge. Die Studenten müssen das Aufschreiben von Lewis-Formeln üben. Die Regeln hierfür sind in Abschnitt 6–2 gegeben. Gehen Sie die Beispiele des Lehrbuches durch und erklären Sie daran die Regeln. Vermeiden Sie nach Möglichkeit, an dieser Stelle den Begriff des erweiterten Oktetts (vgl. Abschnitt 6–14) einzuführen. Wenn Sie sich auf die ersten zwei Perioden des Periodensystems konzentrieren, in denen *d*-Orbitale in Bindungen nicht benutzt werden, so werden Sie scheinbare Ausnahmen von der Oktettregel nur beim Bor und beim Aluminium finden. Auch der Begriff der Mehrfachbindungen sollte vorläufig vermieden werden.

Betonen Sie, daß Bindungen zwischen Atomen nur von Valenzelektronen eingegangen werden. Erinnern Sie an die Definition der Valenzelektronen aus Kapitel 5 und gehen Sie sicher, daß die Studenten die Valenzelektronen für ein gegebenes Atom aufzählen können. Üben Sie das an Beispielen wie etwa Fluor, in dem die Elektronenkonfiguration $1s^2\ 2s^2\ 2p^5$ ist. Die Valenzelektronen in diesem Beispiel sind auf dem zweiten (äußersten) Hauptquantenniveau, also $2s^2\ 2p^5$, insgesamt sieben Elektronen.

Erinnern Sie Ihre Studenten daran, daß ein Strich (–) eine einfache kovalente Bindung bedeutet bzw. zwei gebundene Elektronen zwischen zwei Atomen, daß aber zwei Punkte (:) ein freies oder nichtbindendes Elektronenpaar bedeuten.

Es gibt mehrere Möglichkeiten, kovalente Bindungen darzustellen. Betrachten wir das HF-Molekül:

Methode 1

Aufschreiben der Lewis-Formeln für die Atome und das Molekül.

$$H\cdot + \cdot\ddot{\underset{\cdot\cdot}{F}}: \rightarrow H-\ddot{\underset{\cdot\cdot}{F}}:$$

Methode 2

Hinschreiben der Elektronenkonfiguration für die Atome und das Molekül:

H +	F	→	HF
$1s^1$	$1s^2 2s^2 2p^5$		Paarbildung des $1s$-Elektrons von H und des $2p$-Elektrons von F.
↑	↑↓ ↑↓ ↑↓ ↑↓ ↑		↑↓ ↑↓ ↑↓ ↑↓ ↑↓

Methode 3

Darstellung der Atomorbitale für die einzelnen Atome. Durch Überlappen dieser Orbitale wird das Molekül gebildet (das ist natürlich nur ein Modell):

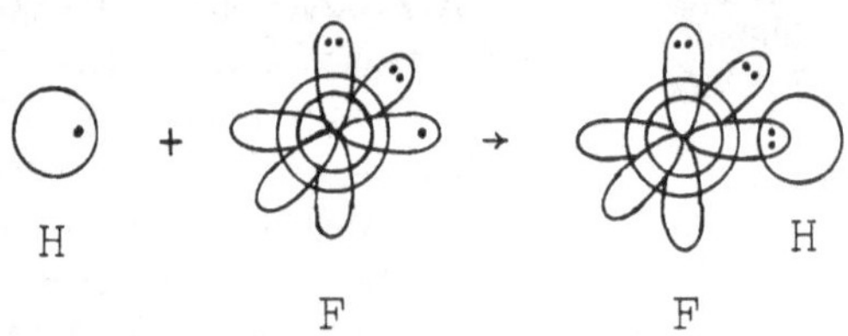

Betrachten Sie Beispiel 6–2 im Lehrbuch. Der Student soll die Zahl der Valenzelektronen in jedem Atom bestimmen und sie anschließend zusammenzählen. Über die Gruppennummer kommt man leicht zur Zahl der Valenzelektronen für ein Atom; für den Fall, daß die Studenten den Begriff der Gruppennummer vergessen haben, ist es ganz sinnvoll, die Valenzelektronen in einer Tabelle abzuleiten.

Atom	Elektronenkonfiguration	Valenzelektronen pro Atom	Gruppennummer	Gesamte Valenzelektronen
N	$1s^2 2s^2 2p^3$	$2 + 3 = 5$	5	5
F	$1s^2 2s^2 2p^5$	$2 + 5 = 7$	7	21
				26

Die Regel, daß die Bindungsstärke mit abnehmender Bindungslänge zunimmt, gilt nur bei Vergleichen zwischen denselben Atomarten. Es ist vollkommen richtig, wenn man aus der Bindungslänge von 0,074 nm für H_2 und einer Bindungslänge von 0,106 nm für H_2^+ den Schluß zieht, daß die Bindung im H_2 viel stärker ist. Die molare Bindungsenergie im SiF beträgt 536 kJ mol^{-1}, d.h. die Bindung ist viel stärker als die im H_2. Wegen der größeren Ausdehnung der Silicium- und Fluoratome aber ist die Si-F-Bindung viel länger als die H-H-Bindung, obgleich sie stärker ist.

6–4 Bortrihydrid
6–5 Bortrifluorid

In diesen Abschnitten gibt es ausgezeichnete Möglichkeiten, chemische Eigenschaften kennenzulernen, indem verschiedene Bindungsarten diskutiert werden. Interessante Beispiele sind Diboran, ein süßriechendes, farbloses Gas, das sich an Luft entzündet, und BF_3, ein stechend riechendes, farbloses Gas.

In den Abschnitten 1, 2 und 3 wurde dargestellt, daß sich Wasserstoff mit Kohlenstoff (Gruppe IV) zu CH_4, mit Stickstoff (Gruppe V) zu NH_3 und mit Fluor (Gruppe VII) zu HF verbindet. In allen diesen Verbindungen wird ein stabiles Elektronenoktett um das Zentralatom herum erreicht. Eine Ausnahme zur Oktettregel stellt das Bor (Gruppe III) dar, wenn es Verbindungen vom Typ BX_3 bildet, in dem X ein Halogen ist. Das sind sogenannte Elektronenunterschuß-Moleküle. Resonanzstrukturen für BF_3 werden im Abschnitt 6–15 gegeben.

Der Begriff der Dreizentrenbindung erfordert eine ausführlichere Behandlung. Drei Atome (zwei Boratome und ein Wasserstoffatom) stellen eine Bindung her, indem sie sich in zwei Elektronen teilen.

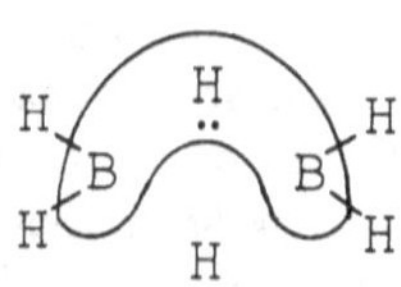

Jedes Bor besitzt jetzt acht Elektronen.

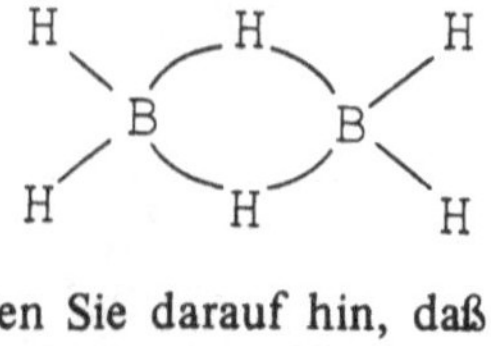

6–6 Ionenbindungen

Weisen Sie darauf hin, daß Elemente der Gruppen IA und IIA eher Elektronen abgeben als sie sich mit anderen Atomen zu teilen, um eine Edelgaskonfiguration in Verbindungen zu erreichen.

Obgleich die Studenten keine Schwierigkeiten haben, sich die kovalente Bindung mit dem gemeinsamen Besitz von Elektronen und die Ionenbindung mit dem Elektronenübergang vorzustellen, schreiben sie doch häufig ionische Lewis-Formeln falsch. Ein häufiger Fehler ist, die Lewis-Formel für BeF_2 beispielsweise mit $:\underset{..}{\overset{..}{F}}-\underset{..}{\overset{..}{Be}}-\underset{..}{\overset{..}{F}}:$ anzugeben, obwohl bekannt ist, daß es sich um eine Ionenverbindung handelt. Üben Sie den Gebrauch von Klammern, mit denen man die Kationen und Anionen in Ionenverbindungen trennen kann.

Bei der Auswahl von Beispielen für diesen Abschnitt sollten Sie bedenken, daß es am besten ist, einfache Salze zu benutzen. Kombinationen von Elementen der Gruppen IA oder IIA mit solchen der Gruppen VIA oder VIIA sind am besten geeignet. Kontrollieren Sie aber die Elektronegativitätsunterschiede der Elemente, bevor Sie die Verbindung so behandeln, als hätte sie überwiegend Ionencharakter; viele Beryllium- und Jodverbindungen sind stärker kovalent.

6–7 Elektronegativität

Eine häufig gestellte Frage von Studenten lautet: „Woher kann ich wissen, ob eine Verbindung mehr Ionen- oder mehr kovalente Bindungen besitzt?"

Als allgemeine Regel kann gelten, daß Verbindungen, die durch Reaktion von Elementen der Gruppen IA und IIA mit Elementen der Gruppen VIA und VIIA entstehen, Bindungen mit überwiegend Ionencharakter enthalten und daß Moleküle, die aus Nichtmetallen bestehen, hauptsächlich kovalent sind. Natürlich kann didiese Regel nicht völlig befriedigen, so sind z.B. BeJ_2 mehr als kovalente und TlCl mehr als Ionenverbindung anzusprechen. Benutzt man die Elektronegativitätsunterschiede der Elemente, so kann die Natur der Bindungen leichter und besser bestimmt werden. Unterscheiden sich die Elektronegativitäten zweier Atome um weniger als 1,7, so ist die Bindung zwischen den beiden Atomen mehr kovalent; ist der Elektronegativitätsunterschied größer als 1,7, so hat die Bindung mehr Ionencharakter. Betrachten Sie die folgenden Beispiele von Bindungen.

Verbindung	Elektronegativitätsunterschied	Hauptbindungscharakter
BeJ_2	1,09	kovalent
MgJ_2	1,35	kovalent
CaJ_2	1,66	Übergangsfall
SrJ_2	1,71	Übergangsfall
BaJ_2	1,77	Übergangsfall
BeO	1,87	ionisch
BeS	0,86	kovalent
BeSe	0,83	kovalent
BeF_2	2,41	ionisch
$BeCl_2$	1,59	kovalent
$BeBr_2$	1,39	kovalent

Den Studenten ist einzuschärfen, daß die verschiedenen Elektronegativitätsskalen relative Skalen sind und keine absoluten Informationen geben. So hat z.B. Fluor eine Elektronegativität, die zweimal so groß wie die von Bor ist, das bedeutet aber nicht, daß Fluor ein doppelt so großes Elektronenanziehungsvermögen für ein Elektronenpaar besitzt wie Bor.

Die Elektronegativität beruht auf der Fähigkeit eines Atoms, Elektronen *innerhalb* einer Bindung heranzuziehen. Die Anziehung eines *einzelnen Atoms* auf ein Elektron wird durch die Elektronenaffinität beschrieben.

Es kann sein, daß die Studenten eine Definition mit mehr geometrischer Anschaulichkeit haben möchten.

Die Methode von Mullikan ist theoretisch besser begründet als die von Pauling. Daß für viele Elemente die Werte für die Elektronenaffinität nicht bekannt sind, ist der Hauptnachteil des Mullikanschen Verfahrens; daher kommt es, daß die Paulingsche Skala mehr benutzt wird und gute Ergebnisse liefert. Im Lehrbuch wird gesagt, daß „die Quadratwurzel von Δ benutzt wird, weil sie eine besser stimmende Reihe von Elektronegativitätswerten ergibt". Was das bedeutet, wird in der folgenden Übung gezeigt, die hier als zusätzliche Information für den unterrichtenden Assistenten gedacht ist und weniger zur Verwendung im Seminar. Natürlich kann sie als interessante Erläuterung vom Assistenten gebracht werden, wenn es die Zeit erlaubt.

Übung

Die molaren Energien der Si–F-, Si–Br- und Br–F-Bindungen sind 540, 288 bzw. 239 kJ mol^{-1}. Die molaren Energien der Si–Si-, Br–Br- und F–F-Bindungen betragen 176, 193 bzw. 155 kJ mol^{-1}. Benutzen Sie $\bar{\Delta}$ und $\bar{\Delta}^{1/2}$ zur Berechnung der Elektronegativitätswerte und vergleichen Sie die Ergebnisse miteinander.

Lösung

$$\bar{E}_{b(SiF)} = (\bar{E}_{b(Si_2)} \cdot \bar{E}_{b(F_2)})^{1/2} + \bar{\Delta}$$
$$\bar{\Delta} = 540 - (176 \cdot 155)^{1/2}$$
$$\bar{\Delta}_{SiF} = 375$$
$$\bar{E}_{b(SiBr)} = (\bar{E}_{b(Si_2)} \cdot \bar{E}_{b(Br_2)})^{1/2} + \bar{\Delta}$$
$$\bar{\Delta} = 288 - (176 \cdot 193)^{1/2}$$
$$\bar{\Delta}_{SiBr} = 104$$
$$\bar{E}_{b(BrF)} = (\bar{E}_{b(Br_2)} \cdot \bar{E}_{b(F_2)})^{1/2} + \bar{\Delta}$$
$$\bar{\Delta} = 239 - (193 \cdot 155)^{1/2}$$
$$\bar{\Delta}_{BrF} = 66.$$

Nimmt man an, daß die Elektronegativitätsunterschiede proportional $\bar{\Delta}$ sind, so ergibt sich:

$$\epsilon_F - \epsilon_{Si} \sim \bar{\Delta}$$

oder

$$\epsilon_F - \epsilon_{Si} = k \cdot \bar{\Delta} = k \cdot 375$$
$$\epsilon_{Br} - \epsilon_{Si} = k \cdot \bar{\Delta} = k \cdot 104$$
$$\epsilon_F - \epsilon_{Br} = k \cdot \bar{\Delta} = k \cdot 66$$
$$(\epsilon_F - \epsilon_{Si}) - (\epsilon_{Br} - \epsilon_{Si}) = (\epsilon_F - \epsilon_{Br})$$
$$k \cdot 375 - k \cdot 104 = k \cdot 66$$
$$375 - 104 = 66$$
$$271 = 66,$$

was offensichtlich falsch ist.

Wählt man statt $\bar{\Delta}$ den Ausdruck $\bar{\Delta}^{1/2}$, so werden bessere Ergebnisse erhalten:

$$375^{1/2} - 104^{1/2} = 66^{1/2}$$
$$19{,}4 - 10{,}2 = 8{,}1$$
$$9{,}2 = 8{,}1,$$

ein Ergebnis, das wesentlich besser ist als das vorherige.

6–8 Das HF-Molekül: Eine kovalente Bindung mit Ionencharakter
6–9 Dipolmomente

Die einzigen Beispiele unpolarer Bindungen gibt es in zweiatomigen Molekülen, in denen beide Atome identisch sind. In derartigen Molekülen sind die Elektronen in der Bindung oder in den Bindungen vollkommen gleich zwischen beiden Atomen verteilt. In allen anderen Fällen (d.h. wenn zwei gebundene Atome nicht identisch sind) werden die Elektronen zum einen Atom mehr als zum anderen hingezogen.

Diskutieren Sie die Abbildung 6–3 mit Ihren Studenten. Erklären Sie ihnen, daß die Ladung auf den beiden Platten durch ein polares Molekül teilweise neutralisiert wird, so daß weitere Ladung gespeichert werden kann.

Die Gleichung $\mu = qR$ wird manchen Studenten verwirren. Im Lehrbuch wird festgestellt, daß, wenn „in einem zweiatomigen Molekül eine Elektronenladung von $1{,}60 \cdot 10^{-19}$ C durch eine Bindungslänge von 0,1 nm getrennt wäre, würde sich für den Betrag des Dipolmoments dieser Anordnung der folgende Wert ergeben: $|\vec{\mu}| = \mu = (1{,}60 \cdot 10^{-19}\,\text{C}) \cdot (0{,}1 \cdot 10^{-9}\,\text{m}) = (1{,}60 \cdot 10^{-29}\,\text{C m})$". Die Studenten könnten fragen, warum nur eine Elektronenladung verwendet wird, wo es doch in einem Dipol zwei Ladungen, eine positive und eine negative, gibt. Zur Erklärung betrachten Sie einen Dipol, der durch den Transport einer negativen Ladung von einem neutralen Punkt an einen anderen Ort gebildet wird. Dabei entsteht am ursprünglich neutralen Punkt automatisch eine positive Ladung. Ein Dipol wird also durch Bewegung *einer* Ladung über eine Entfernung R gebildet.

Weitere Beispiele von Molekülen, deren Dipolmomente einen Hinweis auf ihre Geometrie geben, sollten diskutiert werden. Auf der folgenden Seite ist eine Tabelle zusammengestellt, aus der Sie Beispiele entnehmen können, damit Sie mit Ihren Studenten die Vorhersage von Polarität und Geometrie üben können.

Eine Struktur, deren Polarität vorauszusagen vielen Studenten Schwierigkeiten bereitet, ist das CH_2Cl_2. Meistens liegt die Ursache für diese Schwierigkeiten im mangelhaften Vermögen, in drei Dimensionen zu denken. Sie sollten Ihr Möglichstes tun, um ihnen bei der Verbesserung ihres räumlichen Denkens zu helfen. Anhand von Molekülmodellen und dreidimensionalen Zeichnungen können Sie zeigen, daß sich die Dipole im CH_2Cl_2-Molekül nicht aufheben. Ver-

Beispiel	Geometrie	Polarität	Typisches Molekül
A_2	linear	nichtpolar	Cl_2
AB	linear	polar	HF
AB_2	linear	nichtpolar	CO_2
AB_2	gewinkelt	polar	H_2O
AB_3	dreieckig	nichtpolar	BF_3
AB_3	pyramidal	polar	NH_3
AB_4	quadratisch-planar	nichtpolar	$[PtCl_4]^{2-}$
AB_4	tetraedrisch	nichtpolar	CH_4
AB_2C_2	cis, quadratisch-planar	polar	$[PtCl_2Br_2]^{2-}$
AB_2C_2	trans, quadratisch-planar	nichtpolar	$[PtCl_2Br_2]^{2-}$
AB_2C_2	tetraedrisch	polar	CH_2Cl_2

gleichen Sie die Polaritäten der anderen zwei AB_2C_2-Beispiele, cis- und trans-$[PtCl_2Br_2]^{2-}$, miteinander und zeigen Sie, wie sich die Dipole in der trans- aber nicht in der cis-Konfiguration aufheben.

Machen Sie Ihre Studenten auf den Zusammenhang zwischen Polarität und Elektronegativität aufmerksam. Je größer der Elektronegativitätsunterschied zweier Atome ist, um so polarer wird die Bindung zwischen ihnen sein. Der extreme Fall von Polarität ist die Ionenbindung.

Übung

Was für eine der folgenden Bindungen ist am polarsten: Na-F, Mg-F, Al-F, Si-F, P-F, S-F, Cl-F?

Lösung

Die Elektronegativitätsunterschiede werden um so geringer, je elektronegativer das an das F gebundene Atom wird. Folglich nimmt die Polarität von Cl zum Na zu.

6–10 Bindungen zwischen Atomen desselben Elements

Eine interessante Übung, um die Bindungen zwischen Atomen desselben Elements und die Zahl der dabei möglichen Kombinationen vorzuführen, besteht darin, die Studenten alle möglichen Strukturen für C_5H_{12} aufschreiben zu lassen. Insgesamt 20+12 oder 32 Elektronen müssen dabei auftreten.

Lösung

Es gibt drei mögliche Kombinationen:

1.

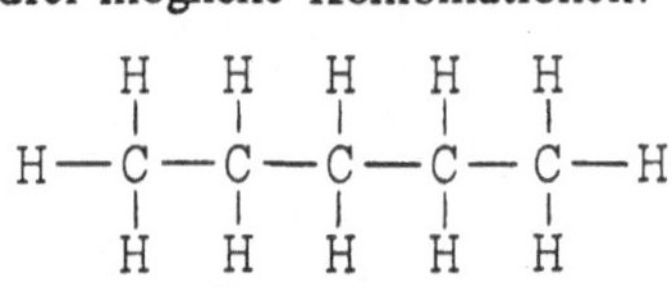

Sdp. 36,5° C

2.

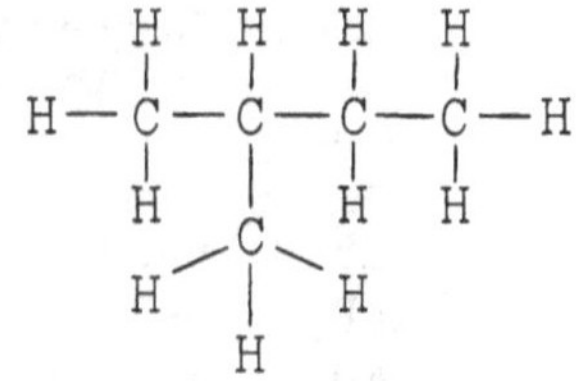

Sdp. 27,9° C

3.

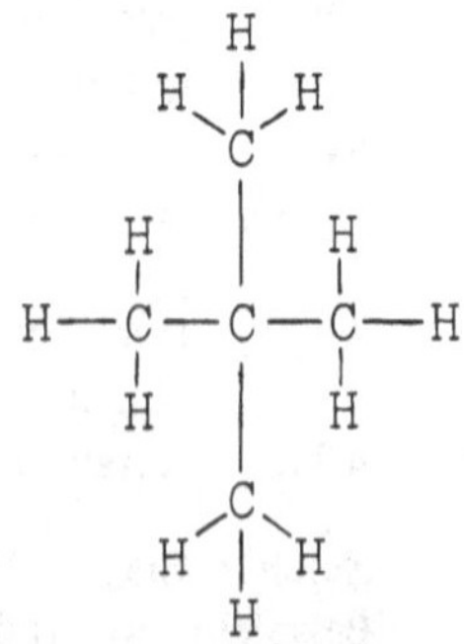

Sdp. 9,5° C.

Eine Verbindung, die 40 Kohlenstoffatome und 82 Wasserstoffatome enthält, könnte in etwa 62,5 Billionen Anordnungen existieren. Das sollte den Studenten eine Vorstellung davon geben, wie unermeßlich groß die Chemie des Kohlenstoffs eigentlich ist.
Daß der Kohlenstoff die Fähigkeit besitzt, in viel größerem Maße mit sich selbst zu kombinieren als jedes andere Element in der Periodentafel, ist die wichtigste Information dieses Abschnitts.

6–11 Weitere Übungen im Aufstellen von Lewis-Diagrammen

Damit Ihre Studenten richtige Strukturformeln für Moleküle aufstellen können, müssen sie in der Lage sein, den Atomen die richtigen Valenzen zuzuordnen. Dann werden sie auch nicht derart häufige und einfache Fehler machen, wie etwa dem Kohlenstoff nur drei Bindungen in einem Molekül zu geben. Ein bißchen Übung beim Umwandeln von Molekülformeln in Strukturformeln wird hier hilfreich sein.

In den Fällen, in denen ein Atom beide Elektronen für ein bindendes Paar liefert, ist die Zahl der Bindungen zu diesem Atom nicht gleich seiner Valenz. Nehmen wir das Ammonium-Ion, NH_4^+:

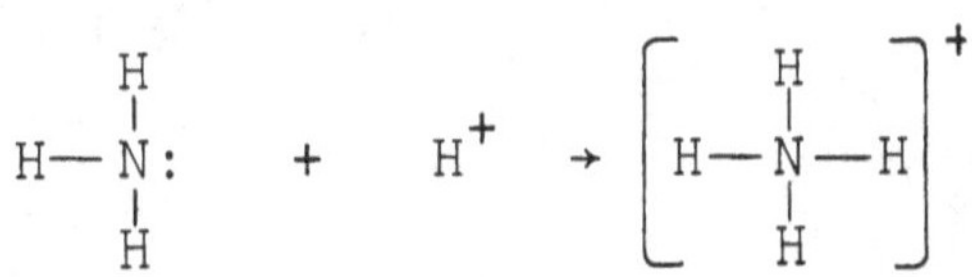

Hier sind vier statt drei Bindungen am Stickstoffatom, aber bei der Ausbildung der vierten Bindung hat das N beide bindenden Elektronen geliefert.

6–12 Formale Ladungen

Der Assistent darf nicht vergessen, daß formale Ladungen nur das Ergebnis eines Bilanzierungsverfahrens sind. Die Ladungen, die an die Atome geschrieben werden, bedeuten nicht, daß diese Atome volle positive oder negative Ladungen tragen. In Molekülen, in denen kein Atom eine formale Ladung besitzt, wird eines der Atome relativ zu einem anderen positiv und ein anderes Atom negativ geladen sein, sofern nicht die beiden Atome in einer bestimmten Bindung identisch sind. Bei der Bestimmung formaler Ladungen wird unterstellt, daß die Elektronen einer kovalenten Bindung zwischen den beteiligten Atomen zu gleichen Teilen aufgeteilt sind, was aber nicht der Fall ist, wenn die Atome ungleiche Elektronegativitäten besitzen.

Die Bestimmung der formalen Ladungen wird den Studenten wahrscheinlich sehr leicht fallen, wenn sie erst etwas Übung haben. Man kommt wahrscheinlich am einfachsten zur formalen Ladung eines Atoms, indem man die Anzahl der Valenzelektronen für das neutrale Atom bestimmt, dazu – 1 für jedes nicht an einer Bindung beteiligte Elektron und –1 für jedes bindende Elektronenpaar um das Atom herum addiert.

Formale Ladung = Valenzelektronen
– nicht an Bindung beteiligte Elektronen
– bindende Elektronenpaare.

Diese Methode der Berechnung der formalen Ladung gilt für Moleküle mit Doppel- und Dreifachbindungen wie auch für solche mit nur Einfachbindungen. Sie funktioniert auch bei Molekülen mit erweitertem Oktett. Einige Beispiele für diese Molekültypen sind 1. CO, 2. N_2O und 3. PCl_5.

1. CO
   Valenzelektronen von C = 4
   Valenzelektronen von O = 6
   Lewis-Struktur:

   $:C \equiv O:$

Formale Ladung von C = 4 (Valenzelektronen) –2 (nicht an Bindungen beteiligte Elektronen) – 3 (Bindungszahl zum C) = – 1.
Formale Ladung von O = 6 (Valenzelektronen) – 2

(nicht an Bindungen beteiligte Elektronen) – 3 (Bindungszahl zum O) = + 1.
Die formale Ladungsverteilung ist also

```
 ⊖⊕
:C≡O:
```

Da Sauerstoff elektronegativer als Kohlenstoff ist, werden die Studenten sich wundern, daß Kohlenstoff eine negative Ladung erhält. Ob Kohlenstoff wirklich negativ ist, hängt davon ab, wie ungleich die bindenden Elektronen verteilt sind. Ins Einzelne gehende quantenmechanische Berechnungen für dieses Molekül lassen vermuten, daß der Kohlenstoff tatsächlich das negativere der beiden Atome ist.

2. N_2O

Valenzelektronen von N = 5
Valenzelektronen von O = 6
Zwei Lewis-Strukturen genügen der Oktettregel:

```
 ..    ..          ..
:N=N=O:      :N≡N—O:
(a)(b)       (a)(b) ..

   I            II
```

Für Struktur I:
Formale Ladung von N_a = 5 – 4 – 2 = – 1
Formale Ladung von N_b = 5 – 0 – 4 = + 1
Formale Ladung von O = 6 – 4 – 2 = 0.
Die formale Ladungsverteilung ist also

```
 ⊖⊕
 ..  ..
:N=N=O:
```

Für Struktur II:
Formale Ladung von N_a = 5 – 2 – 3 = 0
Formale Ladung von N_b = 5 – 0 – 4 = + 1
Formale Ladung von O = 6 – 6 – 1 = – 1.
Die formale Ladungsverteilung ist also

```
   ⊕⊖
     ..
:N≡N-O:
     ..
```

Eine andere Lewis-Struktur, die der Oktettregel genügt, ist das nicht existierende : N̈ = O = N̈ :
Für diese Struktur hat jedes N-Atom eine formale Ladung = (5 – 4 – 2) = – 1. Die formale Ladung von O = (6 – 0 – 4) = + 2.
Die formale Ladungsverteilung ist also:

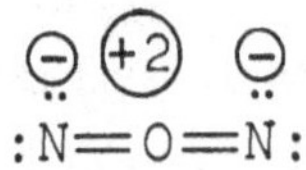

3. PCl_5 ist ein Beispiel für ein Molekül mit mehr als 8 Elektronen um das Zentralatom. Phosphor hat 5 Valenzelektronen und jedes Cl hat 7 Valenzelektronen. Die Lewis-Struktur ist

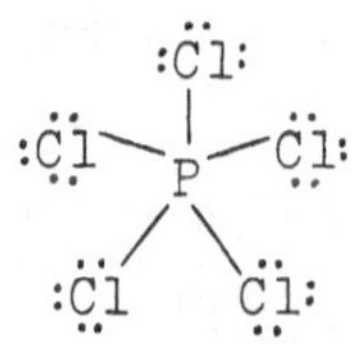

Formale Ladung für P = 5 − 0 − 5 = 0
Formale Ladung für jedes Cl = 7 − 6 − 1 = 0.
Es gibt also keine formalen Ladungen.

6–13 Moleküle mit Doppel- und Dreifachbindungen

Das ist ein sehr wichtiger Abschnitt und sollte daher sehr sorgfältig behandelt werden. Erklären Sie Ihren Studenten, daß die Kohlenstoff-Kohlenstoff-Bindungslänge in der Reihenfolge C-C, C=C, C≡C abnimmt, während die Bindungsstärke entsprechend zunimmt. Machen Sie klar, daß die Struktur $>C=C<$ die Darstellung einer ganzen Reihe von Verbindungen, wie

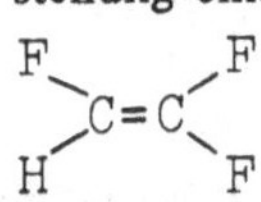

oder

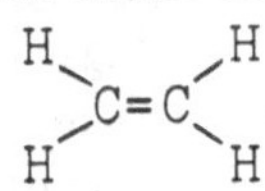

, bedeutet, in der die Substituenten an den Kohlenstoff weggelassen worden sind, um das Beispiel sehr allgemein zu halten.

Es wäre gut, wenn die Studenten Modelle mit Kugeln und Stäbchen der Art von Abb. 6–5 zur Verfügung hätten.

6–14 Bindungen mit schwereren Elementen

Benutzen Sie die Periodentafel, um zu erklären, warum Elemente wie Phosphor und Schwefel mehr als ein Oktett an Elektronen um sich herum haben können. Erläutern Sie die Strukturen für H_3PO_4 und $HClO_4$, wie sie im Folgenden dargestellt sind.

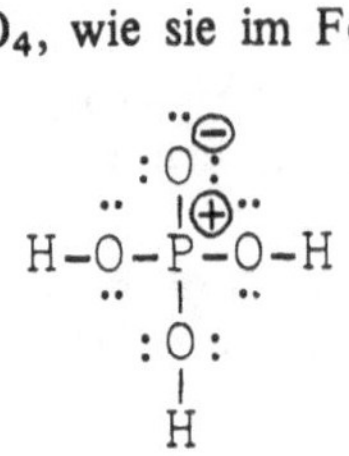

Formale Ladung von P = 5 − 0 − 4 = + 1.
Formale Ladung von O in OH = 6 − 4 − 2 = 0.

Formale Ladung von O = 6 – 6 – 1 = – 1.
Wird das Molekül in der Form

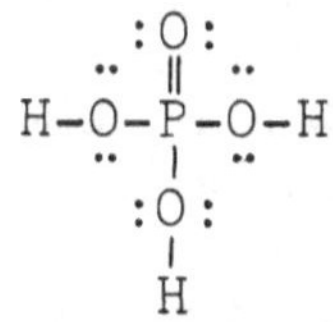

geschrieben, sind die formalen Ladungen für

P = 5 – 0 – 5 = 0

O(OH) = 6 – 4 – 2 = 0

(=Ö) = 6 – 4 – 2 = 0.

Für Perchlorsäure:

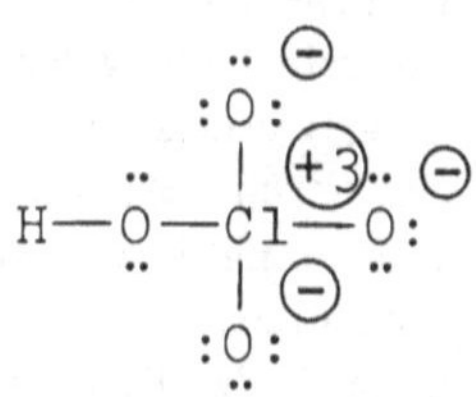

Formale Ladung von Cl = 7 – 0 – 4 = + 3
Formale Ladung von O(OH) = 6 – 4 – 2 = 0
Formale Ladung von (–Ö:) = 6 – 6 – 1 = – 1.
Wegen der hohen positiven Ladung von Cl dürfte die vorstehende Struktur das Molekül der Perchlorsäure vermutlich nicht am besten wiedergeben. Geht man zum anderen Extremfall, so kann man die Struktur folgendermaßen schreiben:

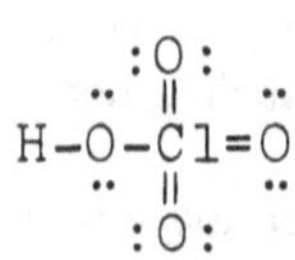

Formale Ladung von Cl = 7 – 0 – 7 = 0
Formale Ladung von O(OH) = 6 – 4 – 2 = 0
Formale Ladung von (=Ö:) = 6 – 4 – 2 = 0.
Die beste Wiedergabe der Perchlorsäurestruktur liegt wahrscheinlich zwischen diesen beiden Extremen. Beachten Sie, daß in beiden H_3PO_4- und $HClO_4$-Strukturen ohne formale Ladungen die Gesamtzahl der Bindungen um das Zentralatom gleich ist seiner Zahl Valenzelektronen oder seiner Gruppennummer.

6–15 Resonanz

Der Ausdruck Resonanz ist unglücklich, denn er unterstellt ein dynamisches Verhalten. Mit viel Nachdruck ist darauf hinzuwirken, daß die Studenten nicht

etwa glauben, daß eine Resonanzform zu einer bestimmten Zeit existiert und eine andere Form zu einer anderen Zeit. Das Schwierige an der Sache ist, daß es keine einfache Struktur gibt, die allen beobachteten experimentellen Daten entspricht. So sind z.B. im Anion CO_3^{2-} alle drei Kohlenstoff-Sauerstoffbindungen gleich lang. Die vollständige Valenzelektronenanzahl für das Anion ist 4 vom Kohlenstoff plus 18 vom Sauerstoff plus 2, die ihm zur Bildung der zweifach negativen Ladung übertragen werden, also insgesamt 24 Elektronen.
Eine Lewis-Formel mit 24 Elektronen ist

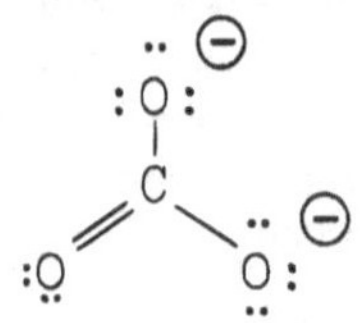

Da aber alle C-O-Bindungen vollkommen und stets gleichlang sind, ist diese Formel keine richtige Wiedergabe der Struktur. Die drei Resonanzformen, die gezeichnet werden können, sind:

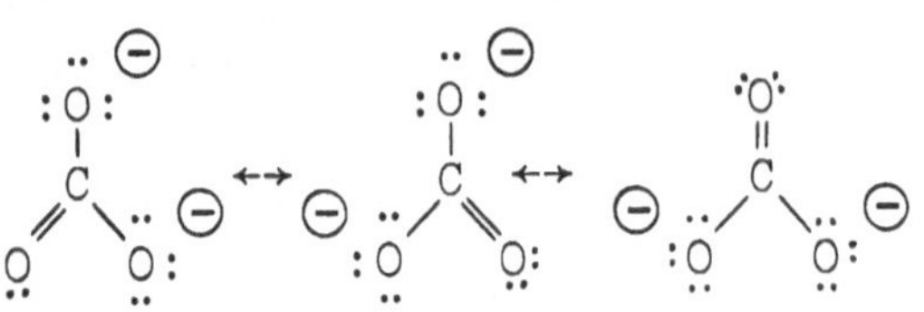

Die Struktur, die durch Überlagerung aller dieser Resonanzformeln entstünde, ergäbc die beste Wiedergabe der tatsächlichen Struktur.

Weil Benzol in der Chemie sehr wichtig ist, sollte seinen Resonanzformeln besondere Aufmerksamkeit geschenkt werden.

Wenn auch Resonanzformeln gezeigt wurden, nach denen B im BF_3 einen gewissen Anteil an acht Elektronen hat, sollte man nicht übersehen, daß Versuchsergebnisse darauf hindeuten, daß die Doppelbindungsformeln nur sehr wenig zur tatsächlichen Molekülform beitragen. Die Hybridstruktur 1 im Lehrbuch (eine Elektronenunterschuß-Struktur) ist die wichtigste Resonanzformel; das hilft die leichte Reaktion des BF_3 mit einem nucleophilen Reagens wie $:NH_3$ zu erklären.

Weisen Sie Ihre Studenten darauf hin, daß es – obwohl Resonanzformeln für die Darstellung der Molekülstruktur wertvoll sein können – ein besseres Modell gibt, nämlich das Molekülorbitalmodell, das im nächsten Kapitel behandelt wird.

Literatur

1. H. Kuhn: „Chemische Bindung". *Chemie in unserer Zeit 1*, 1, 5 (1967) und *1*, 2, 49 (1967).
2. J. Sanderson: „Principles of Chemical Bonding". *J. Chem. Ed., 38*, 382 (1961). Die chemische Bindung wird in praktischer und vereinheitlichter Weise umfassend diskutiert. Lehrer und Student können in diesem Artikel nützliche Gedanken finden.
3. M. Klessinger: „Polarität kovalenter Bindungen". *Angew. Chem. 82*, 1, 534–47 (1970).
4. H. Hartmann: „Die Benzolformel. Eine kurze Problemgeschichte". *Angew. Chem. 77*, 17/18, 750–52 (1965). Darstellung der Benzol-Theorie von Kekulé bis Hückel (HMO-Theorie).
5. W. Ruske: „August Kekulé und die Entwicklung der chemischen Strukturtheorie". *Die Naturwissenschaften 52*, 17, 485–89 (1965).

Fragen und Aufgaben

1. 

2. 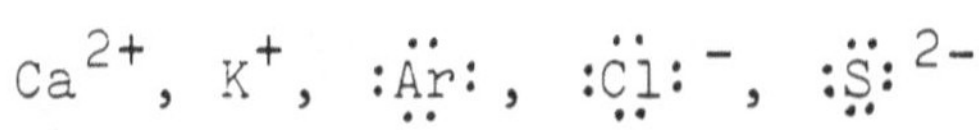

3. 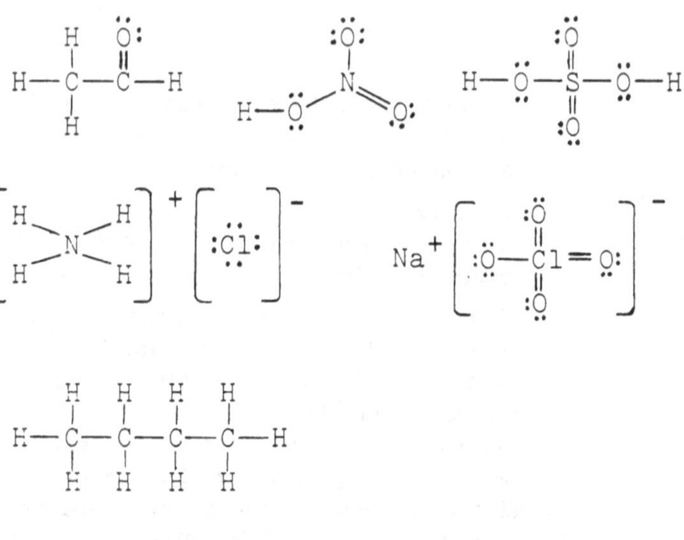

4. 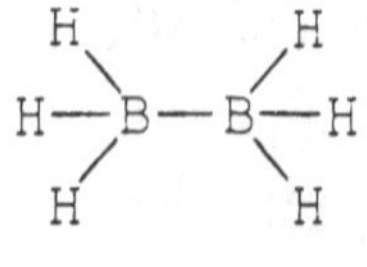

Diese Struktur braucht 14 Elektronen, um nur jeweils ein einziges Elektronenpaar zwischen je zwei Atomen zu besitzen. Es gibt aber nur 12 Elektronen im Molekül. Das Molekül hat also einen Elektronenunterschuß; es wird der Begriff einer Dreizentren-Elektronenpaar-Bindung B/H\B eingeführt.

5. Die richtigen Strukturen sind:

a) 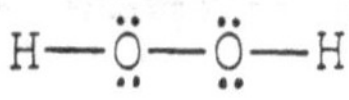

b) 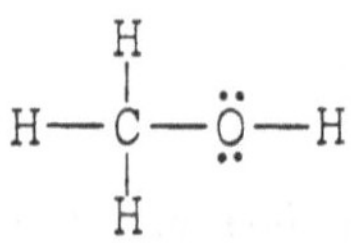

c) 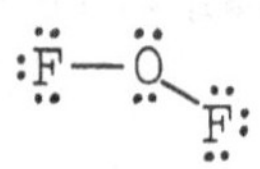

d) 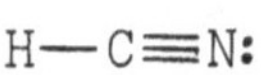

e) 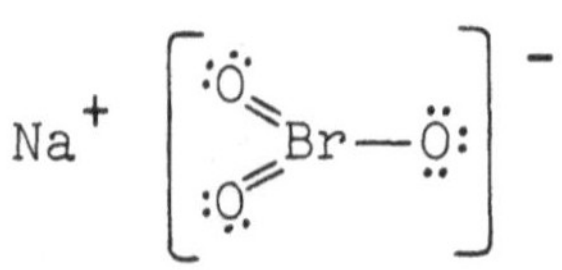

f) 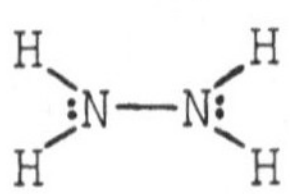

6. Beide Moleküle haben eine ungerade Anzahl von Elektronen; 17 im NO_2 und 11 im NO. Jeweils ein Elektron muß also ungepaart bleiben.

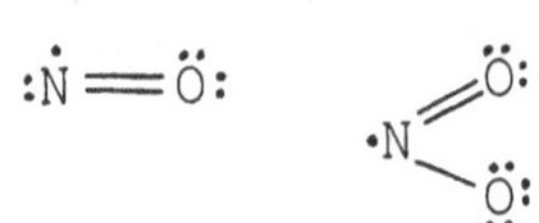

7. NaJ; Ionenbindung
   JF; polare Bindung
   MgO; Ionenbindung
   Cs_3N; Ionenbindung
   S_2; unpolare Bindung
   NO; polare Bindung.

8. $^{\delta+}HF^{\delta-}$ $^{\delta+}BrCl^{\delta-}$ $^{\delta+}NaJ^{\delta-}$ $^{\delta+}HCl^{\delta-}$ $^{\delta+}CsJ^{\delta-}$

9. BrCl < HCl < HF < NaJ < CsJ.

10. Die Elektronegativität nimmt innerhalb einer Periode des Periodensystems von links nach rechts zu und nimmt innerhalb einer Gruppe von oben nach unten ab. Francium ist das am wenigsten elektronegative und Fluor das am stärksten elektronegative Element.

11. $\mu = eR = 1{,}6 \cdot 10^{-19}$ C $\cdot$ 0,127 nm $= 2{,}0 \cdot 10^{-29}$ Cm = 6,1 D. Das wäre das Dipolmoment, wenn die Ladung von einem Elektron vollkommen abgetrennt wäre. Das beobachtete Dipolmoment ist aber nur 2 D. Der Ionencharakter der Bindung A-B ist

$$\frac{2\,D}{6{,}1\,D} \cdot 100 = 33\ \%.$$

B ist elektronegativer als A und trägt daher die partielle negative Ladung.

12. 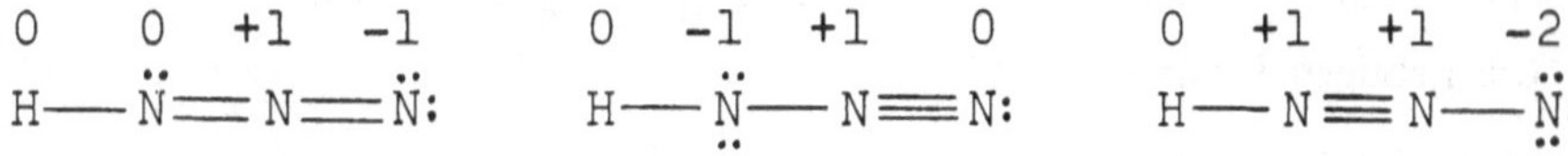

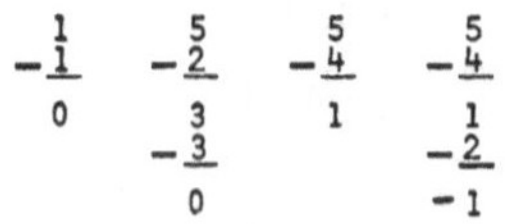

Die dritte Struktur besitzt zwei positive Ladungen an benachbarten Atomen, aber die Ladungen sind recht weit auseinander in dieser Formel, wodurch diese in geringerem Umfange zur Elektronenstruktur beiträgt.

13. 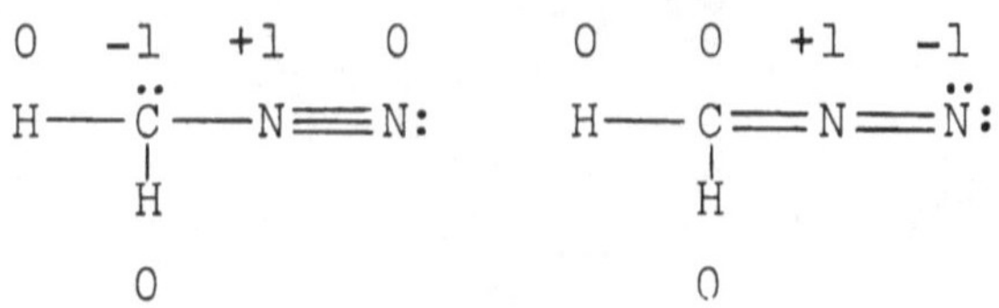

14. a) 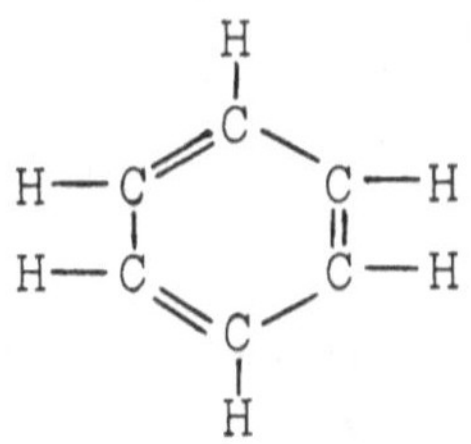

c) 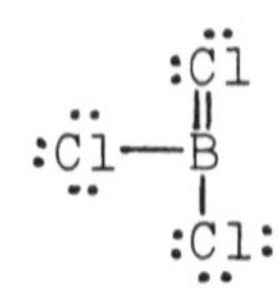

b) 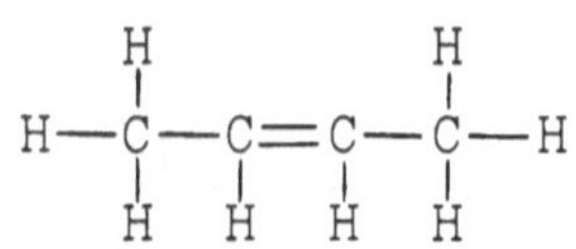

d) 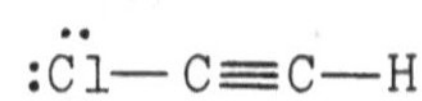

15. Ein dreiatomiges Molekül wie CO_2, das kein Dipolmoment hat, muß linear sein. Die Einzelmomente einer jeden Kohlenstoff-Sauerstoff-Bindung, die in entgegengesetzte Richtungen weisen, heben sich zu einem Gesamtmoment Null auf. Das dreiatomige Molekül H_2O hat ein Dipolmoment; daraus folgt, daß das Molekül gewinkelt sein muß.

16. 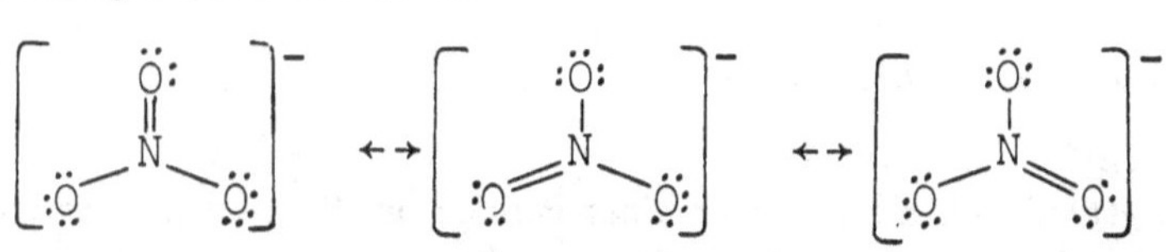

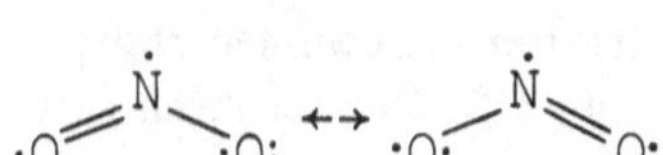

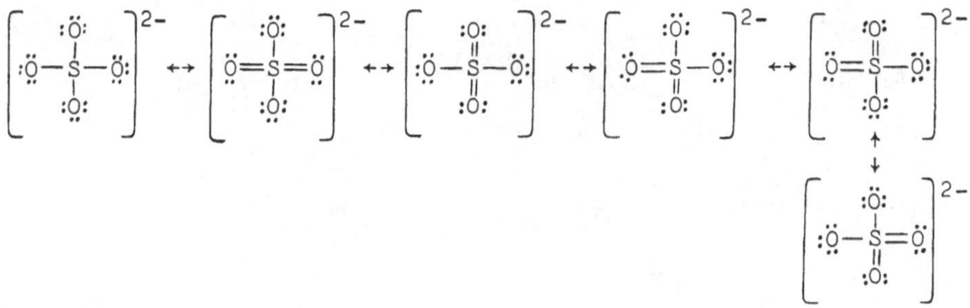

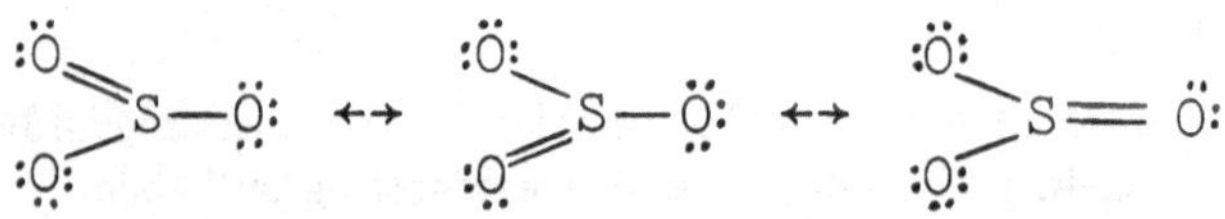

17. $\dfrac{E_{\mathrm{Br}}}{E_{\mathrm{J}}} = \dfrac{C(\bar{E}_{\mathrm{i}} + \bar{E}_{\mathrm{a}})_{\mathrm{Br}}}{C(\bar{E}_{\mathrm{i}} + \bar{E}_{\mathrm{a}})_{\mathrm{J}}} = \dfrac{C(1142 + 324)}{C(1008 + 295)}$

$\dfrac{E_{\mathrm{Br}}}{2{,}66} = \dfrac{1466}{1303} = 1{,}125$

$E_{\mathrm{Br}} = 1{,}125 \cdot 2{,}66 = 2{,}99.$

18. P → P^{3-}

$(Ne)3s^2 3p^3$ → $(Ne)3s^2 3p^6$

Li → Li^+

$1s^2 2s^1$ → $1s^2$

Sr → Sr^{2+}

$(Kr)5s^2$ → (Kr)

S → S^{2-}

$(Ne)3s^2 3p^4$ → $(Ne)3s^2 3p^6$

I → I^-

$(Kr)5s^2 4d^{10} 5p^5$ → $(Kr)5s^2 4d^{10} 5p^6$

Al → Al^{3+}

$(Ne)3s^2 3p^1$ → (Ne)

Cu	→	Cu^{+}	→	Cu^{2+}
$(Ar)4s^{1}3d^{10}$		$(Ar)4s^{0}3d^{10}$		$(Ar)4s^{0}3d^{9}$

Sc	→	Sc^{3+}
$(Ar)4s^{2}3d^{1}$		(Ar)

Fr	→	Fr^{+}
$(Rn)7s^{1}$		(Rn)

19. a) Ein Dipolmoment von Null bedeutet, daß die vier Cl-Atome so angeordnet sind, daß die vier einzelnen C-Cl-Momente sich gegensetitig aufheben.

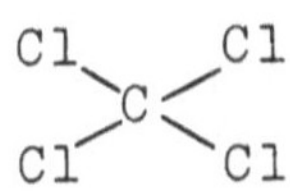

oder

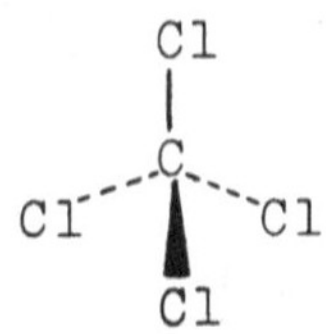

quadratisch-planar tetraedrisch

Beide Strukturen, die quadratisch-planare und die tetraedrische, entsprechen dieser Forderung; aus unserer Kenntnis der Kohlenstoffstrukturen wissen wir, daß die tetraedrische die richtige ist.

b) 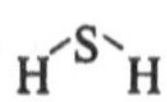 gewinkelt

c) 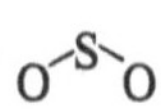 gewinkelt

d) 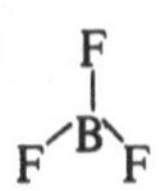 dreieckig-planar

e) 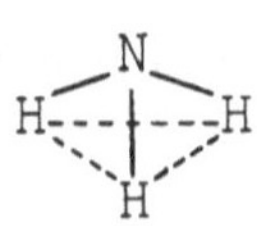 nichtplanar (pyramidal)

f) 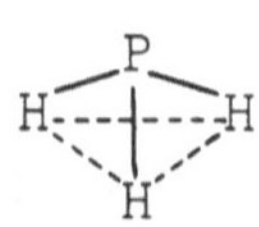 nichtplanar (pyramidal)

20. 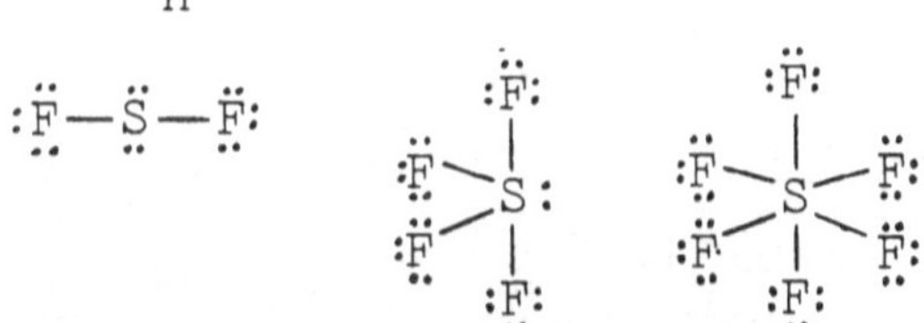

Die letzten beiden verletzen die Oktettregel, da Schwefel von 10 bzw. 12 Elektronen umgeben ist. Schwefel kann „sein Oktett ausweiten", da es energetisch niedrigliegende *d*-Orbitale besitzt, die unbesetzt sind.

Sauerstoff hat keine derart niedrigliedenden *d*-Orbitale und kann nicht mehr als acht Elektronen in die äußerste Schale aufnehmen. Es dürfte daher nur eine Fluor-Sauerstoff-Verbindung geben $\left(:\underset{..}{\ddot{F}}-\underset{..}{\ddot{O}}-\underset{..}{\ddot{F}}:\right)$

21.

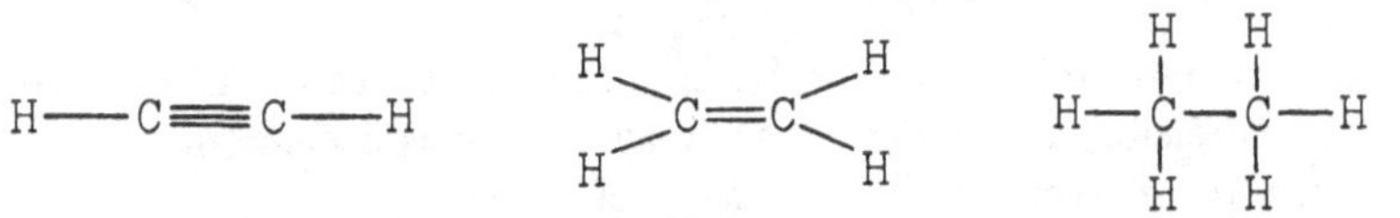

Acetylen Äthylen Äthan

Acetylen hat die geringste Bindungslänge und die größte Bindungsenergie. Äthan hat die größste Bindungslänge und die kleinste Bindungsenergie. Im Acetylen müssen drei Bindungen aufgebrochen werden, um die zwei Kohlenstoffatome zu trennen; im Äthan ist nur eine einzelne Bindung zu brechen.

22. Kohlenstoff hat keine freien Elektronenpaare mehr, wenn es chemische Bindungen ausbildet. Die Elemente N, O und F haben freie Elektronenpaare. Freie Elektronenpaare nehmen ein größeres Volumen ein als bindende Elektronenpaare und verursachen eine abstoßende Wirkung zwischen benachbarten Atomen. Diese Abstoßung macht Bindungen zwischen Atomen von Stickstoff, Sauerstoff und Fluor viel weniger wahrscheinlich als zwischen Kohlenstoffatomen. Die sehr kleine Bindungsenergie von $:\underset{..}{\ddot{F}}-\underset{..}{\ddot{F}}:$ ist eine Folge der für die Molekülbeständigkeit ungünstigsten Wechselwirkungen von sechs freien Elektronenpaaren.

23. Das große Dipolmoment legt es nahe, daß ein Modell mit überwiegendem Ionenbindungsanteil der Wirklichkeit am besten entspricht.

7 Molekülgeometrie und Molekülorbitale

Seminaranleitung

Das 7. Kapitel ist herausfordernd und interessant zum Unterrichten. Es ist nicht ganz leicht, den Studenten beizubringen, wie man die Molekülgeometrie bestimmt. Machen Sie einen großzügigen Gebrauch von Molekülmodellen.

Ein großer Teil des Kapitels befaßt sich mit lokalisierten Molekülorbitalen. Indem beim Wasserstoffatom angefangen und mit dem Benzolmolekül aufgehört wird, kommt man zu immer komplizierteren Systemen. Am Kapitelende sollten die Studenten verstehen, warum das Molekülorbitalmodell häufiger als das Lewis-Struktur-Modell angewendet wird.

7–1 Elektronenabstoßung und Molekülgeometrie

Besitzt das Zentralatom eines Moleküls keine freien Elektronenpaare, so nehmen die Atome um das Zentralatom herum die Anordnung mit der größten Symmetrie ein. Befindet sich ein freies Elektronenpaar am Zentralatom, so wird dieses einzelne Elektronenpaar freien Raum beanspruchen, was zu einer weniger symmetrischen Gruppierung der Atome um das Zentralatom führt. Betrachten Sie mit Ihren Studenten die Moleküle BF_3 und NH_3, beides Moleküle vom Typ AB_3. Da Bor im BF_3-Molekül keine freien Elektronen hat, ordnen sich die drei bindenden Elektronenpaare in einem ebenen Dreieck so weit wie möglich von einander entfernt an. Im Ammoniak ist aber ein einzelnes Elektronenpaar, so daß das Molekül nicht eben sein kann, weil die bindenden Elektronen Positionen einnehmen, die vom freien Elektronenpaar so weit wie möglich weg sind.

Die Studenten haben meisten Schwierigkeiten, die Geometrie eines Moleküls zu bestimmen. Wenn sie sich die folgenden einfachen Regeln merken, wird das Problem für sie sicher sehr viel einfacher sein.

1. Zähle die Anzahl der Valenzelektronen im Molekül zusammen.
2. Ist kein H im Molekül vorhanden, so dividiere die Zahl der Valenzelektronen durch acht, der Zahl der Elektronen, die zu jedem Atom am Zentralatom gehören.
3. Ist die Zahl der Valenzelektronen glatt durch acht teilbar, so gibt es am Zentralatom keine freien Elektronenpaare und der Quotient gibt die Bindungszahl zum Zentralatom an.
4. Ist die Zahl der Valenzelektronen nicht glatt durch acht teilbar, so ist der Teilungsrest gleich der An-

zahl der freien Elektronen; zwei freie Elektronen bilden ein nichtbindendes Paar.

Beispiel 1

Bestimmen Sie die Molekülgeometrie von PF_3.

Lösung

Valenzelektronen = 5 + (3 · 7) = 26

26/8 = 3 Bindungen und 1 freies Paar.

Das Vorhandensein eines einzelnen Elektronenpaares bewirkt, daß das Molekül pyramidal ist.

Beispiel 2

Bestimmen Sie die Molekülgeometrie von BF_3.

Lösung

Valenzelektronen = 3 + (3 · 7) = 24

24/8 = 3 Bindungen und 0 freie Paare.

Das Molekül wird planar-dreieckig sein, da kein freies Elektronenpaar vorhanden ist.

Beispiel 3

Bestimmen Sie die Molekülgeometrien von CF_4 und SF_4.

Lösung

Für CF_4:

Valenzelektronen = 4 + (4 · 7) = 32

32/8 = 4 Bindungen und 0 freie Paare.

Die Geometrie wird tetraedrisch sein.

Für SF_4:

Valenzelektronen = 6 + (4 · 7) = 34

34/8 = 4 Bindungen und 1 freies Paar.

Die Geometrie wird nicht tetraedrisch sein, sondern eher die einer verzerrten Pyramide.

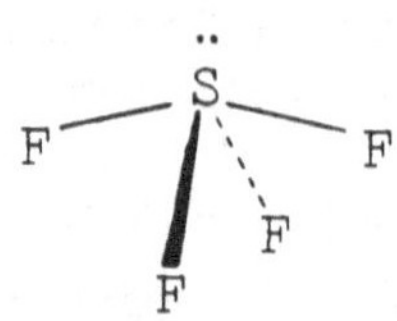

Beispiel 4

Bestimmen Sie die Geometrie von NO_3^-.

Lösung

Valenzelektronen = 5 + (3 · 6) + 1 = 24

24/8 = 3 Bindungen und 0 freie Paare.

Das Ion wird planar-dreieckig sein.

Beispiel 5

Bestimmen Sie die Geometrie von SO_2.

Lösung

Valenzelektronen = 6 + (2 · 6) = 18

18/8 = 2 Bindungen und 1 freies Paar.

Das Molekül ist daher gewinkelt.

Aus der nach den oben angegebenen Regeln bestimmten Geometrie kann geschlossen werden, daß manche Moleküle etwas verzerrt sein werden, wobei zu bedenken ist, daß die Abstoßungskraft der Elektronen in der folgenden Reihenfolge schwächer wird: freies Paar – freies Paar, freies Paar – bindendes Paar, bindendes Paar – bindendes Paar. So ist der H-N-H-Bindungswinkel kleiner als der Tetraederwinkel, ebenso wie der H-O-H-Bindungswinkel im Wasser. Im Beispiel 7–1 des Lehrbuchs wird ausgeführt, daß der H-C-H-Bindungswinkel im Formaldehyd kleiner als 120° ist, weil die Abstoßung zwischen zwei Einfachbindungen kleiner ist als die zwischen einer Einfach- und einer Doppelbindung.

7–2 Orbitale in Molekülen
7–3 Orbitale des Wasserstoffmoleküls

Die Molekülorbitale den Chemie-Nebenfächlern klarzumachen, ist nicht ganz einfach. Es kommt vor, daß die Studenten am Ende der Diskussion den Mut verlieren. Für den Fall, daß der Assistent den Begriff der Molekülorbitale im Verlaufe des Seminars einführen möchte, sind im folgenden einige zusätzliche Anmerkungen gegeben, um die Besprechung im Lehrbuch weiterführen zu können.

Die im Lehrbuch durchgeführte Art der Behandlung der Molekülorbitaltheorie wird als „linear combination of atomic orbitals" (LCAO) bezeichnet. Einfach ausgedrückt bedeutet das, daß der Ausdruck für jedes Molekülorbital durch Summierung der Ausdrücke für jedes Atomorbital (Ψ), das vor der Kombination der Atome zum Molekül existiert, erhalten wird. Beim Wasserstoff z.B. gibt es für jedes Wasserstoffatom ein Atomorbital. Diese beiden Atomorbitale können entweder addiert oder subtrahiert werden, um die zwei Molekülorbitale für das Wasserstoffmolekül zu bekommen. Eines dieser Orbitale ist ein bindendes Orbital (Ψ_{H_2}) und das andere ist ein antibindendes Orbital ($\Psi^*_{H_2}$). Es ist eine allgemeine Regel, daß die Zahl der Molekülorbitale, die nach diesem Verfahren entstehen, gleich der Gesamtzahl der Atomorbitale ist, die am Anfang da war. Zwei Atom-Wasserstofforbitale erzeugen also zwei Wasserstoffmolekülorbitale.

$$\Psi_{H_2} = C(\Phi_{H_a} + \Phi_{H_b})$$

$$\Psi^*_{H_2} = C^*(\Phi_{H_a} - \Phi_{H_b}).$$

Um eine Bindung zwischen zwei Wasserstoffatomen auszubilden, ist klar, daß die Dichte der Elektronen im Gebiet zwischen den Atomen ansteigen muß. Die Elektronendichte oder die Wahrscheinlichkeit, ein Elektron in einem Gebiet anzutreffen, wird durch das Quadrat der Wellenfunktion für dieses Elektron angegeben. Sie ist also für H_a $\Phi^2_{H_a}$, für H_b $\Phi^2_{H_b}$ und für das H_2-Molekül $\Phi^2_{H_2}$. In der Abbildung unten sind die Elektronenaufenthaltswahrscheinlichkeiten für die Atomorbitale (punktierte Kurve), für das bindende Molekülorbital (ausgezogene Kurve) und für das antibindende Molekülorbital (gestrichelte Kurve) zweier Wasserstoffatome, deren Kerne bei a und b sind, graphisch dargestellt.

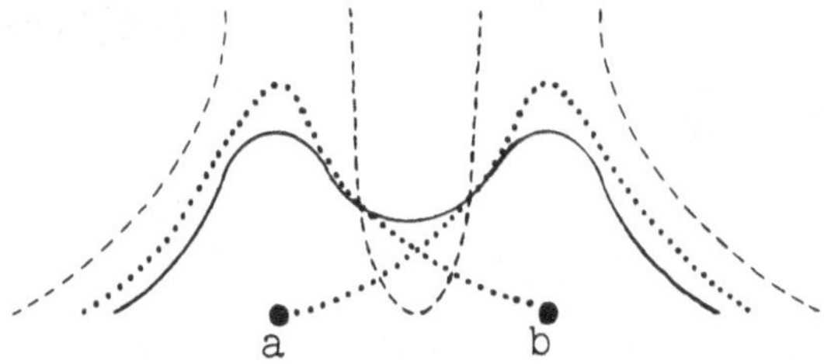

Aus den Kurvenverläufen geht klar hervor, daß die Elektronendichte zwischen den beiden Kernen am größten für das bindende Molekülorbital ist. Die zwei positiv geladenen Wasserstoffkerne werden zu dieser Ebene erhöhter Elektronendichte hingezogen und sozusagen aneinander gebunden. Beachten Sie, daß die Elektronendichte zwischen den beiden Kernen für das antibindende Molekülorbital Null ist. Wenn Sie die Abbildung der Aufenthaltswahrscheinlichkeiten Ihren Studenten vorführen, bringen Sie sie als eine graphische Darstellung der gleichen Information, die in den Abbildungen 7–3 und 7–4 enthalten ist.

7–4 Energien der Wasserstoffmolekülorbitale

Ein Molekülorbital-Energieniveau-Diagramm für das Wasserstoffmolekül enthält Abbildung 7–5 im Lehrbuch.

7–5 Warum gibt es kein He_2?

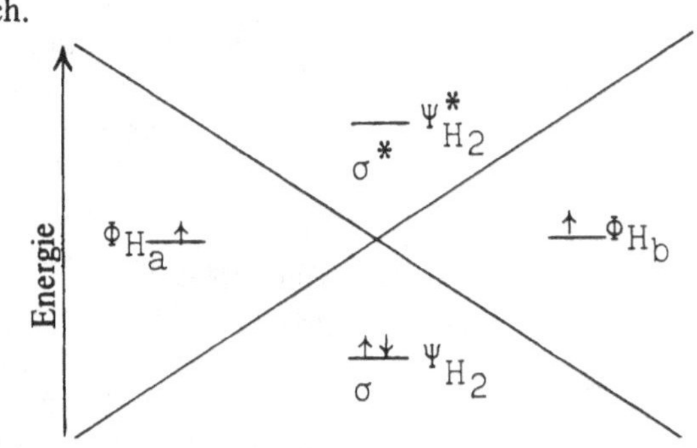

Daraus geht hervor, daß Ψ_{H_2} stabiler ist (niedriger an Energie) als es die Atomorbitale sind und daß $\Psi^*_{H_2}$ um denselben Betrag weniger stabil ist. Beim Übergang von Atomorbitalen zu Molekülorbitalen ändert sich also die Gesamtenergie des Systems nicht.

Diskutieren Sie Abbildung 7–6 mit Ihren Studenten! Die Stabilisierung, die bei der Ausbildung einer Bindung beim He_2 erzielt wird, geht bei der Ausbildung einer Antibindung wieder verloren, so daß insgesamt keine Stabilität bei der Bildung einer Bindung zwischen zwei He-Atomen erzielt wird.

Lassen Sie Ihre Studenten übungshalber bestimmen, ob H_2^+, H_2^-, H_2^{2-} oder He_2^+ bestehen können.
Lösung

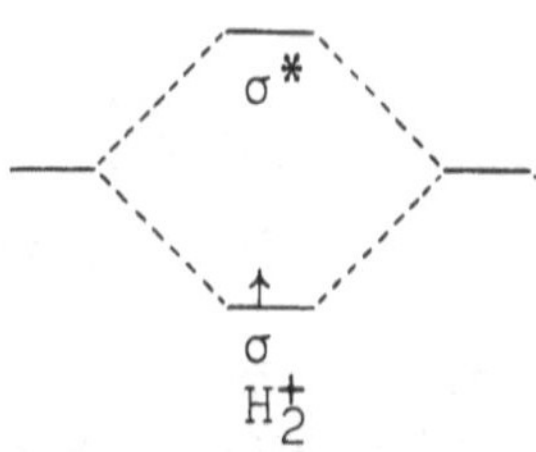

Etwas Stabilisierung,
sollte existieren
(1/2 Bindung) $(1s\sigma)^1$

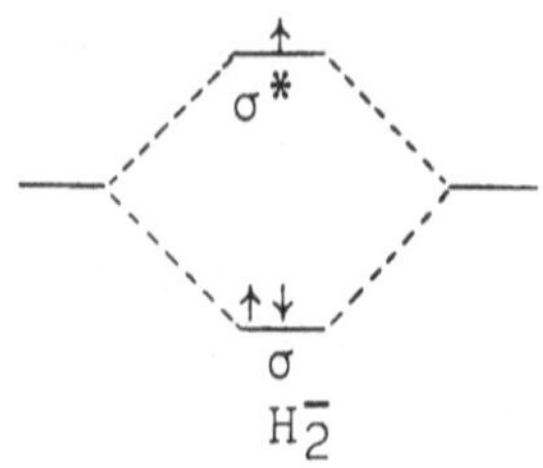

Insgesamt Stabilisierung, sollte existieren
(1/2 Bindung)
$(1s\sigma)^2$ $(1s\sigma^*)$

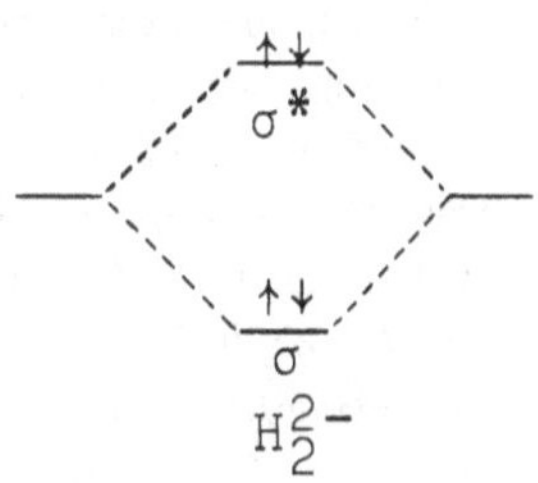

Keine Bindung,
kann nicht existieren
(0 Bindungen)
$(1s\sigma)^2$ $(1s\sigma^*)^2$

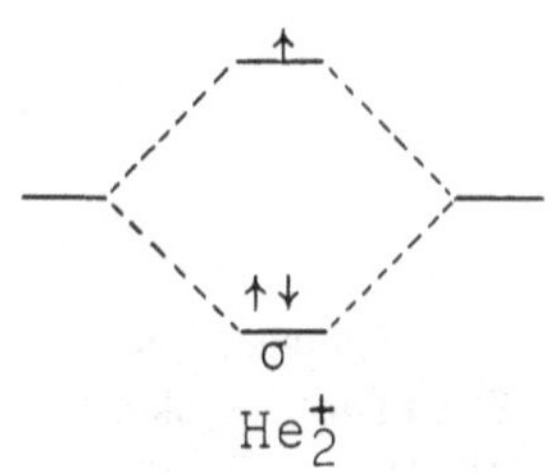

Insgesamt Stabilisierung, sollte existieren
(1/2 Bindung)
$(1s\sigma)^2$ $(1s\sigma^*)$

Alle Moleküle mit „etwas" oder „insgesamt Stabilisierung" können dargestellt werden. Erinnern Sie daran, daß der H-H-Bindungsabstand im H_2^+ 0,106 nm, im H_2 aber 0,076 nm ist, was die Aussage der Molekülorbitaltheorie bestätigt, daß die Bindungsenergie von H_2^+ (1/2 Bindung) niedriger als die von H_2 (1 Bindung) ist.

7–6 Fluor und Fluorwasserstoff

Die Autoren des Lehrbuchs haben es vermieden, etwas anderes als lokalisierte Molekülorbitale zu benutzen; Sie als Assistent sollten es ebenso tun. Wiederholen Sie im Zusammenhang mit dem F_2-Molekül die drei p-Orbitale. Zeigen Sie, daß diese Atomorbitale alle senkrecht aufeinander stehen. Demonstrieren Sie, wenn möglich an Molekülmodellen, daß im F_2-Molekül nur ein p-Orbital eines jeden Atoms überlappen kann, d.h., daß nur eine σ-Bindung zwischen den beiden Atomen gebildet werden kann.

7–7 Einfachbindungen in vielatomigen Molekülen
7–8 Atomare Hybridorbitale

Das Methanmolekül ist ein gutes Beispiel, um Ihre Studenten daran zu erinnern, daß eine Modellvorstellung mit dem Versuchsergebnis übereinstimmen muß, wenn es gültig bleiben soll. Wird ein Modell benutzt, nach dem die Atomorbitale von Wasserstoff und Kohlenstoff einfach überlappen, so ist zu erwarten, daß jedes Kohlenstoffatom mit zwei Wasserstoffatomen ein CH_2 bildet. Dieses Modell befriedigt aus zweierlei Gründen nicht die experimentellen Befunde:

1. Es sagt voraus, daß sich jedes Kohlenstoffatom mit zwei statt mit vier Wasserstoffatomen verbindet und
2. sagt es voraus, daß der H-C-H-Bindungswinkel 90° statt 109° 27′, dem experimentell bestimmten Wert, beträgt.

Deshalb muß das Modell modifiziert werden. Im neuen Modell werden die ursprünglichen atomaren Wellenfunktionen der Valenzelektronen des Kohlenstoffs, also die für die 2*s*- und 2*p*-Orbitale, mathematisch zu vier gleichwertigen Hybridorbitalen kombiniert. Da ein *s*- und drei *p*-Orbitale zur Bildung dieser vier Hybridorbitale verwendet werden, wird jedes als sp^3-Hybridorbital bezeichnet. Die Elektronenkonfiguration wird als $(sp_a^3)^2$ $(sp_b^3)^2$ $(sp_c^3)^2$ $(sp_d^3)^2$ geschrieben.

7–9 Andere Hybridorbitale

Etwas Vorsicht ist angebracht im Zusammenhang mit der richtigen Beziehung zwischen Geometrie und Hybridisierung. Es sollte zwischen Elektronen- und Molekülgeometrie unterschieden werden. Zum Beispiel entspricht die sp^3-Hybridisierung einer tetraedrischen Elektronengeometrie. Ammoniak und Methan, zwei Moleküle mit sp^3-Hybridisierung, haben beide die erwartete tetraedrische Elektronengeometrie. Die Molekülgeometrie schließt aber nicht die freien Elektronenpaare mit ein, dementsprechend ist die Molekülgeometrie des NH_3 pyramidal und die Geometrie des CH_4 ist tetraedrisch. SO_2 kann eingestuft werden als hätte es sp^2-hybridisierte Orbitale, weil aber eines der sp^2-

Hybride nichtbindend, ist die Molekülgeometrie nicht planar-dreieckig, sondern einfach gewinkelt.

Im Lehrbuch wird behauptet, alle Hybridorbitale wären innerhalb einer Hybridart mit Ausnahme der dsp^3-Hybride gleichwertig. Ihre Studenten werden Sie nach der Bedeutung dieser Aussage fragen. Geschieht das, so führen Sie aus, daß die Orbitale innerhalb einer Art dann gleichwertig sind, wenn es eine Symmetrieoperation (Spiegelung, Rotation usw.) gibt, die ein Hybrid in ein anderes überführt. Das dsp^3-Hybrid hat zwei axiale (a) und drei äquatoriale (ä) Orbitale.

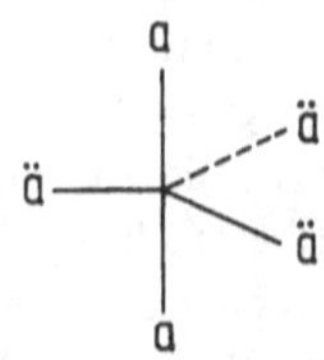

Es gibt keine Symmetrieoperation, die ein äquatoriales Orbital in ein axiales transformiert oder umgekehrt. Also sind die drei äquatorialen Orbitale, obwohl untereinander gleichwertig, nicht den beiden axialen Orbitalen gleichwertig.

7–10 Bortrifluorid (BF_3) und Phosphorpentafluorid (PCl_5)

Die Versuchung besteht, den Vorgang der Hybridisierung als stufenweise ablaufenden Prozeß zu betrachten mit der Promovierung eines Elektrons oder der Elektronen als erstem, der Hybridisierung unter Bildung gleichwertiger Orbitale als zweitem und der Bildung der Bindungen mit den hybridisierten Orbitalen als dritten Schritt. Machen Sie den Studenten klar, daß alle drei dieser „Schritte" gleichzeitig den Prozeß der Ausbildung der Bindungen ausmachen.

7–11 Fluoride der schwereren Elemente schwereren Elemente

Im Verlaufe des Fortschreitens bis zu diesem Abschnitt haben die Studenten gelernt, viele Fragen zur Struktur der Moleküle zu beantworten. Einige Informationen, die bei der Formulierung von Aufgaben gebracht werden könnten, sind auf der nächsten Seite in einer Tabelle zusammengestellt.

Ein besonders interessantes Molekül und für Diskussionen sehr geeignet ist das SF_4. Es entsteht hier die Frage: „Wird das einzelne Elektronenpaar eine äquatoriale oder eine axiale Stellung einnehmen?" Im ersten Moment könnte man annehmen, daß das Elektronenpaar eine axiale Position einnimmt. In dieser Stellung aber hat das freie Elektronenpaar drei bindende Elektronenpaare unter einem Winkel von jeweils 90°

Molekül	Gesamte Valenz-Elektronen	Bindende Paare	Nichtbindende Paare	Hybridisierungstyp	Polarität	Elektronengeometrie	Molekülgeometrie
SF_6	6+(6·7)=48	6	0	sp^3d^2	unpolar	oktaedr.	oktaedr.
BrF_5	7+(5·7)=42	5	1	sp^3d^2	polar	oktaedr.	quadrat.-pyramidal
JF_4^-	7+(4·7)+1=36	4	2	sp^3d^2	unpolar	oktaedr.	quadrat.-planar
SF_4	6+(4·7)=34	4	1	sp^3d	polar	trigonalbipyramidal	verzerrt-pyramidal

als Nachbarn. Besetzt das freie Elektronenpaar andererseits einen äquatorialen Platz, hat es nur zwei bindende Paare unter einem Winkel von 90° als Nachbarn. Deshalb wird es auf der äquatorialen Position die geringste Abstoßung geben.

7–12 Moleküle, die Doppel- und Dreifachbindungen enthalten

Die +- und –-Vorzeichen der Wellenfunktionen im Lehrbuch haben keine physikalische Bedeutung. Die Vorzeichen zeigen nur an, ob der numerische Wert einer Wellenfunktion in einem Gebiet des Koordinatensystems positiv oder negativ ist.

Zeigen Sie Ihren Studenten möglichst anhand von Modellen die Atomorbitale zweier Stickstoffatome. Sie werden dann erkennen, daß zwei *p*-Orbitale mit ihren Spitzen, die anderen *p*-Orbitale aber nur mit ihren Seiten überlappen können.

Im Lehrbuch wird gesagt, daß σ-Bindungen symmetrisch in bezug auf die Kernverbindungsachse sind. Das heißt, daß die Bindung längs der Kernverbindungsachse um einen beliebigen Winkel rotieren kann, ohne das eine Stellung erreicht wird, die sich von der Anfangsstellung unterscheidet. Betrachten Sie das σ-Molekülorbital:

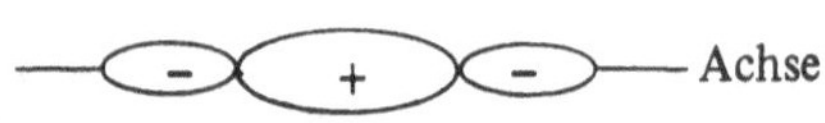

Vergleichen Sie es mit einer π-Bindung:

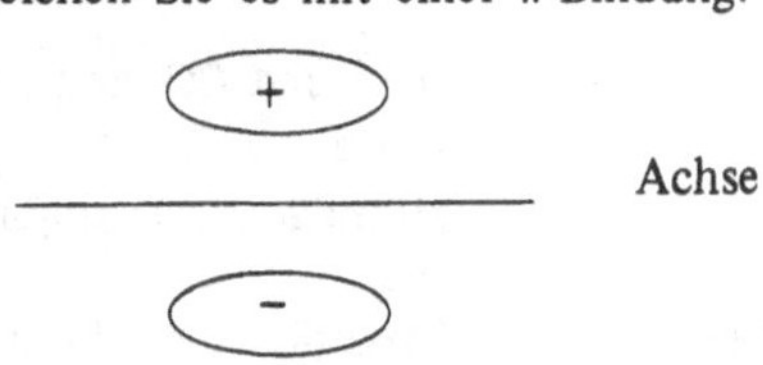

Eine Rotation dieser Bindung beispielsweise um 180° führt zu einer neuen Konfiguration, in der die Vorzeichen der Wellenfunktionen umgekehrt sind. Dieses Molekülorbital ist also nicht symmetrisch in bezug auf die Kernverbindungsachse. In ähnlicher Weise ist das antibindende π-Orbital nicht symmetrisch zur Bindungsachse.

Abbildung 7–17 sollte gründlich diskutiert werden. Das System der Kennzeichnung und die gesamte darin enthaltene Information muß gut verstanden werden.

7–13 Das Sauerstoff-Molekül, O_2

Wir haben im Lehrbuch gesehen, daß die Lewis-Formeln nicht zur Erklärung der Elektronenunterschußmoleküle oder der Moleküle mit erweitertem Oktett geeignet sind. Im ersten Fall wurde der Begriff der Resonanz eingeführt, um das Lewisformel-Modell zu modifizieren und im anderen Fall wurde gesagt, daß eine Beteiligung der d-Orbitale einige Atome in die Lage versetzt, mehr als ein Elektronen*oktett* um sich zu bilden. In diesem Abschnitt lernen die Studenten einen dritten Fall kennen, in dem eine Lewisformel keine völlig richtige Wiedergabe eines Moleküls liefert. Einer Lewisformel für das Sauerstoffmolekül nach müßte der Sauerstoff diamagnetisch sein, tatsächlich aber ist er paramagnetisch. Ein besseres Modell gibt die Molekülorbital-Theorie, die, wie die Studenten schon gelernt haben werden, allgemeingültiger und nützlicher ist als das Lewis-Modell.

Lassen Sie die Studenten nach der Diskussion der Abbildung 7–17 ein Molekülorbital-Diagramm für das Fluor-Molekül und für die Stickstoff- und Sauerstoffmoleküle konstruieren. Lassen Sie die magnetischen Eigenschaften von F_2 vorhersagen. Beachten Sie, daß die Bindungszahl in einem Molekül gleich 1/2 ist (Zahl der bindenden Elektronen – Zahl der antibindenden Elektronen oder Zahl der bindenden Orbitale, die im Überschuß zu den antibindenden Orbitalen vorhanden sind). Also besitzt

N_2 3 Bindungen,
O_2 2 Bindungen und
F_2 1 Bindung.

NO^+ und CO sind isoelektronisch mit N_2 und haben wie dieses drei Bindungen. Sie können diese beiden Moleküle als Übungsbeispiele für die Studenten benutzen.

7–14 Ungesättigte Kohlenstoffverbindungen

Diskutieren Sie in allen Einzelheiten das Grundlegende der Bindung im Acetylen und Äthylen. Betonen Sie, daß das Bindungsmodell für Äthylen vorhersagt, daß

das Molekül planar ist, so wie es experimentell auch gefunden wird.
Bei der Behandlung der Bindung im H-C≡C-H wird im Lehrbuch festgestellt, daß das Molekül linear ist, so daß *sp*-Hybridorbitale zur Beschreibung benutzt werden. Ein anderes Molekül, das linear ist und das *sp*-Hybride am Kohlenstoff zur Bildung der Bindungen benutzt, ist Ö=C=Ö. In diesem Fall bildet der Kohlenstoff aber Doppelbindungen aus. Der Kohlenstoff bildet mit den Sauerstoffatomen je eine σ-Bindung unter Verwendung der beiden *sp*-Hybridorbitale. Er besitzt also noch zwei nichthybridisierte *p*-Orbitale, von denen jedes mit einem Elektron besetzt ist. Beide *p*-Orbitale können durch Überlappen mit den restlichen *p*-Orbitalen der Sauerstoffatome π-Molekülorbitale herstellen. So werden zwei π-Molekülorbitale gebildet, aber jeweils nur eines mit jedem Sauerstoff.

Während eine Rotation um eine Einfachbindung leicht erfolgt und eine Rotation um eine Doppelbindung bei Zimmertemperatur gewöhnlich nicht erfolgt, ist eine Rotation um eine Dreifachbindung entsprechend den quantenmechanischen Grundsätzen vollkommen ausgeschlossen.

Übung

Lassen Sie ein Molekülorbital-Diagramm für H-C≡C-H aufstellen. Welcher Übergang ist mit der geringsten Energie zu erwarten?

Lösung

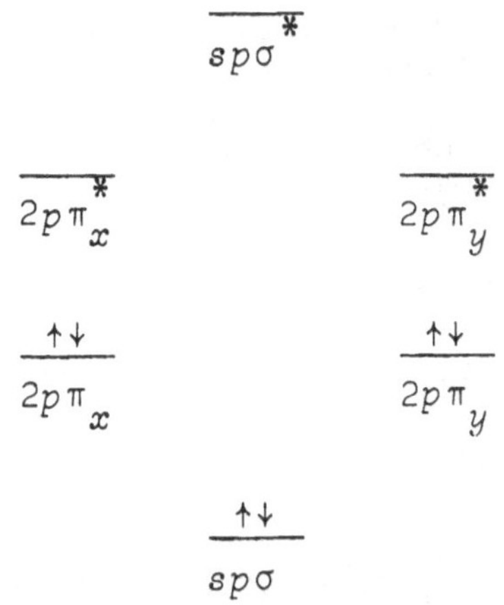

$2p\pi$–$2p\pi^*$ ist der Übergang mit der geringsten Energie.

Bei der Diskussion des Benzols berichten Sie, daß es sich dabei um ein übliches organisches Lösungsmittel handelt, daß unter 100° C siedet. Das Wesentliche an den Bindungen im Benzol ist die Tatsache, daß alle sechs C-C-Bindungen von gleicher Länge sind. Das macht erforderlich, daß das Molekülorbitalschema, wie es in diesem Abschnitt für andere Moleküle verwendet wurde, etwas abgeändert werden muß. Die Abänderung besteht in der Erscheinung der Delokalisierung oder im Verteilen der sechs π-Elektronen über das ganze Molekül. Diskutieren Sie die Stabilisierung, die das Benzolmolekül durch diese Delokalisierung erfährt.

Eine Darstellung des Benzolmoleküls, wie sie häufig von organischen Chemikern verwendet wird und die die Verteilung der π-Elektronen über das ganze Molekül gut wiedergibt, ist

.

Literatur

1. O.T. Benfey: „Geometry and Chemical Bonding" . *Chemistry* (Mai, 1967, S. 21). Eine allgemeine Diskussion der Theorien, die zur Erklärung der Molekülgeometrie und der chemischen Bindung benutzt werden.
2. R. Ferreira: „Molecular Orbital Theory: An Introduction". *Chemistry* (Juni, 1968, S. 9). Einer der besseren Artikel über die elementare MO-Theorie für Anfängerstudenten.
3. R.J. Gillespie: „Structure of Noble Gas Compounds". *Chemistry* (April, 1966, S. 17). Die Anwendung der Valenzelektronenpaarabstoßung zur Erklärung der Struktur der Edelgasverbindungen.
4. R.J. Gillespie: „The Electron-Pair Repulsion Model for Molecular Geometry". *J. Chem. Ed.* *47,* 18 (1970). Diskutiert die Verwendung lokalisierter Elektronenpaare zur Geometrie-Vorhersage.
5. H.J. Lindner: „Moleülgeometrie – Modell, Messung, Berechnung". *Die Naturwissenschaften* *61,* 5, 177–83 (1974).

Fragen und Aufgaben

1. NF_3; pyramidal
   $CH_3^{\oplus}$; planar
   $CH_3^{\ominus}$; pyramidal
   SO_2; gewinkelt
   PF_6^-; oktaedrisch.
2. Silicium hat niedrigliegende $3d$-Orbitale, die zusammen mit seinen $3s$- und $3p$-Valenzorbitalen benutzt werden können, um sechs sp^3d^2-Hybridorbitale zu bilden. Nach diesem Modell entspräche die Elektronenstruktur von $[SiF_6]^{2-}$ sechs $(sp^3d^2\,\sigma)$-Elektronenpaar-Bindungen zwischen Si und F. Kohlenstoff hat keine

niedrigliegenden Orbitale zur sp^3d^2-Hybridbildung; deshalb wäre ein $[CF_6]^{2-}$ nicht beständig.

3. NO_2.

Das zentrale Stickstoffatom im NO_2 hybridisiert unter Verwendung der *s*-, p_x- und p_z-Orbitale und bildet dabei drei sp^2-Hybridorbitale. Diese Hybridorbitale bilden ($sp^2\sigma$)-Molekülorbitale mit den p_z-Orbitalen der Sauerstoffatome a und b. Das p_y-Orbital jedes Sauerstoffs überlappt das noch zur Verfügung stehende p_y-Orbital des Stickstoffs und ergibt ein bindendes Molekülorbital, das sich über das ganze Molekül erstreckt. Das übrigbleibende p_x-Orbital jedes Sauerstoffatoms ist nichtbindend. Dann gibt es noch ein nichtbindendes π-Orbital, das sich aus den *p*-Orbitalen bilden kann. Das restliche ungepaarte Elektron besetzt das eine unbesetzte sp^2-Hybridorbital des Stickstoffs.

↑↓	↑↓	↑↓	↑↓	↑↓	↑↓	↑
$sp^2\sigma$	$sp^2\sigma$	π_y	$2p_{x_a}$	$2p_{x_b}$	π_y^n	$sp^2\sigma$

Dieses Schema enthält nicht die vier 2*s*-Elektronen der beiden Sauerstoffatome. In der Darstellung unten sind die nichtbindenden Elektronenpaare in $2p_{x_a}$, $2p_{x_b}$ und π_y^n weggelassen.

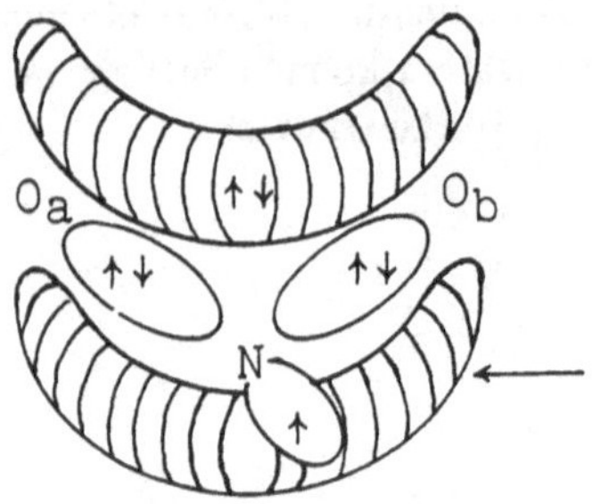

NO_3^-

Ein stark vereinfachtes Molekülorbitalmodell beginnt mit einem sp^2-hybridisierten Stickstoff, das σ-Bindungen mit einem *p*-Orbital von jedem Sauerstoff bildet. Das unhybridisierte *p*-Orbital des Stickstoffs geht sodann eine π-Bindung mit geeigneter Kombination der *p*-Orbitale der drei Sauerstoffatome ein. Dieses Modell beschreibt das Molekül als ein aus drei σ-Bindungen bestehendes Gerippe und einer π-Bindung, die in Ebenen über und unter der Ebene der vier Atome des Moleküls ausgebreitet ist.

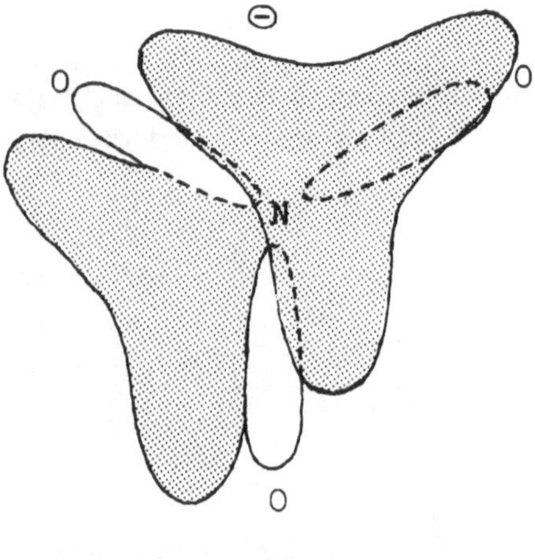

H_2CO

Ein bindendes Skelett kann mit den drei ($sp^2\,\sigma$)-Orbitalen zwischen dem zentralen Kohlenstoffatom und den zwei Wasserstoffatomen sowie dem einen Sauerstoffatom gebildet werden. Das restliche *p*-Orbital am Kohlenstoff kann mit einem Sauerstoff-*p*-Orbital überlappen unter Ausbildung einer π-Bindung. Das eine übrigbleibende *p*-Orbital am Sauerstoff enthält ein ungebundenes Elektronenpaar.

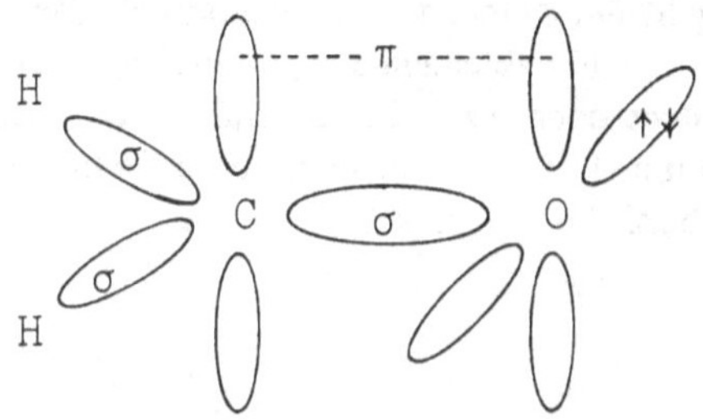

$^{+}CH_2$-CH=CH_2

Ein bindendes Skelett kann gebildet werden unter der Annahme, daß alle drei Kohlenstoffatome sp^2-hybridisiert sind. Daraus entstehen zwei ($sp^2\,\sigma$)-Kohlenstoff-Kohlenstoff-Bindungen und fünf ($sp^2\,\sigma$)-Kohlenstoff-Wasserstoff-Bindungen. Die restlichen *p*-Orbitale an jedem Kohlenstoffatom können überlappen und bilden eine π-Bindung, die sich über das ganze Molekül erstreckt.

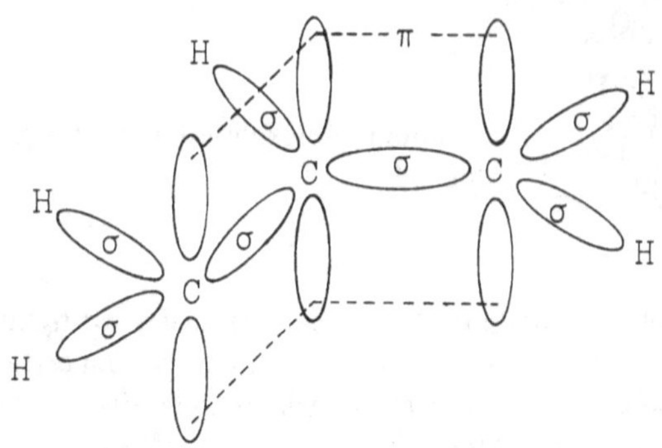

Die Ladung + 1 ist über das Molekül delokalisiert.

4. 

Das Molekülorbitalschema zeigt eine einzelne π-Bindung, die sich über das Molekül erstreckt. Die zwei Resonanzstrukturen oben enthalten eine Einfach- und eine Doppelbindung. Die beiden Strukturen zusammengenommen entsprechen dem Molekülorbitalbild.

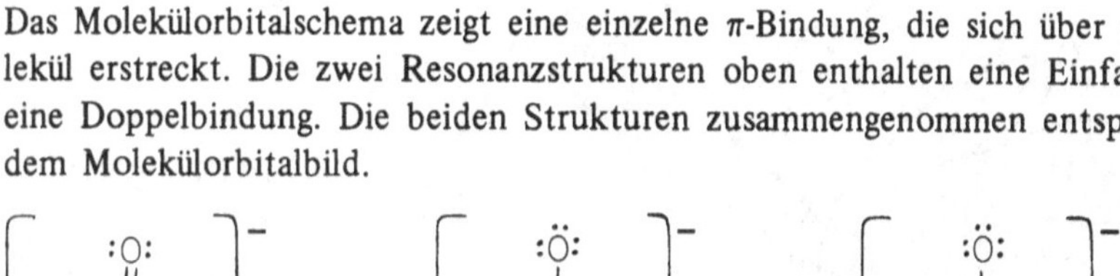

Das Molekülorbitalschema besitzt eine über das ganze Molekül verteilte π-Bindung, vollkommen gleichwertig den drei Formeln oben.

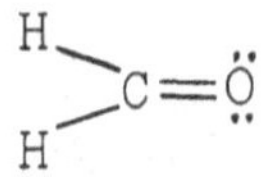

Die Struktur oben steht in enger Beziehung zum Molekülorbitalmodell, da beide ein Gerüst von Einfachbindungen und eine π-Bindung zwischen Kohlenstoff und Sauerstoff haben.

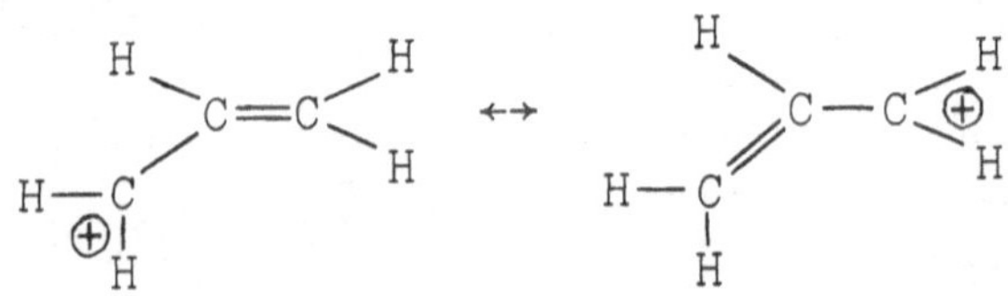

Die beiden Strukturen haben eine unterschiedliche Lage der Doppelbindung zwischen den Kohlenstoffpaaren. Diese Delokalisierung der π-Bindung wird direkt im Molekülorbitalmodell dargestellt.

5. Die Idee eines Molekülorbitals ist Bestandteil eines Bindungsmodells, das sich gut zur Vorhersage und zur Deutung bestimmter Materieeigenschaften eignet. Es sollte als Versuch gedacht werden, die Energieniveaus des Moleküls zu beschreiben, und es erlaubt uns innerhalb der Grenzen bestimmter Regeln der Quantenmechanik, die Stabilität bestimmter Moleküle und die Instabilität anderer Moleküle zu erklären.
6. Das Element Xe hat bis $5p^6$ völlig gefüllte Schalen: Xe = (Kr) $5s^2 4d^{10} 5p^6$. Da die Valenzatomorbitale des Xe alle aufgefüllt sind, scheint es, daß alle zwischen Xe und F formulierten bindenden und antibindenden Orbitale gefüllt sind und das Molekül XeF_4 instabil ist. Wenn aber die niedrigliegenden unbesetzten $5d$-Orbitale des Xenon zur Bildung von sp^3d^2-Hybridorbitale herangezogen werden können, entsteht die folgende Situation:

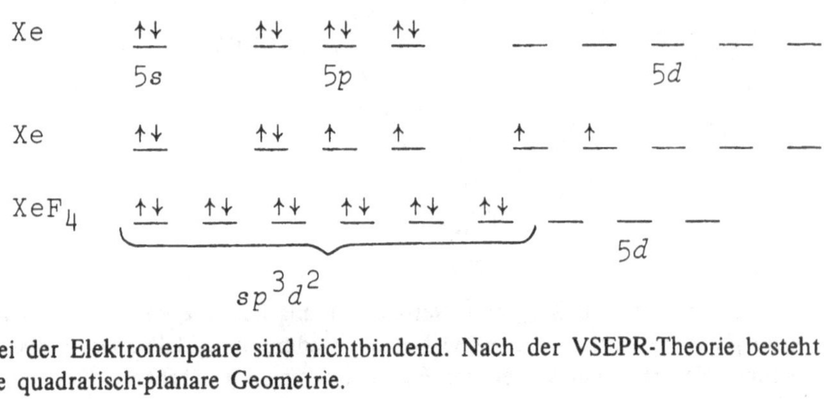

Zwei der Elektronenpaare sind nichtbindend. Nach der VSEPR-Theorie besteht eine quadratisch-planare Geometrie.

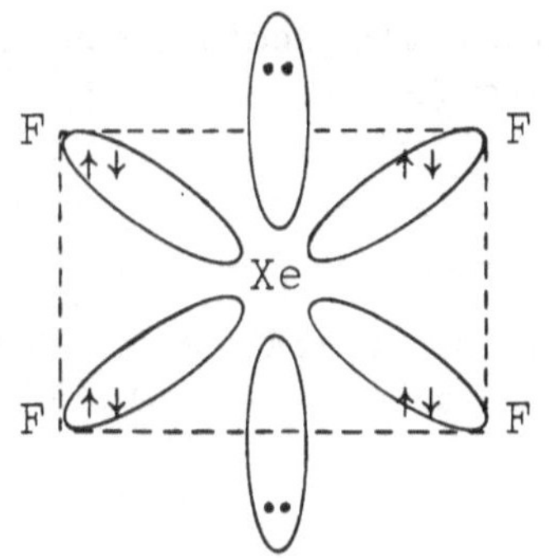

7. 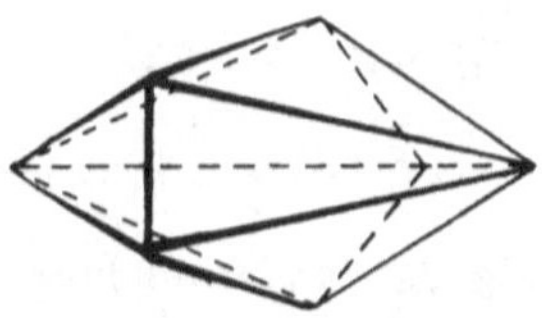

8. C_2H_4 ist ein Elektronenunterschuß-Molekül und daraus scheint zu folgen, daß es schwieriger zu ionisieren ist als C_2H_6. Die Bindungen im C_2H_6 sind aber alles σ-Bindungen und die Elektronendichte befindet sich vor allem zwischen den gebundenen Atomen. Im C_2H_4 gibt es eine π-Bindung; ein Elektron ist aus einer solchen Bindung leichter zu entfernen als aus einer σ-Bindung. Die Ionisierungsenergie ist für C_2H_6 11,5 eV und für C_2H_4 10,5 eV.
9. Im O_2 gibt es zwei Elektronen mehr als im N_2. Die zwei zusätzlichen Elektronen im O_2 befinden sich in antibindenden Orbitalen, was sich in einer niedrigeren Bindungsenergie als im N_2 ausdrückt.

10. 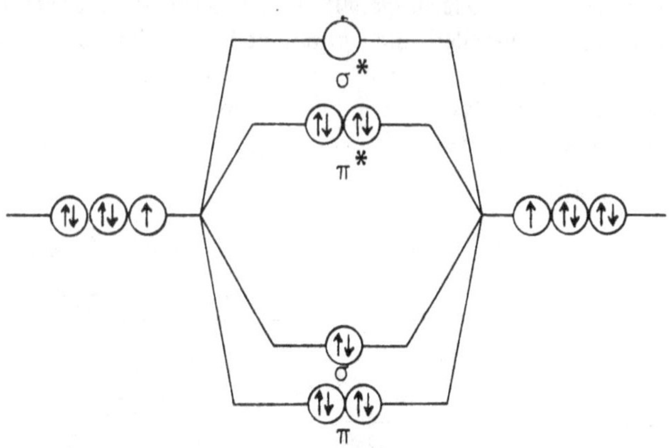

Das Schema zeigt, daß F_2 eine Netto-σ-Bindung hat. Die π^*- und π-Niveaus sind gleich besetzt, so daß keine Netto-π-Bindung übrigbleibt. Das Modell stimmt also mit dem Modell der Einfachbindung von Abschnitt 7–6 für das F_2 überein.

11.

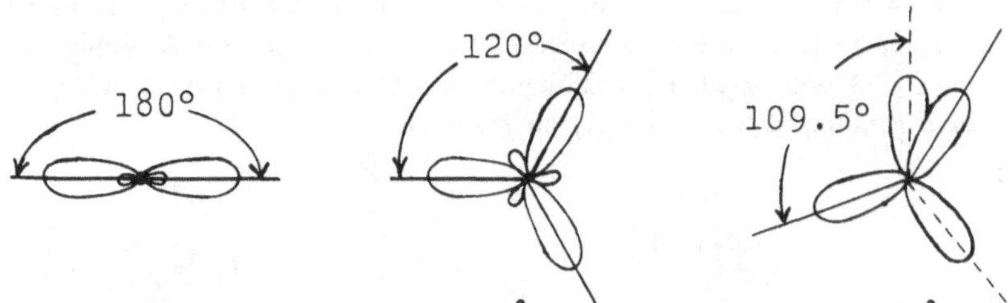

sp linear — *sp*² dreieckig-planar — *sp*³ tetradrisch

12. Meinung der Studenten.
13. Schwefel ist von vier Paaren bindender Elektronen und einem Paar freier Elektronen umgeben. Die zwei möglichen Strukturen für die fünf Gruppen um das zentrale Schwefelatom in einem trigonal-bipyramidalen Modell (sp^3d-Hybridorbitale des Schwefels) sind:

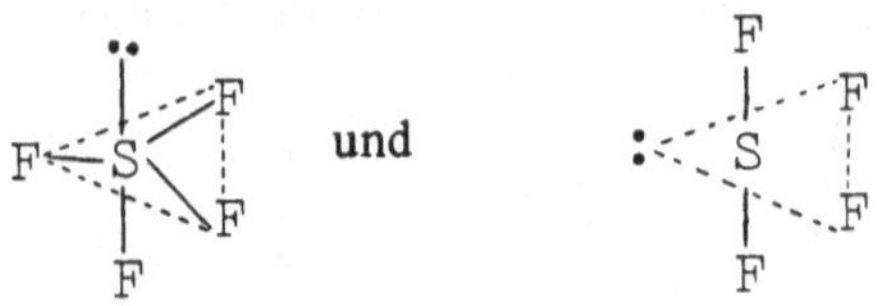

14. Die Darstellung wird nicht beeinträchtigt, da das π-Elektronenpaar gleichmäßig über die drei B-F-Bindungen delokalisiert ist.
15.

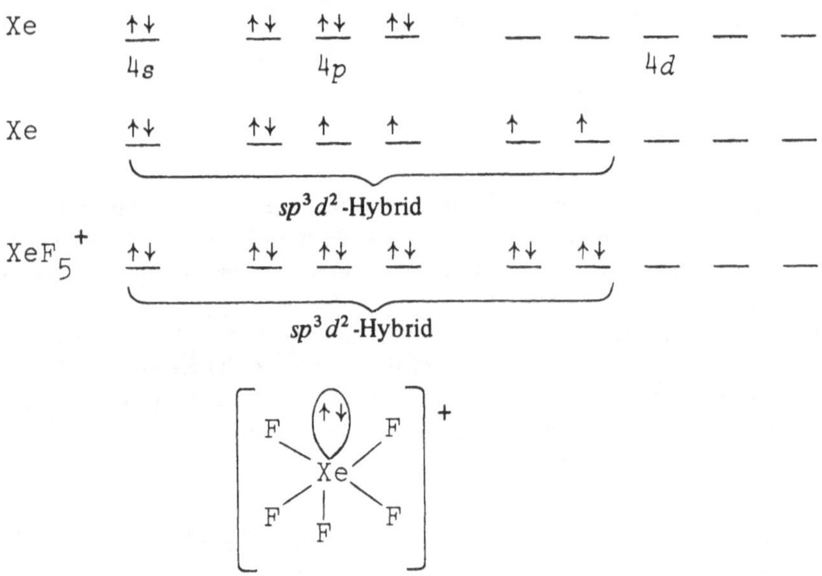

Es sollte ein ziemlich beständiges Kation sein; mit BrF_5 ist es isoelektronisch.

16. N_2 hat die kleinste Bindungslänge, da es eine σ- und zwei π-Bindungen enthält. O_2 hat eine σ- und eine π-Bindung, während F_2 nur eine σ-Bindung zwischen seinen beiden Fluoratomen besitzt. Mit zunehmender Bindungsordnung (Zahl der Bindungen) nimmt die Bindungslänge ab.

17. Die zwei Elektronen, die zum O_2 dazukommen, um das O_2^{2-} zu bilden, müssen das π^*-antibindende Molekülorbital besetzen, so daß die Bindungsordnung im O_2^{2-}-Anion zu einer Einzelbindung reduziert wird. Also ist im O_2^{2-} eine größere Bindungslänge als im O_2 zu erwarten.

18. 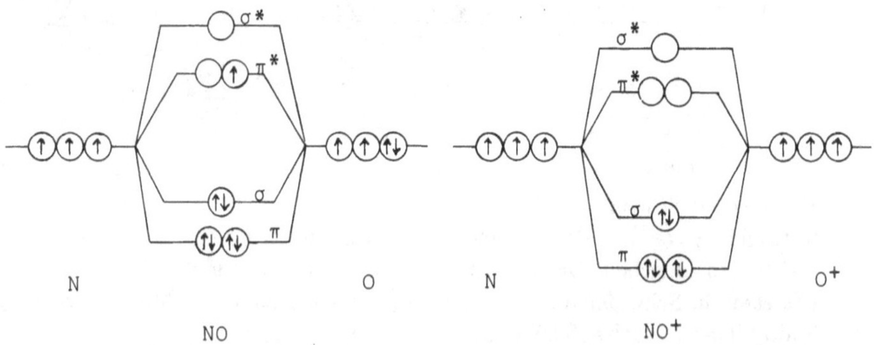

Bindungsordnung 2,5 — Bindungsordnung 3,0

19. 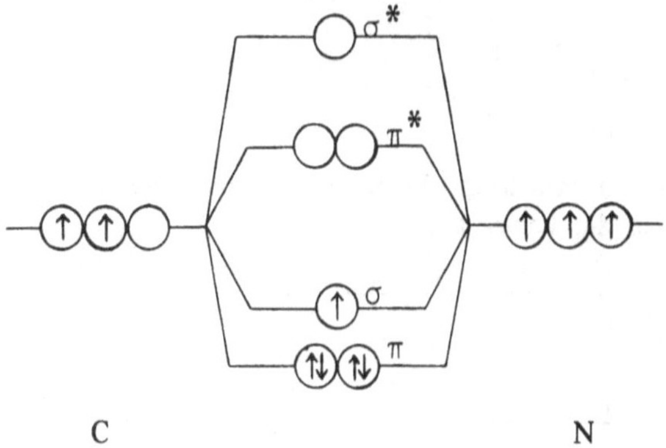

Das einzelne Elektron im σ-bindenden Orbital verursacht den Paramagnetismus von CN. Das CN-Molekül absorbiert langwelliges Licht, da ein π-Elektron in den leeren Platz des σ-bindenden Niveaus promoviert wird und die damit verbundene Energie nur gering ist.

20. Benzol sollte Licht mit längerer Wellenlänge (niedrigerer Energie) als Äthylen absorbieren, weil die π-Elektronen im Benzol über sechs Kohlenstoffatome statt über nur zwei wie beim Äthylen delokalisiert sind. Es gibt im Benzol mehr π-Energieniveaus, die energetisch dichter beinanderliegen als die zwei π-Niveaus im Äthylen (vgl. Abschnitt 7–14).

8 Flüssigkeiten und Feststoffe

Seminaranleitung

Dieses Kapitel enthält reichlich Stoff aus dem Erfahrungsschatz der Studenten. Es ist ein Stoff, für das jeder Student, unabhängig von seiner besonderen Fachrichtung, viel Verständnis aufbringt. Es gehören dazu die Wärme- und Volumenänderungen, die beim Übergang von einer Phase zur anderen auftreten, der Begriff des dynamischen Gleichgewichts und schließlich die Kräfte, die Flüssigkeiten und Feststoffe zusammenhalten.

8–1 Phasenumwandlungen

Übergänge oder Phasenumwandlungen können zum besseren Verständnis graphisch als Temperatur gegen die Zeit aufgetragen werden.

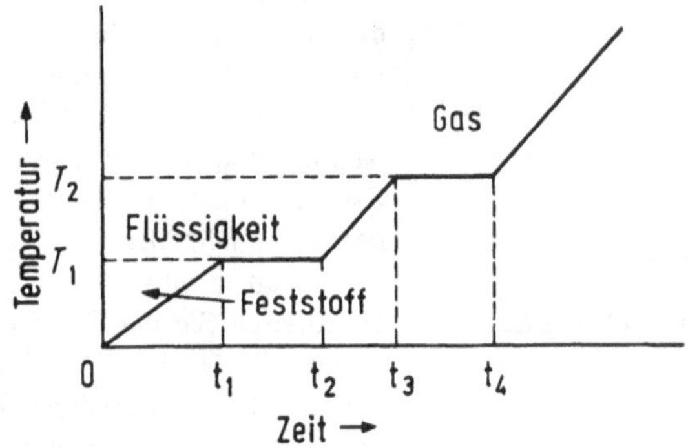

Wirkt auf einen Feststoff Wärme ein, so steigt die Temperatur des Feststoffs an, bis der Punkt (T_1; t_1) erreicht ist. An diesem Punkt wird die Wärme verbraucht, um die Kristallgitterkräfte zu überwinden, die den Feststoff zusammenhalten; deshalb bleibt die Temperatur eine Zeitlang konstant. Ist der ganze Stoff in eine Flüssigkeit umgewandelt (Punkt T_1; t_2), beginnt die Temperatur wieder anzusteigen bis der Punkt (T_2; t_3) erreicht ist. Bei dieser Temperatur wird die Energie zur Überwindung der Kräfte, die die Moleküle der Flüssigkeit zusammenhalten, aufgewendet; dementsprechend bleibt die Temperatur während des Übergangs konstant. Nach Punkt (T_2; t_4), an dem alle Substanz in ein Gas umgewandelt ist, steigt die Temperatur wieder an. Führt man den Vorgang in umgekehrter Richtung durch, indem man mit einer gasförmigen Substanz beginnt, so erreicht man die gleichen Plateaus bei den Übergangspunkten.

Deutlich kann man der Kurve entnehmen, daß Wärme absorbiert wird, wenn eine Substanz schmilzt und daß Wärme frei wird, wenn eine Substanz erstarrt. Die Tatsache, daß beim Erstarren einer Flüssigkeit Wärme abgegeben wird, ist vielen Studenten nicht von vornherein klar. An einem Beispiel aus dem Gebiet der Metereologie wird die Erscheinung gut verständlich. Trifft eine Kaltwetterfront auf ein Gebiet, in dem Luft einen hohen Feuchtigkeitsgehalt besitzt, entsteht Schnee oder Eis. Die Bildung dieses Niederschlages setzt eine erhebliche Wärmemenge frei. Diese freigewordene Wärme verhütet, daß die Temperatur sinkt, so daß die Temperatur solange es schneit konstant bleibt. Erst wenn die Atmosphäre nicht mehr genügend Feuchtigkeit besitzt, um Schnee zu bilden, fällt die Temperatur und eine Kältewelle wird registriert.

Abbildung 8–1 ist sehr sorgfältig zu erklären, da es die Grundlage für das Verständnis vieler in diesem und im nächsten Kapitel erklärter Erscheinungen bildet. Beachten Sie, daß sehr wenige Moleküle äußerst langsam und äußerst schnell sind. Vergleichen Sie die Zahl der Moleküle, die bei jeder der gewählten Temperaturen schneller sind als der Durchschnittsgeschwindigkeit entspricht.

8–2 Phasendiagramme

Diskutieren Sie das Phasendiagramm von Argon (Abbildung 8–2) mit Ihren Studenten. Ein Phasendiagramm ist eine graphische Darstellung, die die Temperatur- und Druckbedingungen angibt, unter denen eine Substanz in zwei oder mehr physikalischen Zuständen im dynamischen Gleichgewicht ist. Zwar würden tabellierte Wertepaare den gleichen Zweck erfüllen, aber das Diagramm erlaubt es, das ganze Bild auf einen Blick zu erfassen. Üben Sie mit Ihren Studenten das Arbeiten mit derartigen graphischen Darstellungen, in dem Sie sie fragen, in welchem Zustand Argon sich bei einer bestimmten Temperatur und einem bestimmten Druck befindet, welches der Siedepunkt bei einem vorgegebenen Druck ist und so weiter.

8–3 Das Dampf-Flüssig-Gleichgewicht

In dem Versuch, der in Abbildung 8–3 dargestellt ist, trägt der Quecksilberdampfdruck nur unwesentlich zum Druck über der Flüssigkeit bei. Der Dampfdruck von Hg bei 20° C ist 1,6 μbar, bei 100° C ist er 0,36 mbar.

Obgleich festgestellt worden ist, daß der Dampfdruck nur von der Temperatur abhängt, haben Studenten häufig damit Schwierigkeiten, weil es nicht vernünftig erscheint, daß der Dampfdruck einer gegebenen Flüssigkeit unabhängig von der Flüssigkeitsmenge oder von der Flüssigkeitsoberfläche sein soll. Mit folgender Aufgabe können Sie sehen, ob Ihre Studenten hier Schwierigkeiten haben.

Übung

Diäthyläther hat einen hohen Dampfdruck. Stellen Sie sich drei Kolben (A, B und C) mit verschiedenen Mengen dieser Flüssigkeit vor.

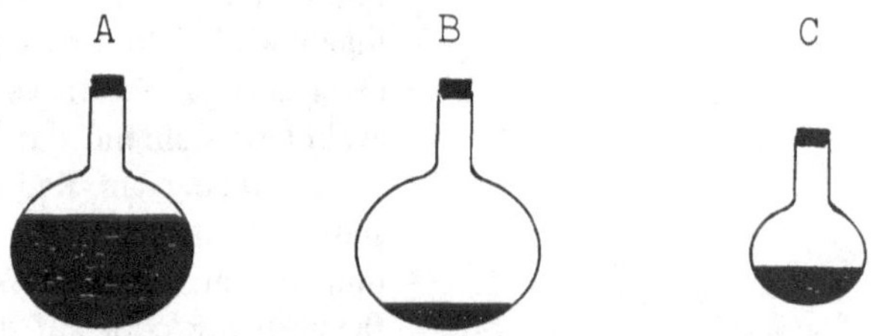

500 ml-Kolben	500 ml-Kolben	100 ml-Kolben
300 ml Äther	25 ml Äther	25 ml Äther

Jeder Kolben hat die gleiche Stopfengröße. Welcher Stopfen wird am ehesten durch den Ätherdampfdruck abgeworfen, wenn alle Kolben die gleiche Temperatur haben und nicht geschüttelt werden.

Lösung

Die Antwort kann natürlich nur lauten, daß alle drei Kolben ihre Stopfen gleichzeitig verlieren, da der Dampfdruck von der Gefäßgröße, der Menge der vorhandenen Flüssigkeit und der Flüssigkeitsoberfläche unabhängig ist.

Ein weiteres gutes Beispiel ist folgendes:

Übung

Erklären Sie, warum flüssiger Stickstoff (Sdp. – 196° C) mehrere Stunden lang in einem Dewar-Gefäß (Thermosflasche) bleibt bis alles verdampft ist, obgleich die Temperatur des Raumes 25° C ist.

Lösung

Die Moleküle der Flüssigkeit haben eine ähnliche Energieverteilung wie in Abbildung 8–1 des Lehrbuchs. Nur die energiereichsten Moleküle können entweichen. Geschieht das, dann sinkt die Temperatur der Flüssigkeit, weil keine Wärme der Umgebung entzogen werden kann. Das Dewar-Gefäß ermöglicht sehr kleine Temperaturänderungen; daher dauert es einige Zeit, bis der Stickstoff genug Wärme der Umgebung entzogen hat, damit alle Moleküle ausreichend Energie zum Verdampfen haben.

Diese Tatsachen können an einem Gefäß der folgenden Art nachgewiesen werden.

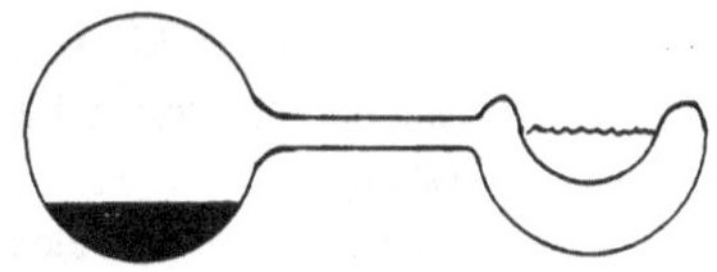

Zur Herstellung eines derartigen Gefäßes werden zwei 500 ml-Kolben miteinander verbunden, und einer von ihnen wird teilweise eingedrückt. Das Gefäß enthält etwa 200 ml Wasser; es wird mit einer Vakuumpumpe evakuiert, während das Wasser ausfriert. Läßt man das Wasser wieder auf Raumptemperatur kommen, so besteht ein Gleichgewicht zwischen dem flüssigen Wasser und seinem Dampfdruck. Gibt man Trockeneis oder flüssigen Stickstof auf den eingedrückten Kolben, dann kondensiert der Wasserdampf und gefriert. Die Wassermoleküle mit der höheren Energie verlassen die Flüssigkeit, wodurch sich ihre Temperatur erniedrigt. Dieser Vorgang läuft so lange ab, bis das Wasser erstarrt.

8–4 Das Fest-Flüssig-Gleichgewicht

Während ohne weiteres verstanden wird, daß Flüssigkeiten Dampfdrücke haben, ist es gewöhnlich weniger klar, wenn das Gleiche von Festkörpern behauptet wird. Betrachten Sie den Dampfdruck von Feststoffen anhand der Abbildung 8–2. Fragen Sie die Studenten, ob sie schon mal Mottenkugeln gerochen haben.

Bei der Diskussion von Beispiel 8–2 vergleichen Sie die Wärmemenge (2,82 kJ), die zum Schmelzen von 100 g Argon erforderlich ist, mit einigen bekannten Größen. Die Schmelzwärme von Wasser beträgt 0,33 kJ g^{-1}. Es können also 2,82/0,33 oder 8,5 g Wasser mit der gleichen Wärmemenge geschmolzen werden, die zum Schmelzen von 100 g Argon notwendig ist.

Zeigen Sie Ihren Studenten, daß der Tripelpunkt einer Substanz nicht dasselbe ist wie ihr normaler Siedepunkt. Der normale Siedepunkt einer Substanz ist diejenige Temperatur, bei der sie bei 1,013 bar siedet.

Als ein Beispiel einer bei Raumtemperatur sublimierenden Substanz können Sie Kohlendioxid nehmen. Zeigen Sie anhand des Phasendiagramms von CO_2 (siehe nächste Seite), inwiefern es sich von dem des Argon unterscheidet.

Es dürfte notwendig sein, auf die kritische Temperatur näher einzugehen. Wird eine Flüssigkeit in ein geschlossenes Gefäß gebracht und erhitzt, so werden eine Temperatur und ein Druck erreicht, bei denen die Dichten der Flüssigkeit und des Dampfes gleich

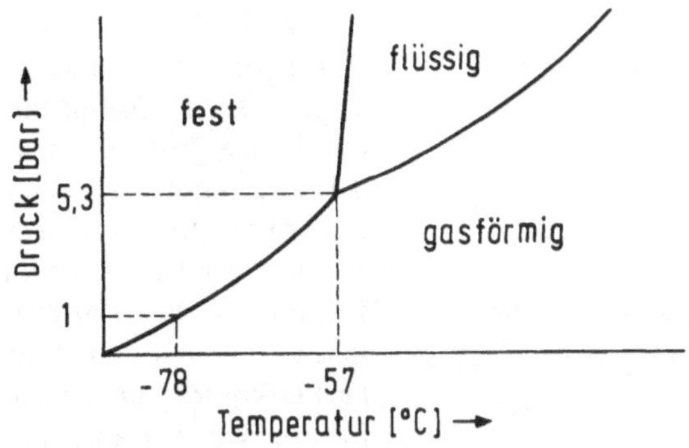

Phasendiagramm des CO_2

sind (kritische Dichte). An dem Punkt, an dem die Dichten von Flüssigkeit und Dampf gleich sind, verschwindet die Phasengrenze. Die Temperatur an diesem Punkt wird kritische Temperatur genannt. Durch Erhöhen des Drukkes am kritischen Punkt wird keine Verflüssigung erreicht; da die Dichten nämlich gleich sind, kann durch Verflüssigung keine Druckminderung erzielt werden.

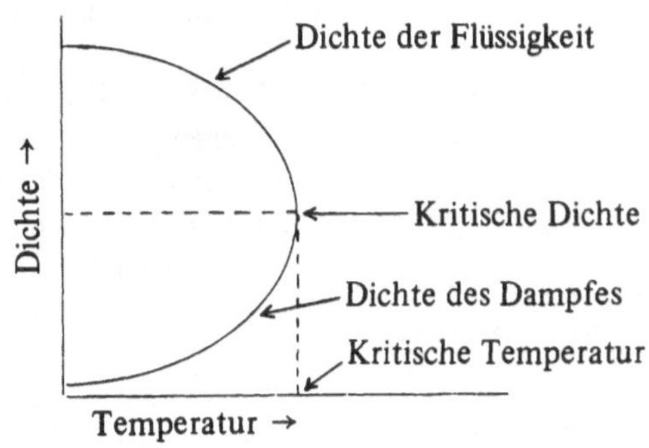

Der Begriff der Kristallisation wird im Zusammenhang mit der Unterkühlung gebracht. Sie können einige zusätzliche Bemerkungen über die Kristallisation in einer unterkühlten Flüssigkeit machen. Vor einer Kristallisation muß die Keimbildung stattfinden. Durch Bewegen einer unterkühlten Flüssigkeit kann die Kristallisation erreicht werden. Das Gleiche wird häufig durch Einführen eines Impfkristalls oder durch Kratzen an der Gefäßwand erzielt.

8–5 Volumenänderungen bei Phasenumwandlungen

Eventuell stellen Sie fest, daß Ihre Studenten mit diesem Abschnitt Schwierigkeiten haben. Erklären Sie ihnen, daß Druckänderungen keinen Einfluß auf den Schmelzpunkt haben, wenn die Dichte einer Substanz im flüssigen und im festen Zustand gleich ist. Wenn die Dichte eines Feststoffes niedriger als die der Flüssigkeit ist, dann verursacht eine Erhöhung des Druckes eine Erniedrigung des Schmelzpunktes. Sehen

Sie, ob die Studenten diese Erscheinung mit dem Eislaufen verbinden können. Sie können sie auch fragen, ob man Eis in Dampf umwandeln kann, ohne durch die flüssige Phase gehen zu müssen. Eine Möglichkeit, das zu erreichen, ist einfach den Druck bei konstanter Temperatur zu erniedrigen. Das geschieht beim Vorgang der Gefriertrocknung.

8–7 Der Aufbau der Festkörper

Erklären Sie Ihren Studenten den Unterschied zwischen amorphen und kristallinen Festkörpern. Kristalline Festkörper kommen natürlich in charakteristischen Formen vor; bei amorphen Festkörpern ist das nicht der Fall. Amorphe Substanzen besitzen die gleiche mechanische Festigkeit in allen Richtungen; wenn man daher eine amorphe Substanz spalten will, so spielt es keine Rolle, wo das Stück geschlagen wird. Kristalline Festkörper dagegen spalten viel leichter entlang bestimmter Achsen. Kristalline Festkörper schmelzen an einem scharfen Punkt, während amorphe Substanzen oft langsam erweichen und mit steigender Temperatur allmählich in eine Flüssigkeit übergehen.

Diskutieren Sie die Kräfte in einem Festkörper und gehen Sie sicher, daß die Studenten die Beziehung zwischen diesen Kräften und den physikalischen Eigenschaften der Festkörper verstehen. Der Einfluß eines Dipolmoments auf die Gefrier- und Siedepunkte wird in Tabelle 8–3 gezeigt, in der zwei Substanzen von ähnlicher Molekülmasse miteinander verglichen werden. Der Einfluß einer Wasserstoffbindung auf die physikalischen Eigenschaften wird in Tabelle 8–2 demonstriert, in der zwei Moleküle mit ähnlichen Dipolmomenten gegenübergestellt werden. Van der Waals-Kräfte sind in allen molekularen Festkörpern vorhanden. In solchen Festkörpern, wie z.B. Argon, in denen nur van der Waals-Kräfte auftreten, sind die Schmelz- und Siedepunkte sehr niedrig, weil diese Kräfte im allgemeinen nicht stark sind.

Beim Betrachten aller in Festkörpern auftretenden Kräfte machen Sie Ihre Studenten darauf aufmerksam, daß unabhängig von den zwischenmolekularen Kräften ein schweres Molekül einen höheren Siedepunkt als ein leichtes besitzt. Der Grund dafür ist, daß ein größeres Molekül wegen $E_{\text{kin.}} = \frac{1}{2} mv^2$ einfach mehr Energie braucht, um die notwendige Fluchtgeschwindigkeit zum Verdampfen zu erreichen. Durch Vergleichen der Siedepunkte von D_2O und H_2O kann das gezeigt werden. Beide Moleküle unterscheiden sich nur in der Masse.

	H_2O	D_2O
Normaler Siedepunkt	100,00° C	101,41° C
Molare Verdampfungswärme (kJ mol^{-1})	40,70	41,63
Dipolmoment (Debye)	1,85	1,85
Molekülmasse	18	20

Die Elektronendichte (und damit die van der Waals-Kräfte) sollten in H_2O und D_2O im wesentlichen gleich sein.

Die Siedepunkte von CH_4, C_2H_6 und C_3H_8 wachsen in dieser Reihenfolge aus zwei Gründen; in erster Linie wegen der größerwerdenden van der Waals-Kräfte und in geringerem Maße wegen der steigenden Massen. Tabelle 8–4 kann ähnlich interpretiert werden.

Erläutern Sie Ihren Studenten, daß die Wasserstoffbindung nur bei O, F und N, den drei elektronegativsten Elementen, eine wichtige Rolle spielt. Cl ist ungefähr ebenso elektronegativ wie N, aber weil Cl größer, ist es viel weniger wirksam in einer Wasserstoffbindung als N. Es dürfte anschaulich sein, den Siedepunkt gegen die Molekülmasse für die Verbindungsreihen wie HF, HCl, HBr und HJ oder H_2O, H_2S, H_2Se und H_2Te oder schließlich NH_3, PH_3, AsH_3 und SbH_3 aufzutragen. Lassen Sie durch die Studenten die Wertepaare graphisch darstellen; die Siedepunkte können sie sich aus einem Handbuch der Bibliothek beschaffen (vgl. Abbildung 8–21).

Die folgende Übung erklärt teilweise, warum Wasser eine so geringe molare Schmelzwärme im Vergleich zu seiner sehr hohen molaren Verdampfungswärme hat.

Übung

Die molare Schmelzwärme von Eis beträgt 6,00 kJ mol^{-1}. Die molare Stärke einer Wasserstoffbindung ist 20,93 kJ mol^{-1}. Berechne den Prozentsatz an Wasserstoffbindungen, der beim Schmelzen des Eises aufgebrochen werden muß, wenn angenommen wird, daß die gesamte Wärme zum Aufbrechen der Wasserstoffbindungen benutzt wird.

Lösung

Für jedes Wassermolekül gibt es zwei Wasserstoffbindungen, daher werden $2 \cdot 20{,}93$ kJ mol^{-1} benötigt, um alle Wasserstoffbindungen aufzubrechen. Somit folgt:

$$\frac{6{,}00 \text{ kJ mol}^{-1} \text{ von } H_2O}{20{,}93 \text{ kJ mol}^{-1} \text{ von Wasserstoffbindungen}}$$

$$\cdot \frac{1 \text{ Mol } H_2O}{2 \text{ Mole Wasserstoffbindungen}} \cdot 100$$

= 14,3 % der Wasserstoffbindungen werden aufgebrochen.

8–8 Umwandlungswärmen und Umwandlungstemperaturen

Der unterrichtende Assistent sollte wissen, daß die Entropieänderung für einen reversiblen Prozeß, wie es ein Phasenübergang ist, durch $\Delta H_{rev}/T$ gegeben ist. Die Entropieänderung, die mit einem Schmelzvorgang verbunden ist, ändert sich von Substanz zu Substanz erheblich. Das liegt daran, daß es in manchen Flüssigkeiten eine ziemlich starke Anziehung zwischen den Molekülen, in anderen aber nur eine sehr geringe Anziehung gibt. Im ersten Fall ist die Entropieänderung beim Übergang vom festen zum flüssigen Zustand geringer als im zweiten Fall, weil in diesem die Unordnung im flüssigen Zustand relativ größer ist.

Entropieänderungen bei der Verdampfung dagegen sind für viele Substanzen wesentlich konstanter. Zur Berechnung angenähter molarer Verdampfungswärmen wurde eine empirische Regel entwickelt, die als die Troutonsche Regel bekannt ist:

Umwandlungstemperatur (K) · 88
= Verdampfungswärme (kJ mol^{-1})

Die folgende Tabelle zeigt die Gültigkeit dieser Regel.

Flüssigkeit	Siedepunkt T(K)	$\Delta\bar{H}_d$ (kJ mol^{-1})	$\Delta\bar{H}_d/T$ (J mol^{-1} K^{-1})
C_6H_6	353	30,8	87
CCl_4	350	30,0	86
Hg	630	58,2	92
$CH_3\ddot{O}CH_3$	248	21,5	87

Für Substanzen wie Wasser, in denen es ausgeprägte Wasserstoffbindungen gibt (d.h. in denen der flüssige Zustand deutlich geordneter ist als in einer Flüssigkeit, in der Wasserstoffbindungen fehlen), wird eine viel größere Entropieänderung beim Verdampfen beobachtet als die nach der Troutonschen Regel voraussagte.
Für Wasser gilt:

$$\Delta\bar{H}_d/T = 40{,}7/373 = 109.$$

8–9 Ionische Festkörper

Einige Gittermodelle wären in diesem Abschnitt nützlich.

Die Eigenschaften ionischer Festkörper sollten ausführlicher beschrieben werden. Ionenverbindungen sind im geschmolzenen Zustande gute Elektrizitätsleiter, weniger gute aber im festen Zustande. Ionische Festkörper sind im allgemeinen in Wasser löslich und leiten in Lösung die Elektrizität. In organischen Lösungsmitteln sind sie nicht sehr löslich. Außer hohen Schmelzpunkten haben ionische Festkörper hohe Siedepunkte und eine Neigung, Hydratationswasser anzulagern. Sie können als feine Pulver oder als wohldefinierte Kristalle auftreten.

8–10 Kovalente Festkörper

Weitere Elemente, die zwei oder mehrere allotrope Formen bilden, können zur Verdeutlichung der Definition der Allotropie herangezogen werden: Sauerstoff (O_2) und Ozon (O_3) sowie rhombischer und monokliner Schwefel sind Beispiele.

Diamant leitet nicht die Elektrizität, da alle Valenzelektronen des Kohlenstoffs für σ-Bindungen gebraucht werden. Graphit dagegen leitet die Elektrizität wegen der Elektronen, die Teil des π-Systems sind. Die schmierende Eigenschaft von Graphit scheint auf wesentlich kompliziertere Weise zustande zu kommen als es die Beschreibung im Lehrbuch vermuten läßt (vgl. *J. Chem. Ed. 34,* 240 [1957]). Es wurde gezeigt, daß Graphit in größer Höhe oder im Vakuum kein Schmiermittel ist. Offensichtlich ist die Anwesenheit von atmosphärischen Gasen auf der Graphitoberfläche für die Gleiteigenschaften wichtig.

Kovalente Festkörper haben gewöhnlich hohe Schmelzpunkte (über 1000° C) und sind thermisch schwer zu zersetzen. Sie leiten selten die Elektrizität (eine Ausnahme stellt der Graphit dar), sind dagegen häufig gute Isolatoren. Im allgemeinen sind sie in Wasser oder anderen Lösungsmitteln nicht löslich.

8–12 Die Struktur von Flüssigkeiten

Jede Flüssigkeit mit einem Dipolmoment ist eine polare Flüssigkeit; treten keine Dipolmomente auf, wird die Flüssigkeit als molekulare Flüssigkeit bezeichnet. Geben Sie Ihrer Gruppe einige Beispiele von Flüssigkeiten und lassen Sie sie in das Schema von polaren und molekularen Flüssigkeiten einordnen. Das ist gleichzeitig eine Wiederholung von früherem Stoff, denn die Studenten müssen entscheiden, ob die einzelnen Moleküle ein Dipolmoment haben oder nicht und dazu wiederum müssen Sie die Struktur jedes Moleküls bestimmen.

Seien Sie gut auf Umweltverschmutzung durch Quecksilber vorbereitet. Es ist notwendig, die letzten Entwicklungen auf diesem Gebiet zu kennen, denn sie geben ein sich rasch änderndes wissenschaftliches Bild wieder. Wird dieses Gebiet diskutiert, unterscheiden Sie sehr sorgfältig zwischen Dampf und Teilchen, die durch Einatmen aufgenommen werden und Lösungen von Salzen oder kovalenten Molekülen, die im Magen-Darm-Trakt resorbiert werden.

Literatur

1. G.R. Choppin: „Wasser – H_2O oder $H_{180}O_{90}$?" *Chemie in unserer Zeit 1*, 4, 101 (1967).
2. B.J. Alder and T.E. Wainwright: „Molecular Motions." *Scientific American* (Oktober, 1959, S. 113). Zeigt, wie Modelle, in denen Moleküle durch Kugeln in willkürlicher Bewegung dargestellt werden, zur Beschreibung der Makroeigenschaften der Materie benutzt werden. Mit Hilfe von Computern wird dieses System analysiert und es werden Eigenschaften, wie z.B. die Verteilung der kinetischen Energien, aus dem Modell abgeleitet.
3. J.D. Bernal: „The Structure of Liquids". *Scientific American* (August, 1960, S. 124). Gibt ein geometrisches Modell für eine Flüssigkeit. Danach herrscht eine gewisse Ordnung in der regellosen Molekülanordnung in einer Flüssigkeit.
4. D. Donohue: „On Hydrogen Bonds." *J. Chem. Ed. 40*, 516 (1963). Zeigt, daß Studenten zu falschen Schlüssen in bezug auf die Struktur von Verbindungen mit Wasserstoffbindungen kommen können, wenn die geometrischen Beschränkungen auf die Bindungswinkel und die sterische Wirkung des Wasserstoffs vernachlässigt werden.
5. H. Eyring and R.P. Marchi: „Significant Structure Theory of Liquids". *J. Chem. Ed. 40*, 562 (1963). Dieser Artikel ist für Anfängerstudenten etwas zu weitgehend, ermöglicht dem Assistenten aber, die Kompliziertheit eines molekularen Flüssigkeitsmodells zu erfassen.
6. R.L. Fullman: „The Growth of Crystals". *Scientific American* (März, 1955, S. 74).
7. W.G. Gehrnan: „Standard Ionic Crystal Structures". *J. Chem. Ed. 40*, 54 (1963). Weitergehend als das Lehrbuch, enthält aber einige hübsche Abbildungen und kann Assistenten empfohlen werden.
8. R.T. Sanderson: „The Nature of 'Ionic Solids' – The Coordinated Polymeric Model". *J. Chem. Ed. 44*, 516 (1967). Einige interessante Vorstellungen zum ionischen und zum kovalenten Charakter von Verbindungen, die gewöhnlich als Ionenfestkörper gelten.
9. Sir N. Scott: „The Solid State." *Scientific American* (September, 1967, S. 80).
10, V.J. Webb: „Hydrogen Bond, Special Agent". *Chemistry* (Juni, 1968, S. 17). Beschrieben werden die Natur der Wasserstoffbindung und viele Beispiele, in denen diese Bindungsart eine Rolle spielt.
11. R. Hoppe: „Die Koordinationszahl – ein anorganisches Chamäleon." *Angew. Chem. 82*, 1, 7–16 (1970). Anwendung des Begriffs Koordinationszahl auf das Gebiet der Festkörperchemie.

Fragen und Aufgaben

1. Phase: Die physikalischen Materiezustände, und zwar Festkörper, Flüssigkeit und Gas.
   Phasenumwandlung: Die Umwandlung einer Substanz von einer Phase in eine andere.

Phasendiagramm: Eine graphische Darstellung, die die Temperaturabhängigkeit des Dampfdruckes über der festen oder flüssigen Phase einer Substanz und die Phase dieser Substanz bei bestimmten Temperatur- und Druckbedingungen zeigt.

$\Delta\bar{H}_d$, $\Delta\bar{H}_{sub}$ und $\Delta\bar{H}_{sch}$: Es handelt sich um die Wärmeenergien, die zur Umwand- von einem Mol einer Substanz von der flüssigen in die Dampfphase, von der festen in die Dampfphase bzw. von der festen in die flüssige Phase notwendig sind.

2. a) 300° C; 1,013 bar: Dampfphase.
   b) 0,01° C; 6,11 mbar: Tripelpunkt; feste, flüssige und Gasphase.
   c) 150° C; 101,3 bar: flüssige Phase.
   d) – 50°C; 1,013 bar: feste Phase.

3. $$\frac{15{,}5\ \text{g}\ CH_3NH_2}{31{,}0\ \text{g mol}^{-1}} = 0{,}500\ \text{mol}\ CH_3NH_2$$

$$\frac{3{,}16\ \text{kJ}}{0{,}500\ \text{mol}} = \frac{x\ \text{kJ}}{1{,}00\ \text{mol}};\ x = 6{,}32\ \text{kJ}.$$

Berechnen Sie, welchen Bruchteil eines Mols Propionitril mit 3,16 kJ geschmolzen werden können!

$$\frac{3{,}16\ \text{kJ}}{5{,}05\ \text{kJ mol}^{-1}} = 0{,}626\ \text{mol}.$$

Gramm Propionitril = (0,626 mol) (55 g mol^{-1}) = 34,4 g.

4. Exotherm:

$$A + B \rightarrow C + \text{Energie}$$
$$A + B \rightarrow C \qquad \Delta H = -\ \text{Energie}$$

Endotherm:

$$D + E + \text{Energie} \rightarrow F$$
$$D + E \rightarrow F \quad \Delta H = +\ \text{Energie}.$$

5. Van der Waals-Kräfte zwischen Molekülen entstehen durch vorübergehende Polarisierung der Elektronenwolken ihrer Atome. Manche Moleküle haben außer den van der Waals-Kräften permanente unsymmetrische Elektronenverteilungen, die zu permanenten Dipolmomenten führen. Die Wasserstoffbindung ist ein besonderes Beispiel einer permanenten Dipol-Dipol-Wechselwirkung. Sie wird wegen ihrer besonderen Stärke von anderen Dipol-Dipol-Wechselwirkungen unterschieden.

6. a) Ionenbindung ist die elektrostatische Anziehung eines Kations und eines Anions; z. B. Na^+Cl^-.
   b) Kovalente Bindung entsteht, wenn ein Elektronenpaar zwischen zwei Atomen lokalisiert ist. Ist das Paar zwischen den beiden Atomen gleich verteilt, so ist die Bindung unpolar kovalent. Wenn es ungleich verteilt ist, ist die Bindung polar kovalent. Zum Beispiel ist Cl_2 unpolar, während BrCl polar ist.
   c) Van der Waals-Anziehungen entstehen durch vorübergehende Änderungen der Elektronenwolken benachbarter Moleküle, wie im flüssigen Neon

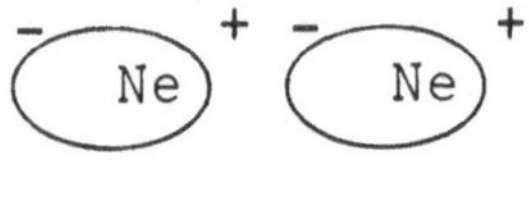

d) Wasserstoffbindung tritt auf, wenn ein Wasserstoffatom einem stark elektronegativen Atom benachbart ist, was ein großes Dipolmoment bewirkt. Die Dipole ziehen einander an; zum Beispiel:

$$^{+}H{-}F^{-} \;\text{------}\; ^{+}H{-}F^{-}\text{---------}\; ^{+}H{-}F^{-}$$

e) Metallische Bindung entsteht durch die sehr beweglichen Valenzelektronen der Metallatome. Die Elektronen sind nicht an einzelnen Atomen lokalisiert und bewegen sich frei durch die ‚unendliche' Metallstruktur. Ionische, metallische und kovalente Bindungen sind alle stärker als die Wasserstoffbindungen; van der Waals-Bindungen sind die schwächsten.

7. Wasserstoffbindungen zwischen Molekülen in der flüssigen Phase sind die Ursache für anomal hohe Siedepunkte. HF hat die niedrigste Molekülmasse in der Reihe der Halogenwasserstoffe, aber den höchsten Siedepunkt.

$$\text{HJ (222,4 K)} > \text{HBr (206,5 K)} > \text{HCl (188,1 K)} < \text{HF (292,7 K)}$$

8. a) $(CH_3)_2NH$; Wasserstoffbindung.
   b) CH_3CH_2OH; Wasserstoffbindung.
   c) HF; Wasserstoffbindung.
   d) SiH_4; höhere Molekülmasse.

9. Die Tatsache, daß eine Wasserstoffbindung in der flüssigen Phase von Wasser auftritt, wird durch den ungewöhnlich hohen Siedepunkt von Wasser (373,2 K) bei einem Druck von 1,013 bar belegt. Das schwerere Molekül H_2S hat einen viel niedrigeren Siedepunkt (213,1 K) als Wasser, was viel schwächere Molekülwechselwirkungen vermuten läßt.

10. Abbildung 8–11 zeigt, daß die Elektronenwolke um den Kern schwingt. Bei relativ weiten Abständen resultiert Anziehung, weil das positive Ende eines Moleküls sich zum negativen Ende eines anderen Moleküls ausrichtet. Abstoßung ergibt sich, wenn die Moleküle einander so nahe sind, daß sich die Elektronenwolken stark überlappen.
    Van der Waals-Kräfte sind klein verglichen mit den Energien, die in Ionen- und kovalenten Bindungen auftreten. Eine Ionenbindung ist die Folge der gegenseitigen Anziehung zweier entgegengesetzt geladener Atome. Kovalente Bindung entsteht durch den gleichzeitigen Besitz eines Elektronenpaares durch zwei Atome.

11. Tragen Sie die Temperatur (x-Achse) gegen $\Delta\bar{H}_d$ (y-Achse) auf!

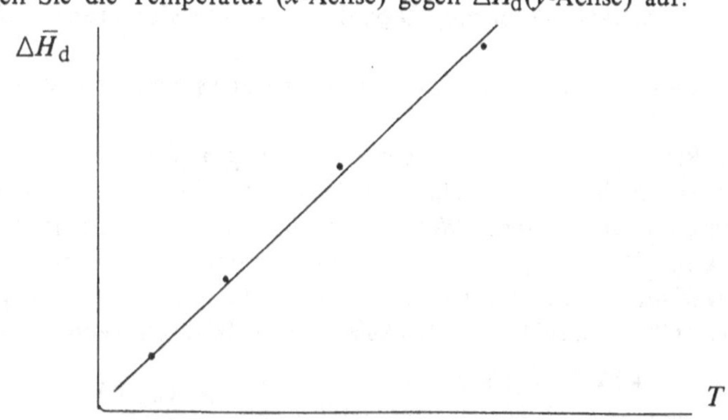

Die Gleichung einer Geraden ist $y = ax$ ($\Delta \bar{H}_d = aT$), in der a die Steigung der Geraden oder der Proportionalitätsfaktor zwischen T und $\Delta \bar{H}_d$ ist.

$$\frac{\Delta \bar{H}_d}{T} = a = \frac{16150}{188} = 86.$$

12. Der Begriff der Entropie wird benutzt, um den Grad an Unordnung in einem System zu beschreiben. Maximale Entropie bedeutet den Zustand mit der größten Unordnung. Eis ist ein niedrigerer Energiezustand als flüssiges Wasser, wie durch die Tatsache bewiesen wird, daß festem Eis Wärmeenergie zugeführt werden muß, um es in flüssiges Wasser zu überführen. Indessen ist Eis sehr geordnet und hat daher eine geringe Entropie. Flüssiges Wasser ist viel weniger geordnet und besitzt daher eine höhere Entropie. Die Tatsache, daß Eis spontan bei 273 K und 1,013 bar schmilzt, zeigt, daß der niedrigste Wärmeenergiezustand nicht notwendigerweise der erstrebenswerte ist. Der niedrigste Wärmeenergiezustand und der höchste Entropiezustand sind also offensichtlich in diesem Falle nicht das gleiche.
13. Die Modellvorstellung für die Metallbindung beschreibt die Valenzelektronen als locker gebunden und sehr beweglich. Wird eine elektrische Spannung an das Metall angelegt, so bewegen sich die Elektronen; d.h. ein Strom fließt.
14. Das hohe $\Delta \bar{H}_d$ für Wasser zeigt das Vorhandensein von intermolekularen Wasserstoffbindungen an.
15. Das Phasendiagramm zeigt, daß bei einem Druck von weniger als 1,013 bar die Temperatur für das Flüssig/Dampf-Gleichgewicht kleiner als 373 K ist.
16. Diese schwachen Kräfte werden diskutiert, weil sie zwischen unpolaren Molekülen tatsächlich die einzige Ursache für eine intermolekulare Wechselwirkung sind und deshalb nicht vernachlässigt werden können. Sie sind der Grund, warum Gase wie Argon und andere unpolare Substanzen kondensiert werden können.
17.

LiH	ionisch	CaO	ionisch
Si	metallisch	Kr	molekular
$SrCl_2$	ionisch	SF_6	molekular
N_2	molekular	Ba	metallisch
$CHCl_3$	molekular	$(CH_3)_2CO$	molekular
B_2O_3	kovalent	Ca	metallisch.
CH_3OH	molekular		

9 Lösungen

Seminaranleitung

In diesem Kapitel werden Begriffe definiert, die mit den Lösungen zu tun haben, nicht zuletzt die Einheiten der Konzentration. Die Studenten erfahren etwas über das dynamische Gleichgewicht, die Löslichkeit und Lösungswärmen. Am Ende des Kapitels sollen sie etwa folgende grundlegende Fragen beantworten können: „Warum werden manche Lösungen kälter, wenn eine Substanz gelöst wird, während andere wärmer werden?" und „Warum löst sich Benzin nicht in Wasser oder Salz nicht in Benzin?" Der praktische Wert des Stoffes dieses Kapitels ist offensichtlich. Schon deshalb werden die Studenten das Kapitel für interessant und wichtig halten.

9–1 Homogene und heterogene Mischungen

Beachten Sie die Bemerkungen über homogene und heterogene Mischungen im Abschnitt 1–2 dieses Buches! Fragen Sie Ihre Studenten, ob sie sich Beispiele für verschiedene Arten von Lösungen ausdenken können. Ein Beispiel für eine Lösung eines Gases in einem Feststoff ist Wasserstoffgas, gelöst in Platin; ein Beispiel für eine Flüssigkeit in einem Feststoff ist Quecksilber in Silber.

9–2 Definitionen einiger nützlicher Begriffe

Die Begriffe gelöster Stoff und Lösungsmittel werden mitunter ziemlich nachlässig benutzt. Ein Chemiker spricht von HNO_3 als dem gelösten Stoff, wenn er eine Lösung von 70 Massenprozent Salpetersäure betrachtet. Obwohl HNO_3 in größerer Menge in der Lösung ist als Wasser, wird HNO_3 als der gelöste Stoff angesehen, weil es die interessierende Substanz ist. Ihre Studenten werden sicherlich bemerkt haben, daß viele Lösungen als „konzentriert" bezeichnet werden. Ob der Begriff für eine bestimmte Lösung angebracht ist, hängt zum Teil vom Verwendungszweck der Lösung ab. In einem Anfängerlaboratorium wird eine 12-molare HCl-Lösung als konzentriert bezeichnet und eine 6-molare HCl-Lösung als verdünnt. Für einen Physikochemiker aber könnte eine 6-molare HCl-Lösung sehr konzentriert sein.

Konzentrationen können als Massenprozente, Volumenprozente, Molarität, Molalität, Normalität oder Formalität angegeben werden. Von diesen Begriffen werden nur Massenprozente, Molarität und Formalität in diesem Abschnitt diskutiert. Volumenprozente werden bei der Laboratoriumsarbeit nur selten verwendet, weil Volumina nicht additiv sind. Beispielsweise ergeben 100 ml H_2SO_4 und 100 ml H_2O nicht 200 ml

Lösung. Der Weinhandel benutzt diese Art der Konzentrationsangabe.

Molarität

Molare Lösungen sind leicht herzustellen, weil das Lösungsmittel nicht abgewogen zu werden braucht. Betonen Sie, daß die Definition der Molarität Mol pro Liter Lösungsmittel und nicht Mol pro Mol Lösungsmittel ist. Erklären Sie Ihren Studenten genau, wie eine 1-molare Lösung hergestellt wird.

Nachteilig ist, daß die Molarität (wie das Volumen) temperaturabhängig ist. Für alle Arbeiten, bei denen Temperaturänderungen auftreten, sollte daher die Molalität (mol kg^{-1}) verwendet werden, die als Zahl der Mole gelösten Stoffes pro 1000 g Lösungsmittel definiert wird. Diese Konzentration hat den Nachteil, daß das Lösungsmittel abgewogen werden muß.

Damit die Studenten gut die Konzentrationseinheiten verstehen, sind viele Aufgaben zu rechnen, die sich mit Konzentrationsproblemen beschäftigen. Einige Molaritätsaufgaben sind anschließend gegeben.

Übung

Berechnen Sie die Anzahl Gramm Zitronensäure, die in 16 ml einer 0,4-molaren Zitronensäurelösung enthalten sind. Die Summenformel von Zitronensäure ist $C_6H_8O_7$. Die relative Molekülmasse beträgt 192,12.

Lösung

16 ml = 0,016 Liter.

$0{,}016\ l \cdot 0{,}4\ mol\ l^{-1} \cdot 192{,}12\ g\ mol^{-1} = 1{,}23\ g.$

Übung

Zwei Gramm LSD (D-Lysergsäurediäthylamid, $C_{20}H_{25}N_3O$) wird in Wasser gelöst, so daß 10 ml Lösung entstehen. Berechnen Sie die Molarität der Lösung. Die relative Molekülmasse von LSD ist 323,5.

Lösung

$$\frac{2\ g}{0{,}010\ l} \cdot \frac{1\ mol}{323{,}5\ g} = 0{,}62\ mol\ l^{-1}.$$

Übung

Berechnen Sie das Volumen von Schwefelsäure, das 200 g reines H_2SO_4 enthält, wenn die Dichte 1,07 g ml^{-1} und die Lösung 10-massenprozentig an H_2SO_4 ist.

Lösung

$$\text{Liter } H_2SO_4 = 200\ g\ H_2SO_4 \cdot \frac{1\ ml}{1{,}07\ g\ \text{Lösung}} \cdot \frac{1\ g\ \text{Lösung}}{0{,}10\ g\ H_2SO_4} \cdot \frac{1\ \text{Liter}}{1000\ ml} = 1{,}87\ \text{Liter}.$$

Formalität

Im Beispiel 9–2 des Lehrbuchs wird die NaCl-Konzentration als Molarität (0,120-molar) angegeben. Erläutern Sie Ihren Studenten, daß eine NaCl-Lösung dieser Konzentration 0,12 Mole Na^+-Ionen und 0,12 Mole Cl^--Ionen enthält, weil NaCl in Lösung vollständig dissoziiert ist. In diesem Fall wird besser der Begriff der Molarität anstelle des der Formalität benutzt, weil NaCl sowohl im festen Zustand als auch in Lösung allein in Ionenform vorkommt. Bleichlorid $PbCl_2$ dagegen liegt in wäßriger Lösung nicht nur als Pb^{2+}- und Cl^--Ionen, sondern auch als $PbCl_2$ (also undissoziiert) und als $PbCl^+$ vor. In diesem Fall ist es besser, die Konzentration des $PbCl_2$, ähnlich wie die der Essigsäure, als Formalität anzugeben.

Wiederholen Sie mit Ihren Studenten das Aufstellen und Ausgleichen einfacher Gleichungen. Zeigen Sie, daß es notwendig ist, an einer Gleichung wie 9–2 die Massenbilanz durchzuführen, um stöchiometrische Aufgaben lösen zu können.

Übung

a) Bestimmen Sie die Koeffizienten in der folgenden Gleichung:
   $Ca(OH)_2 + H_3PO_4 \rightarrow Ca_3(PO_4)_2 + H_2O$.

b) Berechnen Sie die $Ca(OH)_2$-Masse, die mit 10 ml 2-molarer H_3PO_4 reagiert.

Lösung

a) $3\,Ca(OH)_2 + 2\,H_3PO_4 \rightarrow Ca_3(PO_4)_2 + 6\,H_2O$.

b) 3 Mole $Ca(OH)_2$ reagieren mit 2 Molen H_3PO_4.
   $0{,}01\ l \cdot 2\ mol\ l^{-1} = 0{,}02\ mol\ H_3PO_4$
   0,02 Mole H_3PO_4 reagieren mit 0,03 Molen $Ca(OH)_2$
   $0{,}03\ mol\ Ca(OH)_2 \cdot 74\ g\ mol^{-1} = 2{,}22\ g\ Ca(OH)_2$.

Die foglenden Beispiele sind Verdünnungsaufgaben.

Übung

25 ml einer 0,20-molaren NaOH werden mit 40 ml einer 0,20-molaren HCl gemischt. Wie groß ist die Cl^--Konzentration in der entstehenden Lösung?

Lösung

Die Cl^--Konzentration ist von der ablaufenden Reaktion unabhängig. Mole Cl^- am Anfang = (0,040 Liter 0,20 Mole $Liter^{-1}$) = Mole Cl^- am Ende. Endvolumen der Lösung = (0,040 + 0,025) Liter = 0,065 Liter.

$$M = \frac{(0{,}040 \cdot 0{,}20)\ mol}{0{,}065\ l} = 0{,}12\ mol\ l^{-1}.$$

Übung

Sie wollen 50 ml einer 0,40-molaren HCl-Lösung bis

zu einer Konzentration von 0,050-molar verdünnen. Auf welches Volumen ist die Lösung zu bringen?
Lösung

$$M_1 V_1 = M_2 V_2$$

$$0{,}40 \text{ mol l}^{-1} \cdot 50 \text{ ml} = 0{,}050 \text{ mol l}^{-1} \cdot V_2$$

$$V_2 = \frac{0{,}40 \text{ mol l}^{-1} \cdot 50 \text{ ml}}{0{,}050 \text{ mol l}^{-1}} = 400 \text{ ml.}$$

Das Endvolumen der Lösung muß 400 ml sein.

9–3 Chemische Berechnungen von Lösungen

Die Aufgaben in der Diskussion und die Beispiele dieses Abschnitts müssen sorgfältig erklärt werden. Haben die Studenten diese Beispiele verstanden, kann die Br_2-Aufgabe durch folgende Übung erweitert werden.
Übung
Eine Bromlösung ist dunkelrot. Die Verbindungen $CHBr_2CHBr_2$ und CH_2BrCH_2Br sind farblos. Sowohl $HC{\equiv}CH$ als auch $H_2C{=}CH_2$ sind Gase. Ein liederlicher Student habe die Etiketten für zwei Behälter verloren, die $HC{\equiv}CH$ (Acetylen) und $H_2C{=}CH_2$ (Äthylen) enthalten. Beide Substanzen reagieren mit Brom bereitwillig entsprechend den folgenden Gleichungen:

$$HC \equiv CH + 2\ Br_2 \rightarrow HCBr_2CHBr_2,$$

$$H_2C = CH_2 + Br_2 \rightarrow H_2CBrCH_2Br.$$

Um die Gase in den beiden Behältern zu identifizieren, hat der Student 500 ml einer 0,125-molaren Bromlösung hergestellt und leitet das Gas eines der beiden Behälter durch die Lösung, bis die rote Farbe gerade verschwindet. Er wiegt den Behälter vor und nach dem Durchleiten und stellt fest, daß 0,81 g des Gases verbraucht worden ist. Welches Gas befindet sich in diesem Behälter?
Lösung
mol Br_2 = 0,500 l · 0,125 mol l^{-1} = 0,0625 mol.
Ein Mol Br_2 reagiert mit einem Mol $H_2C{=}CH_2$, aber zwei Mole Br_2 reagieren mit einem Mol $HC{\equiv}CH$. Ist das Gas im Behälter Äthylen, so werden zum Beseitigen der roten Farbe

$$0{,}0625 \text{ mol} \cdot 28{,}05 \text{ g mol}^{-1} = 1{,}75 \text{ g verbraucht.}$$

Ist das Gas Acetylen, so ist die Anzahl Gramm:

$$0{,}0625 \text{ mol} \cdot \tfrac{1}{2} \cdot 26{,}04 \text{ g mol}^{-1} = 0{,}81 \text{ g.}$$

Der verwendete Behälter enthält also Äcetylen.

Das ist ein Beispiel für eine Titration. Der Endpunkt wird am Verschwinden der Bromfarbe erkannt.

Nach Möglichkeit sollten Sie eine Titration Ihren Studenten vorführen. Machen Sie den Unterschied zwischen Endpunkt und Äquivalenzpunkt klar! Der Ausdruck $V_{Säure}M_{Säure} = V_{Base}M_{Base}$ gilt nicht immer. Er ist nur dann richtig, wenn ein Mol Säure mit einem Mol Base reagiert. Achten Sie darauf, daß die Studenten eine derartige Formel nicht ohne Überlegung anwenden! Bei der Titration von H_2SO_4 mit NaOH reagieren zwei Mole Base mit einem Mol Säure, also gilt hier:

$$2\ V_{Säure}M_{Säure} = V_{Base}M_{Base}.$$

Übung
Eine Probe von 2,5 g Weinessig wird mit 25 ml einer 0,10-molaren NaOH titriert.

$$CH_3COOH + NaOH \rightarrow CH_3COO^-Na^+ + H_2O.$$

Berechnen Sie den Massenprozentsatz an Essigsäure im Weinessig!
Lösung
$0{,}025\ l \cdot 0{,}1\ mol\ l^{-1} = 0{,}0025\ mol\ NaOH.$
0,0025 mol NaOH reagieren mit 0,0025 mol CH_3COOH.

$0{,}0025\ mol \cdot 60\ g\ mol^{-1} = 0{,}15\ g\ CH_3COOH.$

$$\text{Massen-\%} = \frac{0{,}15\ g}{2{,}5\ g} \cdot 100 = 6{,}0\ \%.$$

9–4 Löslichkeit und Gleichgewicht

Machen Sie Ihre Studenten darauf aufmerksam, daß eine gesättigte Lösung nicht notwendigerweise eine konzentrierte Lösung sein muß. Eine gesättigte AgCl-Lösung beispielsweise enthält nur $1{,}3 \cdot 10^{-5}$ Mole · Liter^{-1}. Wie aus Tabelle 9–5 hervorgeht, ist Zucker in Wasser löslicher als Kochsalz, wenn die Angaben in Gramm pro 100 ml gemacht werden. Es ist interessant, die Löslichkeiten beider Stoffe in Mol · Liter^{-1} zu vergleichen. Die relativen Molekülmassen von Zucker und Salz sind 342 bzw. 58. Daher ist die Löslichkeit von Zucker 6,0 Mole · Liter^{-1} und die von Kochsalz 10 Mole · Liter^{-1}. In einem bestimmten Wasservolumen werden also mehr Kochsalzteilchen gelöst als Zuckerteilchen.

Die Erscheinung des dynamischen Gleichgewichts spielt im letzten Teil des Kapitels eine große Rolle, deshalb ist es wichtig, an dieser Stelle die Grundlage für eine weitergehende Diskussion zu bringen:

Die Studenten könnten sich wundern, warum sich eine Substanz wie NaCl vollständig löst, obwohl beim Lösungsprozeß keinerlei Wärme frei wird. Sie könnten fragen, warum eine Substanz von einem Zustand niedrigerer Energie in einen Zustand höherer Energie übergeht. Das ist eine gute Gelegenheit, auf den Begriff der Entropie einzugehen. Alle Systeme wollen ein Minimum an Energie *und* ein Maximum an Entropie erreichen. Im festen Zustande sind die Ionen des Natriumchlorids in einem sehr geordneten Zustand mit niedriger Entropie, während sie sich in Lösung frei bewegen. Also ist der Lösungsvorgang von einem beträchtlichen Anstieg der Entropie begleitet. Für alle endothermen Lösungsvorgänge muß geschlossen werden, daß der wichtigere Faktor im Vorgang die Entropieänderung ist.

9–5 Beziehungen zwischen Struktur und Löslichkeit

Die Studenten werden eventuell feststellen, daß bei der Berechnung der Energie, die zum Verdampfen von NaCl notwendig ist, die Wärme nicht berücksichtigt wird, die zur Erhöhung der Temperatur des NaCl von 801° C auf 1439° C notwendig ist. Die spezifische Wärme von NaCl beträgt 0,84 J g^{-1} K^{-1} bei 0° C. Nehmen wir an, daß die Wärmekapazität von geschmolzenem NaCl diesen Wert konstant zwischen 801° C und 1439° C besitzt (keine gute Annäherung, aber für unseren Zweck ausreichend), so beträgt die zur Erhöhung der Temperatur von 801° C auf auf 1439° C notwendig Energie

$$638 \text{ K} \cdot 58{,}48 \text{ g mol}^{-1} \cdot 0{,}84 \text{ J g}^{-1} \text{ K}^{-1} = 31{,}3 \text{ kJ mol}^{-1}.$$

Das ändert die Gesamtenergie, die zum Verdampfen von festem NaCl bei 1074 K erforderlich ist, zu (215,2 + 31,3) oder 246,5 kJ mol^{-1}. Der Betrag wird noch größer, wenn die Wärme, die zum Erhitzen des NaCl von Zimmertemperatur auf 801° C gebraucht wird, hinzugenommen wird.

Ist die Solvatisierungsenergie für einen zu lösenden Stoff und ein Lösungsmittel größer als die Gitterenergien von zu lösendem Stoff und Lösungsmittel zusammengenommen, so wird beim Lösen der Substanz Wärme freigesetzt, die Lösung fühlt sich infolgedessen wärmer an. Ist umgekehrt die Summe der Gitterenergien von zu lösendem Stoff und vom Lösungsmittel größer als die Solvatisierungsenergie, wird Wärme beim Lösen absorbiert und die Lösung fühlt sich kälter an.

Die Vorhersage von Löslichkeiten ist ein sehr tückisches Geschäft. Im Lehrbuch wurde gesagt, daß *im allgemeinen* Ionenverbindungen dazu neigen, große Löslichkeiten in polaren Lösungsmitteln zu haben. Die Feststellung „*im allgemeinen*" ist sehr wichtig, da das auf keinen Fall ein universelles Gesetz ist. Zum Beispiel ist $BaSO_4$, eine Ionenverbindung, nicht sehr gut in Wasser löslich; und Chloroform, ein polares Lösungsmittel, hat nur eine geringe Neigung, Kationen zu solvatisieren. Die Löslichkeiten von NO und HCl in Wasser bei 298 K und 1,013 bar sind sehr unterschiedlich, obwohl beide Moleküle polar sind. HCl ist äußerst löslich, da es mit Wasser unter Bildung von H_3O^+ und Cl^- reagiert. NO reagiert nicht mit Wasser und löst sich nur zu 0,0026 g pro 100 ml. Man sollte sich hüten, viele Ausnahmen der Regel auf Kosten der Darlegung der grundlegenden Prinzipien zu besprechen, aber es ist wichtig, daß Ihre Studenten die Grenzen der Regeln erfahren.

Zur weiteren Verständnisförderung könnten Sie den Studenten etwa folgende Fragen stellen:

1. Warum löst sich Methanol in Wasser, aber nicht in Benzin?
2. Warum ist Sand in Wasser unlöslich?
3. Methanol ist mit Wasser in allen Verhältnissen mischbar, aber nur 2,7 g 1-Pentanol lösen sich in 100 g Wasser. Warum?

Im Hinblick auf die geringe Löslichkeit von Jod in Wasser kann eine weitere Aussage gemacht werden: Die Anziehung von J_2-Molekülen zu anderen J_2-Molekülen ist größer als die von J_2-Molekülen zu H_2O-Molekülen, und die Anziehung von H_2O-Molekülen zu anderen H_2O-Molekülen ist größer als die Anziehung von H_2O-Molekülen zu J_2-Molekülen.

Wie im Lehrbuch gesagt wird, ist es sehr wichtig, die Form des gelösten Stoffes im Lösungsmittel zu kennen. So ist J_2 in einer KJ-Lösung leicht löslich, weil sich J_3^--Ionen bilden.

Fragen und Aufgaben

1. Eine Tonne Meerwasser liefert 65 g Brom. Ein Mol Brom (Br_2) wiegt 159,8 g.

$$\frac{159{,}8 \text{ g mol}^{-1}}{65 \text{ g t}^{-1}} = 2{,}46 \text{ t mol}^{-1}.$$

2. a) $\frac{10 \text{ g}}{40 \text{ g mol}^{-1}}$ = 0,25 Mole, gelöst in 0,100 Liter Lösung.

$\frac{0{,}25 \text{ mol}}{0{,}100 \text{ l}}$ = 2,5-molar.

b) $\frac{0{,}42 \text{ mol}}{0{,}033 \text{ l}}$ = 12,7-molar

(Anmerkung: Diese Konzentration ist unrealistisch, denn eine gesättigte Zuckerlösung bei 373 K ist ungefähr 1,4-molar.

3. Die relative Molekülmasse von NaBr ist 102,9. Die Lösung soll 0,50-molar sein und wir brauchen 0,725 Liter. Daher ist die erforderliche NaBr-Menge (0,50 mol l^{-1}) (103 g mol^{-1}) (0,725 l) = 37,3 g.
4. Formalität · Volumen = Formelmassen.
(0,25-formal (0,400 Liter) = 0,100 Formelmassen $NiCl_2$. Die Formelmasse von $NiCl_2$ ist 129,6 g.
(0,100 Formelmassen) (129,6 g Formelmassen^{-1}) = 13,0 g $NiCl_2$.
5. $\frac{(50 \text{ ml})\ (0{,}714 \text{ g ml}^{-1})}{(74 \text{ g mol}^{-1})\ (0{,}100 \text{ l})}$ = 4,82-molare Ätherlösung.
6. 1-formale und 1-molare Lösungen enthalten die gleiche Masse an gelöstem Stoff im Liter Lösung. Der Begriff 1-molar jedoch besagt, daß nach der Lösung der Substanz noch ein Mol der Substanz vorhanden ist. Häufig dissoziiert ein gelöster Stoff oder manchmal dimerisiert oder trimerisiert er, dann ist die Lösung nicht mehr 1-molar. Der Begriff 1-formal stellt nur fest, daß die Lösung von einem Mol oder einer Gramm-Formelmasse der Substanz derart hergestellt worden ist, daß das Endvolumen der Lösung 1 Liter beträgt.
7. Der Assoziationsgrad der Essigsäure kann nicht einfach aus der Konzentration der Lösung abgeleitet werden. Wenn man sagt, die Lösung habe eine bestimmte Molariät, dann setzt man eine bestimmte Anzahl Mole Essigsäure im Liter Benzol voraus. Sind einige der Essigsäuremoleküle zu dimeren Spezies assoziiert, so ist die Anzahl Mole freier Essigsäure geringer. Die Formalität der Lösung ist

$$\frac{65 \text{ g}}{(60 \text{ g mol}^{-1})\ (0{,}50 \text{ l})} = 2{,}2\text{-formal.}$$

8. $\frac{5{,}28 \text{ g}}{(158 \text{ g mol}^{-1})\ (0{,}200 \text{ l})}$ = 0,167-formal.
9. Wasser ist ein gutes Lösungsmittel für die Ionenverbindung KJ, weil es stark polar ist und starke Ionen-Dipol-Bindungen mit K^+ und J^- ermöglicht. Kohlenstofftetrachlorid, eine unpolare Substanz, kann derart starke Bindungen mit den Ionen nicht ausbilden.
10. Die J_2-Moleküle sind unpolar; ihre Außenelektronen unterliegen stark dem Einfluß der van der Waals-Kräfte in den unpolaren Kohlenstofftetrachlorid-Molekülen. Die Anziehung zwischen Wasser- und Jodmolekülen ist nicht besonders groß, dagegen zerstören die großen J_2-Moleküle die Wasserstoffbindungstruktur des Wassers.

11. Ein ungeordneter Zustand ist ein wahrscheinlicherer Zustand und besitzt mehr Entropie. Diese Tatsache begünstigt die Auflösung.
12. Ein zu lösender Stoff, der bei dem Auflösungsvorgang Wärme absorbiert, gewinnt an Energie. Ein endothermer Lösungsprozeß wird also, vom rein energetischen Standpunkt aus betrachtet, nicht mehr so günstig sein wie ein exothermer.
13. Die gesamte Masse eines Liters Lösung beträgt:

$$(1000\ \mathrm{ml})\ (1{,}12\ \mathrm{g\ ml^{-1}}) = 1120\ \mathrm{g}.$$

Von dieser Masse sind 16,4 % H_2SO_4:

$$[0{,}164\ \mathrm{g\ H_2SO_4\ (g\ Lösung)^{-1}}]\ [1120\ \mathrm{g\ Lösung\ l^{-1}}] = 183{,}7\ \mathrm{g\ H_2SO_4 l^{-1}}.$$

Die Mole H_2SO_4 pro Liter sind:

$$\frac{184\ \mathrm{g\ l^{-1}}}{98{,}0\ \mathrm{g\ mol^{-1}}} = 1{,}88\text{-molar}.$$

14. $(0{,}750\ \mathrm{l})\ (2{,}5\ \mathrm{mol\ l^{-1}})\ (58{,}5\ \mathrm{g\ mol^{-1}}) = 110\ \mathrm{g}.$
15. $Br_2 + H_2C{=}CH_2 \rightarrow BrCH_2\text{-}CH_2Br$

Mole $Br_2 = M \cdot V = (0{,}23\ \mathrm{mol\ l^{-1}})\ (0{,}750\ \mathrm{l}) = 0{,}173$ Mole Br_2

Mole Br_2 = Mole $H_2C{=}CH_2$.

g $H_2C{=}CH_2 = (0{,}173\ \mathrm{mol})\ (28\ \mathrm{g\ mol^{-1}}) = 4{,}8\ \mathrm{g}.$

16. $\dfrac{0{,}0156\ \mathrm{g}}{(171{,}3\ \mathrm{g\ mol^{-1}})\ (0{,}025\ \mathrm{l})} = 3{,}6 \cdot 10^{-3}\text{-molar}.$

17. $\dfrac{1{,}78\ \mathrm{g\ Alanin}}{89{,}0\ \mathrm{g\ mol^{-1}}} = 2{,}00 \cdot 10^{-2}\ \mathrm{mol\ Alanin} = 2{,}00 \cdot 10^{-2}\ \mathrm{mol\ NaOH}.$

Molarität · Volumen = Mole

$(0{,}25\ \mathrm{mol\ l^{-1}}) \cdot V = 2{,}00 \cdot 10^{-2}\ \mathrm{mol}$

$$V = \frac{2{,}00 \cdot 10^{-2}\ \mathrm{mol}}{0{,}25\ \mathrm{mol\ l^{-1}}} = 8{,}0 \cdot 10^{-2}\ \mathrm{l} = 80\ \mathrm{ml}.$$

18. $M_1 \cdot V_1 = M_2 \cdot V_2$

$(20\ \mathrm{ml})\ (0{,}35\ \mathrm{mol\ l^{-1}}) = (0{,}20\ \mathrm{mol\ l^{-1}})\ (V_2)$

$$V_2 = \frac{(20\ \mathrm{ml})\ (0{,}35\ \mathrm{mol\ l^{-1}})}{(0{,}20\ \mathrm{mol\ l^{-1}}} = 35\ \mathrm{ml}.$$

19. Verdünnungsaufgaben können nach der Beziehung

$$M_1 \cdot V_1 = M_2 \cdot V_2$$

gelöst werden.
In diesem Fall gilt:

$$(0{,}125\ \mathrm{mol\ l^{-1}})\ (500\ \mathrm{ml}) = (0{,}500\ \mathrm{mol\ l^{-1}})\ (V_2)$$

$$V_2 = 125\ \mathrm{ml}.$$

Die Verdünnung von 125 ml der 0,500-molaren HCl auf 500 ml führt zu einer 0,125-molaren Lösung.

20. $M_1 \cdot V_1 = M_2 \cdot V_2$

$$(1{,}40 \text{ mol l}^{-1})\ (90 \text{ ml}) = (M_2)\ (130 \text{ ml})$$

$$M_2 = 0{,}97 \text{ mol l}^{-1}.$$

21. Aus der Reaktionsgleichung folgt, daß 3 Mole Br_2 1 Mol Anilin äquivalent sind.

$$\left(\frac{3 \text{ mol } Br_2}{1 \text{ mol Anilin}}\right)\left(\frac{3{,}72 \text{ g Anilin}}{93{,}0 \text{ g Anilin mol}^{-1}}\right) = 0{,}12 \text{ Mole } Br_2$$

$$0{,}12 \text{ mol} \cdot 160 \text{ g mol}^{-1} = 19{,}2 \text{ g } Br_2$$

$$\frac{0{,}12 \text{ mol}}{0{,}10 \text{ mol l}^{-1}} = 1{,}2 \text{ Liter.}$$

22. $M_1 \cdot V_1 = M_2 \cdot V_2$

$$(0{,}185 \text{ mol l}^{-1})\ (20{,}0 \text{ ml}) = (M_2) \cdot (35{,}3 \text{ ml})$$

$$M_2 = 0{,}105 \text{ mol l}^{-1}.$$

23. a) J_2
b) NaCl
c) $CH_3CH_2CH_2CH_2OH$
d) 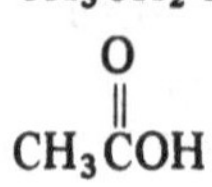

24.

	Bestes Lösungsmittel	⟶	Schlechtestes Lösungsmittel
NaBr:	Wasser	Äthanol	Hexan
C_6H_6:	Hexan	Äthanol	Wasser
$CHCl_3$:	Hexan	Äthanol	Wasser
Na_2SO_4:	Wasser	Äthanol	Hexan
HCl:	Wasser	Äthanol	Hexan
CH_3CN:	Wasser, Äthanol, Hexan (ungefähr gleich)		
NH_4NO_3:	Wasser	Äthanol	Hexan
$C_2H_5NO_2$:	Äthanol	Hexan	Wasser
$H_2C{=}CH{-}CH_2{-}CH_2{-}CH_3$	Hexan	Äthanol	Wasser

(vgl. Abschnitt 9–5).

10 Chemisches Gleichgewicht

Seminaranleitung

In diesem Kapitel lernen die Studenten die thermodynamischen Größen ΔH, ΔS und ΔG kennen und wie sie mit der Gleichgewichtskonstanten K verknüpft sind. Das dynamische Verhalten eines Gleichgewichtssystem ist besonders zu betonen.

Die Studenten werden sehen, daß weder die Änderung des Wärmeinhalts noch die Änderung der Entropie allein die Neigung zu spontanen Reaktionen beschreiben. Beide Größen zusammen ($\Delta H - T\Delta S$) ergeben den Begriff der freien Energie ΔG, die die Richtung der Spontaneität einer Reaktion anzeigt. Weisen Sie auf die Faktoren hin, die eine Gleichgewichtskonstante und eine Gleichgewichtslage beeinflussen.

Am Ende des Kapitels sollten die Studenten ein Gefühl für die Leistungsfähigkeit der Thermodynamik bekommen haben, aber auch erkennen, daß thermodynamische Größen nichts darüber aussagen, wie schnell eine Reaktion abläuft.

Die Feststellung, daß „bei Reaktionen *niemals alles* von den Reaktionspartnern umgesetzt" wird, wird manche Studenten verwirren. Betrachten wir eine Reaktion wie das Erhitzen von $CaCO_3$ in einem offenen Becherglas, bei der CaO und CO_2 entstehen. Sollte es nicht möglich sein, das $CaCO_3$ vollständig in CaO und CO_2 zu zersetzen? Praktisch gesehen ist es möglich, das $CaCO_3$ völlig in dieser Weise zu zersetzen. Es kann aber für diese und alle anderen Reaktionen statistisch gezeigt werden, daß ein paar Moleküle $CaCO_3$ selbst in einem so großen thermodynamischen System wie es die Erdatmosphäre ist unzerstört bleiben.

10–1 Dynamisches chemisches Gleichgewicht

Die Geschichte von Georg und Ellen verdeutlicht das dynamische Gleichgewicht in schöner Weise. Sie können weiter davon Gebrauch machen, um die Gleichgewichtskonstante zu erläutern, die in diesem Falle das Verhältnis der Bälle auf beiden Seiten des Netzes ist. Nehmen wir an, Georg und Ellen haben mit insgesamt 1000 Bällen begonnen und das Gleichgewicht habe sich bei 700 Bällen auf Ellens Seite und 300 Bällen auf Georgs Seite eingestellt. Das Verhältnis der Bälle oder die Gleichgewichtskonstante wäre 700/300. Hätten die Spieler mit 2000 Bällen begonnen, so wären im Gleichgewicht 1400 Bälle auf Ellens und 600 Bälle auf Georgs Seite, was ein Verhältnis von 1400/600 ergäbe. Man sieht also, daß die Zahl der Bälle auf beiden Seiten des Netzes im Gleichgewicht davon abhängt, mit welcher Gesamtzahl an Bällen die Spieler begonnen haben, daß das Gleichgewichtsverhältnis aber unabhängig von der Gesamtzahl der Bälle konstant bleibt. Voraussetzung dafür, daß die Gleichgewichtskonstante über einen Bereich von Anfangsmengen an Tennisbällen konstant ist, ist natürlich, daß die Wurfraten von

Georg und Ellen sich nicht verändern und daß sich nicht etwa Georg plötzlich zusammenreißt und seine Ballwurfrate erhöht.

Wenn auch eine Gleichgewichtskonstante für die Vorhersage der *Möglichkeit* einer bestimmten Reaktion wichtig ist, so sind doch weitere Kenntnisse über die Reaktionsrate notwendig, um den tatsächlichen Ablauf der Reaktion vorherzusagen. Es gibt viele Reaktionen, für die Gleichgewichtskonstanten berechnet werden können und wonach die Reaktionen ablaufen müßten; trotzdem tun sie es nicht, weil die Reaktionsraten sehr klein sind. So liegt z.B. das Gleichgewicht zwischen Diamant und Graphit bei Zimmertemperatur und Atmosphärendruck auf der Seite des Graphits. Diese Nachricht wird sicherlich alle Diamantenbesitzer erschrecken (wo doch die Werbung sagt, Diamanten wären etwas Beständiges). Glücklicherweise ist die Reaktion so langsam, daß innerhalb eines Menschenlebens eine Umwandlung nicht festgestellt wird. Bei Zimmertemperatur und Drucken über 22 kbar ist die Umwandlung von Graphit in Diamant begünstigt; das bildet die Grundlage für die Diamantsynthese aus Graphit. Erläutern Sie, daß die Lage eines Gleichgewichts für eine gegebene Reaktion etwas darüber aussagt, wie weit eine Reaktion ablaufen *kann,* daß die Geschwindigkeit, mit der dieses Gleichgewicht erreicht wird, aber auch wichtig ist.

10–2 Gleichgewichtskonstanten

Häufig ist den Studenten im Zusammenhang mit dem Begriff „Gleichgewichtskonstante" nicht klar, daß das Verhältnis der Produkte und Reaktanten im Gleichgewicht tatsächlich konstant ist. Die Zahlenwerte der Tabelle 10–1 zeigen die Nützlichkeit einer Gleichgewichtskonstanten; Sie sollten diese Werte mit Ihren Studenten im Einzelnen diskutieren. Die Gleichgewichtskonstante beträgt unabhängig von der J_2-Menge am Anfang $K = 4{,}37 \cdot 10^{-3}$ mol l^{-1} (solange die Temperatur bei 1373 K eingehalten wird). Werden z.B. 2 g J_2 ($7{,}88 \cdot 10^{-3}$ Mole) in einem 1 l-Kolben auf 1373 K erhitzt, dann sind im Gleichgewicht $5{,}44 \cdot 10^{-3}$ Mole J_2 und $4{,}88 \cdot 10^{-3}$ Mole J vorhanden.

$$K = \frac{(4{,}88 \cdot 10^{-3}\ \mathrm{mol\ l^{-1}})^2}{(5{,}44 \cdot 10^{-3}\ \mathrm{mol\ l^{-1}})} = 4{,}37 \cdot 10^{-3}\ \mathrm{mol\ l^{-1}}.$$

Das gleiche Ergebnis würde erhalten werden, wenn wir mit 2 g J-Atomen begännen.

Das Lehrbuch zeigt, wie man Ausdrücke für Gleichgewichtskonstanten formuliert und, anhand einiger guter Beispiele, wie man die entsprechenden Rechnungen ausführt. Dieses Thema wird im folgenden in erweiterter Form für einige Fälle und mit zusätzlichen Übungen behandelt.

Lösungsmittel und feste Stoffe werden niemals in Gleichgewichtsausdrücke übernommen. Lösungsmittel deswegen nicht, weil die Konzentration eines Lösungsmittels in einer gegebenen Reaktion praktisch konstant bleibt (selbst wenn das Lösungsmittel reagiert), feste Stoffe nicht, weil die Konzentrationen von vorhandenen Festkörpern konstant bleiben. Solange ein fester Stoff existiert, bleibt die Gleichgewichtskonzentration konstant. Wenn man etwas Festkörper dazugibt oder wegnimmt, so ändert sich die Konstante nicht.

Übung

Formulieren Sie die Ausdrücke für die Gleichgewichtskonstanten zu den folgenden Reaktionen:

a) $CaCO_3$ (f) $\rightleftarrows$ CaO (f) + CO_2 (g)

b) NH_3 (aq) + H_2O $\rightleftarrows$ NH_4^+ (aq) + HO^- (aq)

c) CdS (f) $\rightleftarrows$ Cd^{2+} (aq) + S^{2-} (aq)

d) 2 $COCl_2$ (g) $\rightleftarrows$ CO_2(g) + C (Graphit) + 2 Cl_2 (g).

Lösung

a) $K = [CO_2]$

b) $K = \dfrac{[NH_4^+]\,[HO^-]}{[NH_3]}$

c) $K = [Cd^{2+}]\,[S^{2-}]$

d) $K = \dfrac{[CO_2]\,[Cl_2]^2}{[COCl_2]^2}$

Sind Gase an einer Gleichgewichtsreaktion beteiligt, gibt man gewöhnlich die Konzentrationen in Druck anstatt in Mol pro Liter an. Der Ausdruck für die Gleichgewichtskonstante bei der Reaktion a) kann damit als $K_p = P_{CO_2}$ und für die Reaktion d) als

$$\frac{P_{CO_2} \cdot P^2_{Cl_2}}{P^2_{COCl_2}}$$

geschrieben werden.

Die Gleichgewichtskonstante einer Hinreaktion ist gleich dem Kehrwert der Gleichgewichtskonstanten der Rückreaktion.

Übung
Die Gleichgewichtskonstante für die Reaktion

$$PCl_5\ (g) \rightleftarrows PCl_3\ (g) + Cl_2\ (g)$$

ist

$$K = \frac{[PCl_3]\ [Cl_2]}{[PCl_5]} = 1{,}78.$$

Welches ist die Gleichgewichtskonstante für die Reaktion

$$PCl_3\ (g) + Cl_2\ (g) \rightleftarrows PCl_5\ (g)?$$

Lösung

$$K' = \frac{[PCl_5]}{[PCl_3]\,[Cl_2]}$$

$$K' = \frac{1}{K} = \frac{1}{1{,}78} = 0{,}562$$

Machen Sie Ihre Studenten darauf aufmerksam, daß die Gleichgewichtskonstante für eine Gleichung, die aus einer anderen durch Multiplikation mit einer Zahl entstanden ist, durch Potenzieren der Gleichgewichtskonstanten für die einfachere Reaktion mit diesem Multiplikationsfaktor erhalten wird.

Übung
Betrachten Sie die folgende Reaktion:

$$J_2 \rightleftarrows 2\,J \qquad K = 4{,}37 \cdot 10^{-3}.$$

Welches ist die Gleichgewichtskonstante K' für die Reaktion

$$2\,J_2 \rightleftarrows 4\,J?$$

Lösung

$$K = \frac{[J]^2}{[J_2]} = 4{,}37 \cdot 10^{-3}$$

$$K' = \frac{[J]^4}{[J_2]^2} = K^2$$

$$K' = (4{,}37 \cdot 10^{-3})^2 = 19{,}1 \cdot 10^{-6} = 1{,}91 \cdot 10^{-5}.$$

Manche Studenten werden durch diese Mitteilung irritiert sein. Sie werden fragen: „Wie kann es zwei Gleichgewichtskonstanten für die selbe Reaktion geben?" und „Widerspricht das nicht der früheren Feststellung, daß das Gleichgewichtsverhältnis unabhängig von der Ausgangsmenge konstant ist?" Die Antwort darauf ist, daß eine Gleichgewichtskonstante nur zu einer bestimmten, willkürlich gewählten Reaktion gehört. Chemiker in drei verschiedenen Labors könnten von dem Gleichgewicht zwischen J_2-Molekülen und J-Atomen drei verschiedene Vorstellungen haben:

a) $J_2 \rightleftarrows 2\,J$

b) $\frac{1}{2}J_2 \rightleftarrows J$

c) $2\,J_2 \rightleftarrows 4\,J$.

Gleichung a) wird am häufigsten für dieses Gleichgewicht verwendet, aber da Gleichungen b) oder c) oder noch andere ebenso richtig sind, ist es sehr wichtig zu sagen, auf welche Gleichung sich eine Gleichgewichtskonstante bezieht.

Werden schließlich zwei oder mehr Gleichungen zu einer Gesamtreaktionsgleichung addiert, so ist die Gleichgewichtskonstante für die Gesamtgleichung das Produkt der Gleichgewichtskonstanten für die einzelnen Gleichungen, die addiert werden.

Übung

Die Konstante des Löslichkeitsprodukts von CaF_2 ist $1{,}7 \cdot 10^{-10}$. Berechnen Sie die Löslichkeit von CaF_2.

Lösung

Es sei $x = [Ca^{2+}]$,

dann ist $[F^-] = 2\,x$

$K_{lp} = [Ca^{2+}]\,[F^-]^2 = (x)\,(2\,x)^2 = 1{,}7 \cdot 10^{-10}$

$x = 3{,}5 \cdot 10^{-4}\ \text{mol}\,l^{-1} = [Ca^{2+}]$ = Löslichkeit.

Übung

Wie viele Gramm $BaSO_4$ sind in 10 ml gesättigter $BaSO_4$-Lösung enthalten?

Lösung

Die Formelmasse von $BaSO_4$ ist 233,4. K_{lp} für $BaSO_4$ ist $1{,}1 \cdot 10^{-10}$.

Es sei $x = [Ba^{2+}] = [SO_4^{2-}]$

$$K_{lp} = [Ba^{2+}]\,[SO_4^{2-}] = x^2 = 1{,}1 \cdot 10^{-10}$$

$$x = 1{,}05 \cdot 10^{-5}\ \text{Mole Liter}^{-1}$$

$$= [Ba^{2+}] = \text{Löslichkeit von } BaSO_4$$

$$1{,}05 \cdot 10^{-5}\ \text{Mole Liter}^{-1} \cdot \frac{1\ \text{Liter}}{1000\ \text{ml}} \cdot 10\ \text{ml}$$

$$= 1{,}05 \cdot 10^{-7}\ \text{Mole } BaSO_4$$

$$1{,}05 \cdot 10^{-7}\ \text{Mole} \cdot 233{,}4\ \text{Gramm Mole}^{-1}$$

$$= 2{,}4 \cdot 10^{-5}\ \text{g } BaSO_4.$$

Übung
Berechnen Sie die HO^--Konzentration in einer Lösung, die 0,1-molar an HCl ist.
Lösung
Da HCl vollständig dissoziiert, ist die Lösung 0,1-molar an H^+ und 0,1-molar an Cl^-.

$$K_W = 1 \cdot 10^{-14} = [0{,}1]\,[HO^-]$$

$$[HO^-] = 1 \cdot 10^{-13}\ \text{mol l}^{-1}.$$

Das in Beispiel 10–2 angewandte Verfahren zur Lösung einer Aufgabe mit Gleichgewichtsbedingungen ist ausgezeichnet und Ihre Studenten werden dieses Lösungsprinzip mit Nutzen bei allen Aufgaben dieser Art verwenden können.
Übung
Jod dissoziiert bei 1373 K nach der Gleichung

$$J_2 \rightleftarrows 2\,J,$$

für die $K = 4{,}37 \cdot 10^{-3}$ gilt. Wenn 2 g J_2 in einen Liter-Kolben gebracht und auf 1373 K erhitzt werden, wie groß sind dann die Gleichgewichtskonzentrationen von J_2 und J?
Lösung

Bestandteil	Konzentrationen: Beginn	Konzentrationen: Gleichgewicht
J_2	$7{,}88 \cdot 10^{-3}$ mol l^{-1}	$7{,}88 \cdot 10^{-3} - x$
J	0	2 x

$$K = \frac{[J]^2}{[J_2]} = 4{,}37 \cdot 10^{-3}$$

$$= \frac{(2\,x)^2}{(7{,}88 \cdot 10^{-3} - x)} = \frac{4\,x^2}{7{,}88 \cdot 10^{-3} - x}$$

$$4\,x^2 + (4{,}37 \cdot 10^{-3})x - (4{,}37 \cdot 10^{-3}) \cdot (7{,}88 \cdot 10^{-3}) = 0.$$

$$x^2 + (\frac{4{,}37}{4} \cdot 10^{-3})x - (\frac{4{,}37}{4} \cdot 10^{-3})\,(7{,}88 \cdot 10^{-3}) = 0.$$

Die Lösung erfolgt unter Verwendung der quadratischen Gleichung:

$$x = -\frac{a}{2} \pm \sqrt{\left(\frac{a}{2}\right)^2 - b}$$

mit

$$a = \frac{4{,}37}{4} \cdot 10^{-3} \text{ und}$$

$$b = \left(\frac{4{,}37}{4} \cdot 10^{-3}\right) (7{,}88 \cdot 10^{-3})$$

$x = 2{,}44 \cdot 10^{-3}$ Mole = dissoziierte Mole J_2

$2x = 4{,}88 \cdot 10^{-3}$ Mole = gebildete Mole J.

Also:

$$[J] = 4{,}88 \cdot 10^{-3} \text{ mol l}^{-1}$$

$$[J_2] = 5{,}44 \cdot 10^{-3} \text{ mol l}^{-1}$$

Übung

Bei einer bestimmten Temperatur enthält ein 1,00-Liter-Kolben ein Gleichgewichtsgemisch von N_2, H_2 und NH_3 0,40 Mole H_2, 0,10 Mole NH_3 und 0,30 Mole N_2. Wieviele Mole N_2 müssen dem Kolben zugegeben werden, damit die NH_3-Konzentration auf 0,15-molar ansteigt?

Lösung

Zunächst ist K für die Reaktion

$$N_2 + 3\,H_2 \rightleftarrows 2\,NH_3$$

auszurechnen.

$$K = \frac{[NH_3]^2}{[H_2]^3\,[N_2]} = \frac{(0{,}10)^2}{(0{,}40)^3\,(0{,}30)}$$

$$= \frac{1 \cdot 10^{-2}}{1{,}92 \cdot 10^{-2}} = 0{,}52.$$

Es sei x = N_2 – Mole, die zugegeben werden müssen.

	Konzentrationen	
Bestandteil	Beginn	Gleichgewicht
N_2	0,30	0,30–0,025 + x
H_2	0,40	0,40–0,075
NH_3	0,10	0,15

$$0{,}52 = \frac{[0{,}15]^2}{[0{,}325]^3\,[0{,}275 + x]}$$

$$= \frac{(2{,}25 \cdot 10^{-2})}{(3{,}43 \cdot 10^{-2})\,(0{,}275 + x)}$$

$$0{,}275 + x = \frac{(2{,}25 \cdot 10^{-2})}{(0{,}52)\,(3{,}43 \cdot 10^{-2})} = 1{,}26$$

$$x = 1{,}26 - 0{,}275 = 0{,}985 \text{ Mole.}$$

10–3 Das Le Chateliersche Prinzip

Die Studenten müssen auf jeden Fall den Unterschied zwischen einer Verschiebung des Gleichgewichts und einer Änderung der Gleichgewichtskonstanten unterscheiden. Der Wert einer Gleichgewichtskonstanten kann nur durch eine Änderung der Temperatur beeinflußt werden (ideales Verhalten des Systems vorausgesetzt). Alle anderen Zwänge, die auf ein System im Gleichgewicht wirken, dienen nur der Verschiebung der Gleichgewichtslage. Ein gründliches Verständnis des Le Chatelierschen Prinzips ist notwendig.

Sie könnten das Le Chateliersche Prinzip erläutern, indem Sie einige Systeme bringen, die Ihren Studenten vertraut sind. Betrachten Sie das Gleichgewicht zwischen Eis und Wasser

$$H_2O\ (f) \rightleftarrows H_2O\ (fl.).$$

Eis ist weniger dicht als Wasser. Wird daher Druck auf dieses System ausgeübt, so wird mehr Wasser in die dichtere oder flüssige Form umgewandelt, das Gleichgewicht verschiebt sich also nach rechts.

Betrachten Sie das Gleichgewicht zwischen einem praktisch unlöslichen Salz und seinen Ionen in Lösung:

$$BaSO_4 \rightleftarrows Ba^{2+} + SO_4^{2-}$$

$$K = [Ba^{2+}][SO_4^{2-}] = 1{,}1 \cdot 10^{-10} \text{ bei } 298\ K.$$

Das Produkt der Konzentration der Ba^{2+}- und SO_4^{2-}-Ionen muß bei dieser bestimmten Temperatur stets gleich $1{,}1 \cdot 10^{-10}$ sein. Wird etwas $BaCl_2$ (das in Ba^{2+}- und Cl^--Ionen dissoziiert) zur gesättigten $BaSO_4$-Lösung gegeben, so würde die Konzentration des Ba^{2+}-Ions sofort ansteigen. Um das Gleichgewicht wieder herzustellen, muß das System irgendwie Ba^{2+}- oder SO_4^{2-}-Ionen oder beide entfernen, so daß der Wert von K unverändert bleibt. Für das System die einfachste Weise, dies zu erreichen, ist mehr $BaSO_4$ auszuscheiden. Es folgt eine quantitative Behandlung dieses Beispiels. Zu Beginn:

$$[Ba^{2+}] = [SO_4^{2-}] = (1{,}1 \cdot 10^{-10})^{1/2} = 1{,}05 \cdot 10^{-5}.$$

Wird die Lösung 1,0-molar an $BaCl_2$ gemacht und wird angenommen, daß $BaCl_2$ vollständig dissoziiert, dann ist die Ba^{2+}-Konzentration 1,0 mol l^{-1} und der Gleichgewichtsausdruck kann formuliert werden als

$$(1{,}0)\ [SO_4^{2-}] = 1{,}1 \cdot 10^{-10}$$

(die Ba^{2+}-Menge, die aus der Löslichkeit des $BaSO_4$ (f) folgt, ist so klein, daß sie vernachlässigt werden kann).

Also:

$$(1{,}0)\ [SO_4^{2-}] = 1{,}1 \cdot 10^{-10}$$

und $$[SO_4^{2-}] = 1{,}1 \cdot 10^{-10}\ \text{mol}\ l^{-1}.$$

Es zeigt sich, daß die Sulfationen-Konzentration um vier Größenordnungen abnimmt, d.h., das Gleichgewicht verschiebt sich nach links.

Wenn Sie Ihren Studenten den allgemeinen Ausdruck für eine Gleichgewichtsreaktion

$$A + B \rightleftarrows C + D$$

geben, sollten sie in der Lage sein, vorherzusagen, welchen Einfluß eine Konzentrationsänderung einer der Bestandteile auf die Gleichgewichtslage hat. Stellen Sie Ihnen Fragen der Art: „In welche Richtung wird sich das Gleichgewicht verschieben, wenn
1. mehr A dem System zugesetzt wird,
2. etwas B dem System entzogen wird und so weiter.

Im Lehrbuch enthalten ist eine Besprechung des Einflusses, den die Änderung des Volumens eines Gleichgewichtssystems auf die Gleichgewichtslage des Systems hat. Die Entwicklung des in der Diskussion erwähnten Beispiels enthielt die Anwendung der quadratischen Formel, wobei von den Studenten erwartet wird, daß sie etwas abstrakt denken können. Es ist wichtig, daß Sie das Problem sorgfältig durchgehen, damit alle Studenten seine volle Bedeutung erkennen. Für das erwähnte Gleichgewicht $A_2 \rightleftarrows 2\,A$ bewirkt eine Verringerung des Volumens, daß die Reaktion nach links abläuft. Wird das Volumen verdoppelt, verschiebt sich die Reaktion nach rechts.

Bauen Sie das oben angeführte Beispiel für eine Reaktions aus, für die die Zahl der Mole der gasförmigen Produkte gleich der Zahl der Mole der gasförmigen Reaktanten ist:

$$A + B \rightleftarrows C + D.$$

Für dieses Gleichgewicht gilt $K = \dfrac{[C]\ [D]}{[A]\ [B]}$.

Wir nehmen an, daß im Gleichgewicht 10 Moleküle A, 10 Moleküle B, 20 Moleküle C und 20 Moleküle D in V Litern enthalten sind. Dann ist die Gleichgewichtskonstante

$$K = \frac{(20/V)\ (20/V)}{(10/V)\ (10/V)} = 4{,}0.$$

Wird das Gefäßvolumen halbiert, dann sind die neuen Konzentrationen $40/V$ für C, $40/V$ für D, $20/V$ für A und $20/V$ für B; alle Konzentrationen werden also verdoppelt. Daraus folgt, daß das Gleichgewicht nicht verschoben wird. Machen Sie Ihre Studenten darauf aufmerksam, daß sowohl in diesem Falle, in dem eine Volumenänderung keine Gleichgewichtsverschiebung verursacht, als auch in dem Lehrbuchbeispiel, in dem eine Volumenänderung von einer entsprechenden Gleichgewichtsverschiebung begleitet ist, K konstant ist.

Wird der Druck auf ein Gleichgewichtssystem geändert, kann die Konzentration der gasförmigen Bestandteile zu- oder abnehmen. Die Wirkung von Druckänderungen kann in die folgenden drei Fälle zusammengefaßt werden:

1. Bei Reaktionen der Art

   $$Cl_2\,(g) + H_2\,(g) \rightleftarrows 2\,HCl\,(g),$$

   bei denen die Molzahl der gasförmigen Produkte gleich der Molzahl der gasförmigen Reaktanten ist, wird das Gleichgewicht weder durch Druckerhöhung noch durch -verminderung beeinflußt.

2. Bei Reaktionen der Art

   $$J_2\,(g) \rightleftarrows 2\,J\,(g),$$

   bei denen die Molzahl der gasförmigen Produkte größer als die Molzahl der gasförmigen Reaktanten ist, bewirkt eine Druckerhöhung, daß die Reaktion nach links und eine Druckminderung, daß sie nach rechts abläuft.

3. Bei Reaktionen der Art

   $$Cl_2\,(g) + PCl_3\,(g) \rightleftarrows PCl_5\,(g),$$

   bei denen die Molzahl der gasförmigen Produkte kleiner ist als die Molzahl der gasförmigen Reaktanten, tritt eine Verschiebung nach rechts ein, wenn der Druck ansteigt und nach links, wenn der Druck geringer wird.

Übung

Drei Gase, N_2, H_2 und NH_3 werden gemischt und die Bedingungen geschaffen, daß sich das Gleichgewicht einstellt.

$$N_2\,(g) + 3\,H_2\,(g) \rightleftarrows 2\,NH_3\,(g)$$

$$\Delta\bar{H}^\circ = -\,92{,}44\ \text{kJ}.$$

Das System wird einem der folgenden Zwänge unterworfen. Wie ändert sich daraufhin im Gleichgewicht die Menge der Substanz, die in der Spalte rechts angeführt ist?

1. Verkleinerung des Gefäßvolumens NH_3 ——
2. Zugabe von H_2 N_2 ——
3. Zugabe von N_2 NH_3 ——
4. Vergrößerung des Gefäßvolumens NH_3 ——
5. Zugabe von He (bei konstantem Gefäßvolumen) NH_3 ——

Lösung

1. Nimmt zu.
2. Nimmt ab.
3. Nimmt zu.
4. Nimmt ab.
5. Keine Änderung.

Manche Studenten werden sagen, daß He ein Volumen beansprucht und daß daher das Gefäßvolumen im Endeffekt verkleinert wird. Wenn das auch eine unmerkliche Änderung ist, so können Sie die Frage doch näher behandeln. Wenn man annimmt, daß Gase ideal sind, ist das Volumen der Moleküle Null.

10–4 Änderungen der Gleichgewichtskonstanten

Damit sich der Wert der Gleichgewichtskonstanten ändert, muß die Reaktionstemperatur geändert werden. In diesem Abschnitt sollen die Studenten lernen, wie man die Richtungsänderung einer Gleichgewichtskonstanten bestimmt, wenn die Temperatur geändert wird. Ein weiterer Zweck ist es, die Studenten in den thermodynamischen Begriff des Wärmeinhalts *H* einzuführen. Wärmeinhaltsdiagramme sind sehr gut geeignet, um die Bedeutung von *H* zu erklären. Für die Reaktion

$$H_2O\,(g) \rightarrow H_2\,(g) + \tfrac{1}{2}\,O_2\,(g) \text{ gilt}$$

$$\Delta\bar{H}^\circ = 286 \text{ kJ mol}^{-1}\ H_2O.$$

Das Wärmeinhaltsdiagramm sieht wie folgt aus:

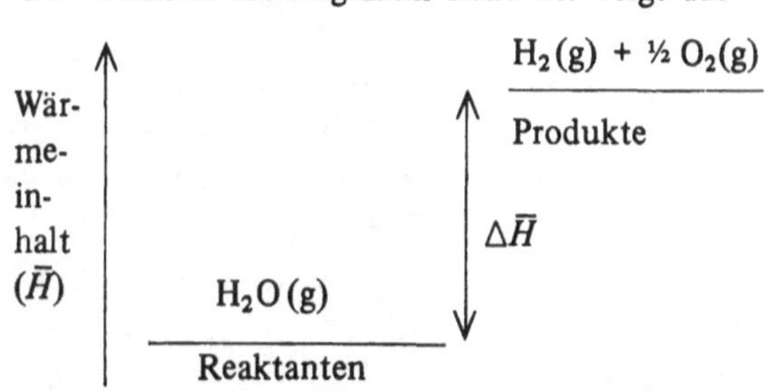

Der Wärmeinhalt der Produkte ist größer als der der Reaktanten. Eine Wärmemenge ΔH muß also vom System aus der Umgebung entnommen werden, und die Reaktion ist endotherm.

Das Diagramm für die umgekehrte Reaktion kann wie folgt geschrieben werden.

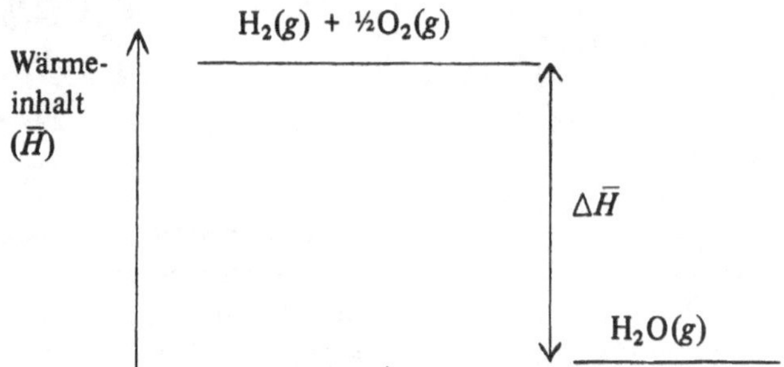

$$\Delta\bar{H} = \left(\text{Summe der Wärmeinhalte der Produkte}\right) - \left(\text{Summe der Wärmeinhalte der Reaktanten}\right)$$

$$= \Sigma n\bar{H}_{\text{Produkte}} - \Sigma n\bar{H}_{\text{Reaktanten}}.$$

Sagen Sie Ihren Studenten noch einmal, daß der Wärmeinhalt eines Elementes bei Standardbedingungen *willkürlich* gleich Null gesetzt ist. Sie sollen sich die drei Anforderungen an die Standardbedingungen merken:

1. stabilste Form des Elements,
2. 298 K,
3. 1,013 bar.

Sie sollen sich auch der Bedeutung bewußt sein, die die Bezeichnung der Form eines jeden Reaktanten hat, wenn eine Reaktion formuliert wird. Betrachten Sie in diesem Zusammenhang die Wärmemenge, die bei den Reaktionen zwischen Sauerstoff und den beiden verschiedenen Kohlenstofformen freigesetzt wird:

$$C\,(g) + O_2\,(g) \rightarrow CO_2\,(g)$$

$$\Delta\bar{H} = -\ 1113\ \text{kJ}$$

$$C\,(\text{Graphit}) + O_2\,(g) \rightarrow CO_2\,(g)$$

$$\Delta\bar{H} = -\ 394\ \text{kJ}.$$

Üben Sie das Berechnen von Reaktionswärmen! Unter Verwendung von Tabelle 10–3 können sie verschiedene Reaktionswärmen bilden.

Übung

Berechnen Sie $\Delta\bar{H}$ für die folgende Reaktion:

$$2\ ZnO\ (f) + S\ (f) \rightarrow SO_2\ (g) + 2\ Zn\ (f).$$

Lösung

Unter Benutzung der Standardwärmeinhalte aus Tabelle 10–3 folgt:

$$\begin{aligned}\Delta \bar{H}_{Reaktion} &= [\bar{H}_{SO_2(g)} + 2\,\bar{H}_{Zn(f)}] \\ &\quad - [2\,\bar{H}_{ZnO(f)} + \bar{H}_{S(f)}] \\ &= [-297 + 0] - [2(-348) + 0] \\ &= -297 + 696 \\ &= 399\ kJ.\end{aligned}$$

Ist eine Reaktion exotherm, führt eine Erhöhung der Reaktionstemperatur zu einer Verschiebung nach links und die Gleichgewichtskonstante wird kleiner. Ist dagegen eine Reaktion endotherm, so führt eine Temperaturerhöhung zu einer Verschiebung der Reaktion nach rechts und zu einer Vergrößerung der Gleichgewichtskonstanten. Es ist wichtig, daß Ihre Studenten das gut verstehen.

Übung

Für die Reaktion

$$H_2O \rightleftarrows H^+\ (aq) + HO^-\ (aq)$$

sind $K = 1 \cdot 10^{-14}$ bei 298 K und

$K = 1{,}1 \cdot 10^{-15}$ bei 273 K.

Ist die Reaktion endotherm oder exotherm?

Lösung

Da Wasser bei höherer Temperatur mehr dissoziiert, ist die Reaktion endotherm.

Übung

Wird NH_4Cl in Wasser gelöst, so fühlt sich die Lösung kalt an. Ist die Reaktion endotherm oder exotherm? Ist NH_4 mehr oder weniger löslich bei erhöhter Temperatur?

Lösung

Die Reaktion ist endotherm, da Wärme absorbiert wird.

$$NH_4Cl\ (f) \rightleftarrows NH_4^+\ (aq) + Cl^-\ (aq) - \text{Wärme}.$$

Man kann die Reaktion schreiben:

$$\text{Wärme} + NH_4Cl(f) \rightleftarrows NH_4^+\ (aq) + Cl^-\ (aq).$$

Natürlich verschiebt entsprechend dem Le Chatelierschen Prinzip ein Anstieg der Temperatur die Reaktion nach rechts; d.h. NH_4Cl ist bei erhöhter Temperatur mehr löslich.

Übung

Werden bei der industriellen Produktion von NH_3 hohe oder niedrige Temperaturen zur größten Ausbeute führen? Ist ein hoher oder ein niedriger Druck von Vorteil?

$$N_2 + 3\,H_2 \rightleftarrows 2\,NH_3 \qquad \Delta\bar{H} = -924\,kJ.$$

Lösung

Niedrige Temperaturen begünstigen die NH_3-Bildung, weil die Reaktion exotherm ist. Wie in einem späteren Kapitel gezeigt wird, muß aber auch die Reaktionsrate bei der Wahl der besten Temperatur berücksichtigt werden. Bei sehr niedrigen Temperaturen wäre die Reaktion zu langsam; daher muß eine mittlere Temperatur gewählt werden. Hoher Druck begünstigt die NH_3-Bildung, da es vier Mole gasförmiger Reaktanten und zwei Mole gasförmiger Produkte gibt. Weil es jedoch eine praktische Druckgrenze gibt, wenn wirtschaftlich gearbeitet werden soll, muß auch ein mittlerer Druck gewählt werden.

10–5 Warum sind Reaktionen reversibel?

In diesem Abschnitt wird den Studenten gezeigt, daß das Gesetz von der Erhaltung der Energie für die Vorhersage, ob eine Reaktion abläuft, nicht ausreicht. Wäre es ausreichend, würden alle Reaktionen exotherm sein. Warum sollte eine Reaktion zu einem Zustand mit höherer Energie ablaufen, wie es im Fall einer endothermen Reaktion ist? Daß eine solche Reaktion stattfindet, führt zu dem Schluß, daß ΔH nicht die einzige Größe ist, die Reaktionen bestimmt. Wäre ΔH die einzige Größe, die Vorhersagen über eine Reaktion ermöglicht, dann könnten Reaktionen vollständig ablaufen und blieben nicht bei einem Gleichgewicht stehen. Tatsächlich besteht eine Konkurrenz zwischen der Neigung eines Systems, die geringste Energie einzunehmen, und der Neigung, die größte Unordnung zu erreichen. Die letztere Neigung wird durch den Begriff ΔS, die Entropieänderung, ausgedrückt. Der Assistent sollte daran erinnern, daß das Gesetz von der Erhaltung der Energie nichts anderes als das erste Gesetz der Thermodynamik ist. Weil es mehr Möglichkeiten gibt, eine Unordnung zu erreichen als eine Ordnung, ist es einzusehen, daß die Unordnung des Universums danach strebt, größer zu werden. Das ist eine Feststellung des zweiten Gesetzes der Thermodynamik, das in folgender Weise ausgedrückt werden kann: „Die Entropie des Universums strebt einem Maximum zu".

Vor mehreren Jahren erschien in der amerikanischen Zeitung „Saturday Review" eine Karikatur, die einen Mann zeigte, der sich ein abstraktes Gemälde ansah. Das Gemälde nannte sich „Entropie", ein sehr sinnvoller Titel, denn die Malerei zeigte einen hohen Grad von Unordnung. Erzählen Sie also Ihren Studenten, daß selbst zum Verständnis von Karikaturen derart grundlegende Begriffe wie die Entropie notwendig sind. Fragen Sie sie auch, was natürlicher ist, ein aufgeräumter Schreibtisch oder ein ordentliches Wohnzimmer oder das Entsprechende unaufgeräumt. Studenten finden stets den Begriff der Entropie faszinierend; wenn es die Zeit zuläßt, sollten Sie ein paar philosophische Betrachtungen anstellen, etwa der Art: Wenn die Entropie des Universums einem Maximum zustrebt, so ist es vernünftig, wenn man einen Endzustand vorhersagt, in dem das Universum diese größte Unordnung erreicht hat. Ist dieser Zustand eingetreten, wird alle Materie dieselbe Temperatur haben. Besitzt alle Materie dieselbe Temperatur, kann keine Arbeit getan werden und das Universum ist tot. Manche Thermodynamiker aber haben zu bedenken gegeben, daß wir über das Universum nicht genug wissen, um solche Vorhersagen zu machen.

Sie können auf einfache Weise die Entropie erläutern, wenn Sie Sirup in Honig einrühren. Je länger Sie rühren, um so intensiver wird das Vermischen sein. Schließlich hören Sie auf mit dem Rühren und versuchen, Sirup und Honig wieder zu trennen. Es ist klar, daß die Tendenz zu größter Unordnung sehr stark ist. Es ist gut, wenn man bei der Definition der Entropie nicht vergißt, daß der Wert von S experimentell bestimmt werden kann (durch Bestimmen der Wärmekapazitäten), während der Wert von H für ein Element im Standardzustand gleich Null gesetzt wird, weil sein absoluter Wert nicht bestimmt werden kann. Lassen Sie die Studenten wissen, daß $\Delta\bar{S}$-Werte in der Regel in $J\ mol^{-1}\ K^{-1}$, $\Delta\bar{H}$-Werte aber in $kJ\ mol^{-1}$ angegeben werden.

Vorsicht ist angebracht, wenn man vorhersagen will, ob die Entropie für eine gegebene Reaktion zu- oder abnehmen wird. Wird Zink z.B. in einer HCl-Lösung gelöst, so entwickelt sich H_2-Gas.

$$Zn(f) + 2HCl(aq) \rightarrow H_2(g) + Zn^{2+}(aq) + 2Cl^-(aq).$$

Das Freiwerden von H_2 legt nahe, daß ΔS für die Reaktion positiv ist. Tatsächlich ist ΔS aber negativ, weil die Gasentwicklung durch den Ordnungseffekt der Hydratation von Zink- und Chloridionen überkompensiert wird. Ein negativer Wert von ΔH und ein positiver Wert von ΔS begünstigen eine spontane Reaktion. Um beide Einflüsse gleichzeitig zu berücksichtigen, ist es sinnvoll, den Begriff der freien Enthalpie ΔG zu verwenden, weil dieser Begriff den Einfluß von ΔH und ΔS zusammenfaßt:

$$\Delta G = \Delta H - T\Delta S.$$

Der praktische Nutzen der Funktion der freien Enthalpie sollte ausführlich besprochen werden. Wie im Lehrbuch angeführt, ist $\Delta G = 0$, wenn ein System im Gleichgewicht ist, d.h. es gibt für die Reaktion keine Neigung, in irgendeiner Richtung abzulaufen. Ist ΔG für eine gegebene Reaktion negativ, läuft die Reaktion spontan nach rechts ab, ist ΔG positiv, läuft sie spontan nach links ab.

Übung

Berechnen Sie aus den folgenden Daten $\Delta\bar{G}^\circ$ für die Reaktion

$$\text{C (Diamant)} \rightarrow \text{C (Graphit)}$$

	$\Delta\bar{H}^\circ$ [kJ mol^{-1}]	$\bar{S}^\circ$ [J mol^{-1} K^{-1}]
C (Graphit)	0	5,74
C (Diamant)	1,88	2,43.

Lösung

$$\Delta\bar{H}^\circ = (\Delta\bar{H}^\circ_{\text{Graphit}} - \Delta\bar{H}^\circ_{\text{Diamant}})$$
$$= (0 - 1,88) = -1,88 \text{ kJ mol}^{-1}$$
$$\Delta\bar{S}^\circ = (S^\circ_{\text{Graphit}} - S^\circ_{\text{Diamant}})$$
$$= 5,74 - 2,43 = 3,31 \text{ J mol}^{-1}\text{ K}^{-1}]$$
$$\Delta\bar{G}^\circ = \Delta\bar{H}^\circ - T\Delta\bar{S}^\circ = -1,88 - (298 \cdot 0,00331)$$
$$= -2,87 \text{ kJ mol}^{-1}.$$

Hier ist es angebracht, darauf hinzuweisen, daß die Umwandlung von Diamant in Graphit zwar thermodynamisch begünstigt ist, nicht aber kinetisch.

Übung

a) Betrachten Sie die Zersetzung von Phosgen $COCl_2$ zu Kohlenmonoxid und Chlor! Berechnen Sie $\Delta\bar{G}^\circ$, $\Delta\bar{H}^\circ$ und $\Delta\bar{S}^\circ$ für die Reaktion

$$COCl_2(g) \rightarrow CO(g) + Cl_2(g)$$

	$\Delta\overline{G}°$	$\Delta\overline{H}°$
	[kJ mol^{-1}]	[kJ mol^{-1}]
$COCl_2$ (g)	– 205,0	– 224,0
CO (g)	– 137,4	– 110,6

Lösung

$$\Delta\overline{G}° = [\Delta\overline{G}°_{CO} + \Delta\overline{G}°_{Cl_2} - \Delta\overline{G}°_{COCl_2}]$$
$$= [-137{,}4 + 0 - (-205{,}0)]$$
$$= 67{,}6 \text{ kJ mol}^{-1}$$
$$\Delta\overline{H}° = [\Delta\overline{H}°_{CO} + \Delta\overline{H}°_{Cl_2} - \Delta\overline{H}°_{COCl_2}]$$
$$= [-110{,}6 + 0 - (-224{,}0)]$$
$$= 113{,}4 \text{ kJ mol}^{-1}$$
$$\Delta\overline{G}° = \Delta\overline{H}° - T\Delta\overline{S}°$$
$$\Delta\overline{S}° = \frac{\Delta\overline{H}° - \Delta\overline{G}°}{T}$$
$$= \frac{113400 \text{ J mol}^{-1} - 67600 \text{ J mol}^{-1}}{298 \text{ K}}$$
$$\Delta\overline{S}° = 154 \text{ J mol}^{-1} \text{ K}^{-1}.$$

b) Zeigen Sie aufgrund der vorstehenden Rechnung, ob die Zersetzung spontan stattfindet oder ob die entgegengesetzte Reaktion begünstigt ist.

Lösung

Der positive Wert von $\Delta\overline{G}$ zeigt, daß die entgegengesetzte Reaktion begünstigt ist; und zwar wirken die Änderung des Wärmeinhalts $\Delta\overline{H}$ in diese Richtung, der Entropieausdruck in die andere.

10–6 Gleichgewichtskonstanten und Änderungen der freien Enthalpie

Die Gleichung $\Delta\overline{G}° = \Delta\overline{H}° - T\Delta\overline{S}°$ wurde aufgestellt. Sie wird in diesem Abschnitt zu

$$\Delta\overline{G}° = \Delta\overline{H}° - T\Delta\overline{S}° = -RT \log \frac{K}{K°}$$

erweitert. Das ist eine sehr wichtige Beziehung, denn wie wir in vielen Beispielen sehen, können wir eine Gleichgewichtskonstante allein aus thermodynamischen Daten berechnen; wir brauchen also dafür kein Experiment durchzuführen.

Machen Sie nicht den Fehler, Ihren Studenten etwa zu sagen: „Ist $\Delta\overline{G}°$ für eine Reaktion positiv, läuft die Reaktion nicht ab". Statt dessen muß es heißen: „Ist $\Delta\overline{G}°$ positiv, dann ist $K_{\text{Gleichg.}} < 1$, ist $\Delta\overline{G}°$ negativ, dann ist $K_{\text{Gleichg.}} > 1$ und ist $\Delta\overline{G}° = 0$, dann ist

$K_{\text{Gleichg.}} = 1$". In einer Reaktion, die zu 40 % abläuft, d.h. eine Gleichgewichtskonstante von 4/6 hat, wird $\Delta\overline{G}^\circ$ positiv sein. $\Delta\overline{G}^\circ$ erlaubt uns also die Gleichgewichtslage zu berechnen und gibt an, in welche Richtung eine spontane Reaktion verläuft. Die richtige Faustregel ist also: „Ist $\Delta\overline{G}^\circ$ für eine Reaktion positiv, läuft die Rückreaktion spontan ab".

Erinnern Sie Ihre Studenten daran, daß die meisten Reaktionen nicht Reaktanten und Produkte enthalten, die sich in ihren Standardzuständen befinden. Im Lehrbuch wird gesagt, daß für die Reaktion A $\rightleftarrows$ B die Gleichung

$$\overline{G}_A = \overline{G}^\circ_A + 2{,}303\, RT \log(x)$$

gilt. $\overline{G}_A$ ist nur dann gleich $\overline{G}^\circ_A$, wenn log (x) = 0 oder x = 1 sind. Das ist nur dann der Fall, wenn die Konzentration oder der Partialdruck von x gleich 1 sind. Der Ausdruck [2,303 RT log (x)] ist also ein Korrekturfaktor, der zu $\overline{G}^\circ_A$ addiert wird, um die Nicht-Standardbedingungen zu berücksichtigen.
Eine Frage, die manche Studenten stellen könnten, ist: „Wie ist es möglich, den Logarithmus einer Gleichgewichtskonstanten zu bilden, wenn diese Einheiten besitzt?" Die Antwort ist, daß es in Wirklichkeit der Logarithmus eines *Verhältnisses* von *Konzentrationen* ist. Das wird bei der Ableitung des Ausdrucks klar, weil dann gesehen werden kann, daß jeder Reaktant und jedes Produkt mit einem Standardzustand verglichen wird mit dem Ergebnis, daß die Einheiten verschwinden.

Literatur

1. L.K. Nash: „Elementary Chemical Thermodynamics". AC_3 Resource Paper II; *J. Chem. Ed. 42*, 64 (1965). Eine ziemlich umfangreiche Quellenangabe zur Information über die elementare chemische Thermodynamik. Die meisten Referenzen sind mit Anmerkungen versehen und in Gruppen zusammengefaßt. Nützlich für den Assistenten als eine Quelle für weitere Informationen, die an interessierte Studenten weitergegeben werden kann.
2. G. Porter: „The Laws of Disorder, An Introduction to Chemical Change and Thermodynamics". *Chemistry* (1968). Fußt auf dem Stoff für eine Fernsehreihe von Professor Porter, der 1968 den Nobelpreis für Chemie für seine Untersuchungen schneller Reaktionen erhielt. Die Reihe besteht aus fünf Teilen („Introduction", Mai; „Molecules in Motion", Juni; „Entropy and the First Law", Juli–August; „Equilibria – The Limit of Disorder", September; „Equilibria – Molecules at Work", Oktober).

Fragen und Aufgaben

1.
a) $K = \dfrac{[SO_3]^2}{[SO_2]^2\ [O_2]}$ e) $K = \dfrac{[NO]^4\ [H_2O]^6}{[NH_3]^4\ [O_2]^5}$

b) $K = \dfrac{[PCl_5]}{[PCl_3]\ [Cl_2]}$ f) $K = [Ba^{2+}]\ [SO_2^{2-}]$

c) $K = \dfrac{[NH_3]^2}{[N_2]\ [H_2]^3}$ g) $K = [H^+]\ [HO^-]$

d) $K = \dfrac{[CO_2]\ [H_2]}{[CO]\ [H_2O]}$ h) $K = [CO_2]$.

2. $K = \dfrac{[NO_2]^2}{[N_2O_4]} = \dfrac{[6{,}15 \cdot 10^{-3}\ \text{mol l}^{-1}]^2}{[1{,}53 \cdot 10^{-2}\ \text{mol l}^{-1}]} = 2{,}47 \cdot 10^{-3}\ \text{mol l}^{-1}$.

3.
a) $H_3PO_4 \rightleftarrows H^+ + H_2PO_4^-$ $K_1 = \dfrac{[H^+]\ [H_2PO_4^-]}{[H_3PO_4]}$

b) $H_2PO_4^- \rightleftarrows H^+ + HPO_4^{2-}$ $K_2 = \dfrac{[H^+]\ [HPO_4^{2-}]}{[H_2PO_4^-]}$

c) $HPO_4^{2-} \rightleftarrows H^+ + PO_4^{3-}$ $K_3 = \dfrac{[H^+]\ [PO_4^{3-}]}{[HPO_4^{2-}]}$

oder in einem Schritt:

$H_3PO_4 \rightleftarrows 3\,H^+ + PO_4^{3-}$ $K = \dfrac{[H^+]^3\ [PO_4^{3-}]}{[H_3PO_4]}$.

4. $Ag_2CrO_4 \rightleftarrows 2\,Ag^+ + CrO_4^{2-}$

$K_{lp} = [Ag^+]^2\ [CrO_4^{2-}]$.

Ist die CrO_4^{2-}-Konzentration $7{,}8 \cdot 10^{-5}$-molar, dann muß die Ag^+-Konzentration doppelt so groß oder $15{,}6 \cdot 10^{-5}$-molar sein.

$K_{lp} = (1{,}56 \cdot 10^{-4})^2\ (7{,}8 \cdot 10^{-5})$

$K_{lp} = 1{,}9 \cdot 10^{-12}\ \text{mol}^3\ \text{l}^{-3}$.

5. $K_{lp} = 1{,}0 \cdot 10^{-6} = [Cu^+]\ [Cl^-] = x^2$

$x = 1{,}0 \cdot 10^{-3}\ \text{mol l}^{-1} = [Cu^+] = [Cl^-]$

6. $K_{lp} = 4 \cdot 10^{-14} = [Mn^{2+}]\ [OH^-]^2$.

Setzen wir $[Mn^{2+}] = [x]$, dann ist $[HO^-] = [2\,x]$ und

$4 \cdot 10^{-14} = [x]\ [2\,x]^2 = 4\,x^3$

$x^3 = 1 \cdot 10^{-14} = 10 \cdot 10^{-15}$

$x = 2{,}2 \cdot 10^{-5}\ \text{mol l}^{-1}$.

7. a) Wasser fließt nicht spontan bergauf, weil dieser Vorgang Energie erfordert. Die Energie könnte durch die thermische (ungeordnet kinetische) Energie der Moleküle geliefert werden. Wird jedoch diese Energie benutzt, würde die Temperatur der Moleküle sinken. Die tiefere Temperatur würde zu einem geordneteren Zustand führen (kleinere Entropie). Die Abnahme der Entropie, die mit dem Bergaufwärtsfließen des Wassers verbunden wäre, zwänge das Wasser in einen weniger wahrscheinlichen, höher geordneten Zustand, ein unwahrscheinlicher Vorgang.
   b) Wasser in festem Zustand bei 273 K ist in der Phase mit der niedrigsten Energie. Es wandelt sich in den weniger geordneten, höher energetischen flüssigen Zustand um, was mit einem Anstieg der Entropie verbunden ist. Die Tendenz des Wassers, im Zustand mit der geringsten Energie (fest) zu sein, wird gerade ausgeglichen durch die Tendenz zu einem ungeordneteren Zustand (flüssig). Bleibt die Temperatur bei 273 K und der Druck bei 1,013 bar, werden beide Phasen im Gleichgewicht sein, da die Tendenzen ausgeglichen sind.
   c) Theoretisch wird es immer einige H_2- und O_2-Moleküle geben, die übrigbleiben. Ähnlich wie beim Tennisspiel von Georg und Ellen, ist es unwahrscheinlich, daß alles H_2 und O_2 in H_2O umgewandelt wird. Es gibt eine endliche Wahrscheinlichkeit, daß einige Reaktanten immer vorhanden sind.

8. $H_2\,(g) + Cl_2\,(g) \rightleftarrows 2\,HCl\,(g)$ $\qquad \Delta\overline{H}° = -\,92{,}36$ kJ mol^{-1}

$\Delta\overline{G}° = -\,95{,}33$ kJ mol^{-1}

$$\Delta\overline{G}° = \Delta\overline{H}° - T\Delta\overline{S}°$$

$$\frac{\Delta\overline{G}° - \Delta\overline{H}°}{T} = -\,\Delta\overline{S}°$$

$$\frac{(-\,95{,}33 \text{ kJ mol}^{-1}) - (-\,92{,}36 \text{ kJ mol}^{-1})}{298 \text{ K}} = -\,\Delta S° = \frac{-\,2{,}97 \text{ kJ mol}^{-1}}{298 \text{ K}}$$

$$\Delta\overline{S}° = 9{,}97 \text{ J mol}^{-1}\text{ K}^{-1}$$

9. $C_2H_4\,(g) + 3\,O_2\,(g) \rightleftarrows 2\,CO_2\,(g) + 2\,H_2O\,(g)$

$$\Delta\overline{S}° = (2\,\overline{S}°_{CO_2} + 2\,\overline{S}°_{H_2O}) - (\overline{S}°_{C_2H_4} + 3\,\overline{S}°_{O_2})$$

$$\Delta\overline{S}° = (2 \cdot 214 + 2 \cdot 189) - (220 + 3 \cdot 205)$$

$$\Delta\overline{S}° = (806) - (835) = -\,29 \text{ J mol}^{-1}\text{ K}^{-1}$$

10. $N_2 + 3\,H_2 \rightleftarrows 2\,NH_3$ $\qquad \Delta\overline{G}° = -\,16647$ J mol^{-1}

$$\Delta\overline{G}° = -\,2{,}303\,RT \log \frac{K}{K°}$$

$$-\,16647 \text{ J mol}^{-1} = (-\,2{,}303)\,(8{,}31 \text{ J mol}^{-1}\text{ K}^{-1})\,(298 \text{ K}) \log \frac{K}{K°}$$

$$\frac{-\,16647 \text{ J mol}^{-1}}{(-\,2{,}303)\,(8{,}31 \text{ J mol}^{-1}\text{ K}^{-1})\,(298 \text{ K})} = \log \frac{K}{K°} = 2{,}92$$

$$\log \frac{K}{K°} = 2{,}92$$

$$\frac{K}{K°} = 10^{2{,}92} = 10^2 \cdot 10^{0{,}92}$$

$$K = 8{,}3 \cdot 10^2 \text{ mol}^{-2}\text{ l}^2$$

11. Für ein chemisches System im Gleichgewichtszustand gilt:

$$\Delta\overline{G}^\circ = -2{,}303\, RT \log\frac{K}{K^\circ}$$

$\Delta\overline{G}$ ist die Reaktionsenthalpie im Gleichgewichtszustand und gleich Null.

$$\Delta\overline{G} = \Delta\overline{H} - T\Delta\overline{S},$$

da aber im Gleichgewicht $\Delta\overline{G}$ Null ist:

$$\Delta\overline{H} = T\Delta\overline{S}.$$

12. A + B ⇄ C + D

$$K = \frac{[C]\,[D]}{[A]\,[B]} = 25{,}0.$$

Anfangskonzentrationen: $[A] = [B] = 1{,}00 \text{ mol l}^{-1}$
$[C] = [D] = 0 \text{ mol l}^{-1}$.

Gleichgewichtskonzentrationen: Angenommen, x sei die reagierte A-Menge, dann gilt:

$$[A] = 1{,}00 - x = [B]$$

$$[C] = x = [D]$$

$$K = 25{,}0 = \frac{(x)\,(x)}{(1{,}00 - x)\,(1{,}00 - x)} = \frac{x^2}{(1{,}00 - x)^2}$$

Auf beiden Seiten wird die Quadratwurzel gezogen:

$$5{,}0 = \frac{x}{1{,}00 - x}$$

$$5{,}0 - 5x = x$$

$$5{,}0 = 6x$$

$$x = \frac{5{,}0}{6} = 0{,}83$$

$[A] = [B] = (1{,}0 - 0{,}83) \text{ mol l}^{-1} = 0{,}17 \text{ mol l}^{-1}$

$[C] = [D] = 0{,}83 \text{ mol l}^{-1}$.

13. $H_2O(f) \rightleftarrows H_2O(fl)$ $\Delta\overline{H}_{\text{Schm.}} = 6012 \text{ J mol}^{-1}$
$\Delta\overline{S}_{\text{Schm.}} = 22{,}0 \text{ J mol}^{-1}\text{ K}^{-1}$

$$\Delta\overline{G} = \Delta\overline{H} - T\Delta\overline{S}.$$

Da aber im Gleichgewicht $\Delta\overline{G} = 0$ ist:

$$\Delta\overline{H} = T\Delta\overline{S}$$

$$T = \frac{\Delta\overline{H}}{\Delta\overline{S}} = \frac{6012}{22{,}0} = 273.$$

273 K ist der normale Schmelzpunkt von Eis.

14. Chemische Systeme streben von Natur aus ihren energetisch niedrigsten Zustand an, weswegen die meisten spontanen Vorgänge mit einer Freisetzung von Energie ($-\Delta H$) begleitet sind. Die Natur strebt aber auch an, alles in seinem wahrscheinlichsten Zustand (größte Unordnung oder Entropie) zu halten, der sich vom Zustand niedrigster Energie unterscheiden kann. Im Gleichgewicht halten sich beide Tendenzen die Waage.
15. a) Das Gleichgewicht verschiebt sich zu Gunsten der Reaktanten Cl_2 und H_2O.
    b) Die Bildung von $NH_4CO_2NH_2$ wird begünstigt.
    c) Die Bildung von N_2O_4 wird begünstigt.
16. Steigt die Temperatur eines Systems von Molekülen, so erhöht sich die Energie und ebenso die Unordnung (Entropie) des Systems. Die Unordnung eines Systems hängt also von der Temperatur ab; das erklärt, warum die Einheit der Entropie in $J\,K^{-1}$ ausgedrückt wird.
17. $K_W = 1{,}0 \cdot 10^{-14}\ mol^2\ l^{-2} = [H^+][HO^-] = (2{,}5 \cdot 10^{-3}\ mol\ l^{-1})\ [HO^-]$

$$[HO^-] = \frac{1{,}0 \cdot 10^{-14}\ mol^2\ l^{-2}}{2{,}5 \cdot 10^{-3}\ mol\ l^{-1}} = 4{,}0 \cdot 10^{-12}\ mol\ l^{-1}.$$

18. Reaktion (a) ist exotherm, sie gibt Wärme ab. Die Zufuhr von Wärme (Erhöhung der Temperatur) verschiebt die Reaktion zugunsten der Bildung von NO_2 und O_2, der endothermen Reaktion. K für (a) wird mit steigender Temperatur kleiner.
    Reaktion (b) ist endotherm; eine Erhöhung der Temperatur begünstigt die Bildung von CaO und CO_2. K wird mit zunehmender Temperatur größer.
19. Der Partialdruck eines Gases ist durch das allgemeine Gasgesetz gegeben:

$$p_{NO_2} = n_{NO_2} \frac{RT}{V} = [NO_2]\,RT$$

$$p_{N_2O_4} = n_{N_2O_4} \frac{RT}{V} = [N_2O_4]\,RT$$

$$K_p = \frac{p_{NO_2}^2}{p_{N_2O_4}} = \frac{[NO_2]^2\,RT}{[N_2O_4]} = KRT$$

Aus Aufgabe 2 folgte: $K = 2{,}47 \cdot 10^{-3}\ mol\ l^{-1}$

$$K_p = (2{,}47 \cdot 10^{-3}\ mol\ l^{-1})\ (0{,}0831\ l\ bar\ mol^{-1}\ K^{-1})\ (298\ K)$$
$$= 0{,}0612\ bar$$

$$\Delta\bar{G}^\circ = -\ 2{,}303\ RT \log \frac{K_p}{K_p^\circ}$$

$$= -\ 2{,}303\ (8{,}31\ J\ mol^{-1}\ K^{-1})\ (298\ K) \log \frac{0{,}0612\ bar}{1{,}013\ bar}$$

$$= 6{,}95\ kJ\ mol^{-1}.$$

Die Substanzen in der Reaktion sind in ihren Standardzuständen bei 298 K Gase. Die zur Berechnung von $\Delta\bar{G}^\circ$ zu benutzende Gleichgewichtskonstante muß daher in den Standardeinheiten für Gase, also in Partialdrucken, angegeben werden.

20. N_2 (g) + O_2 (g) $\rightleftarrows$ 2 NO (g) ist endotherm.

$$K = \frac{[NO]^2}{[N_2]\,[O_2]}$$

Eine Erhöhung der Temperatur verschiebt die Reaktion zugunsten des Produktes NO, weil das die Reaktionsrichtung ist, in der das System dem Zwang der erhöhten Temperatur ausweicht.

11 Chemische Reaktionen

Seminaranleitung

Dieses Kapitel verschafft den Studenten einen Überblick über die Vielzahl chemischer Reaktionstypen, die möglich sind. Obgleich die Einteilung vielleicht zu vereinfacht, ist sie doch nützlich, weil sie eine große Anzahl von Reaktionen in ein überschaubares System bringt.

Es ist wichtig, daß die Studenten die in diesem Kapitel erklärten Methoden, Gleichungen aufzustellen, lernen, besonders das Aufstellen von Oxidations-Reduktionsgleichungen.

11–1 Chemische Gleichungen, die Grundlage für eine Klassifizierung

Es ist ganz lehrreich für Studenten zu sehen, daß die verschiedenen Reaktionstypen klassifiziert werden können, wie das in diesem Kapitel geschieht. Es wird für Sie wichtig sein, viele Beispiele für jeden Reaktionstyp zur Verfügung zu haben. Ein paar sind im Folgenden zusammengestellt. Sie können aus der Liste einige willkürlich herausgreifen und sie von den Studenten klassifizieren lassen.

1. Substitutionsreaktionen:

a) $F_2\,(g) + 2\,NaCl\,(f) \rightarrow 2\,NaF\,(f) + Cl_2\,(g)$

b) $[Ni(H_2O)_6]^{2+} + 6\,NH_3 \rightarrow [Ni(NH_3)_6]^{2+} + 6\,H_2O$

c)

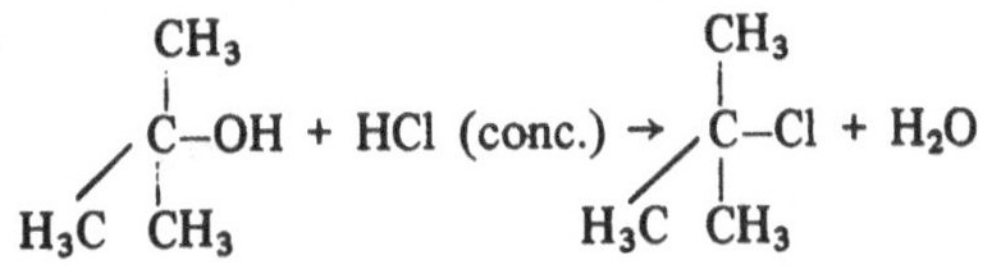

2. Additionsreaktionen:

a) $PCl_3 + Cl_2 \rightarrow PCl_5$

b) $P_4O_6 + 2\,O_2 \rightarrow P_4O_{10}$

c)

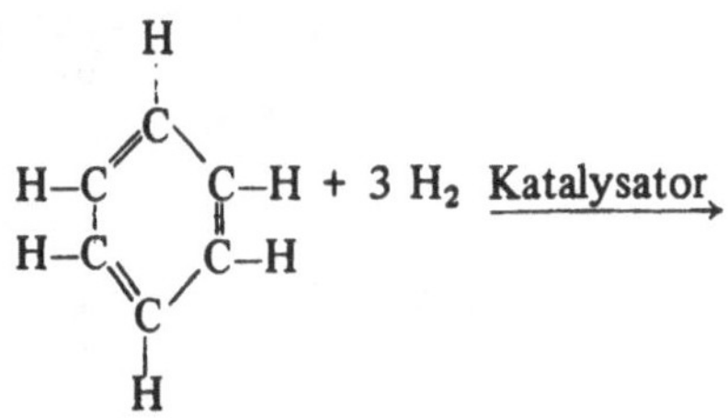

Benzol

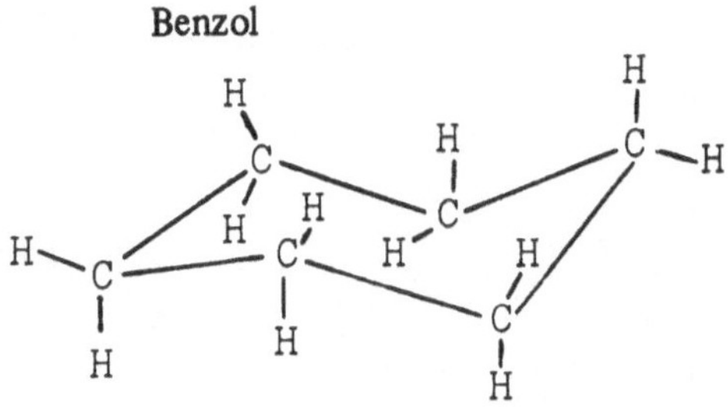

Cyclohexan

3. Elimination:

a)

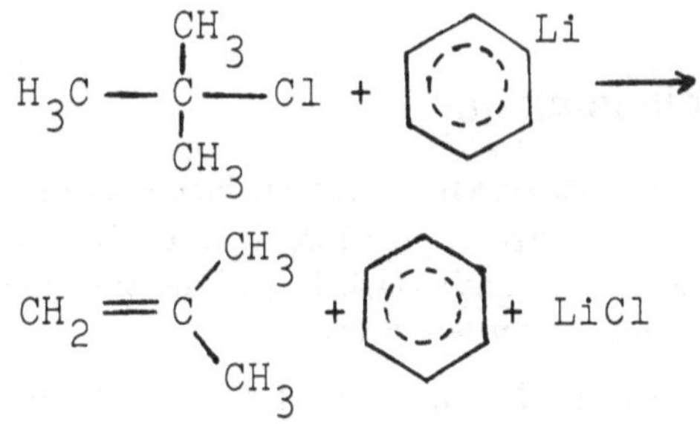

b) $CaCO_3 \rightarrow CaO + CO_2\,(g)$

Kalkstein Kalk Kohlendioxid

c) $$\mathrm{(NH_2)_2C{=}O + 3NaOBr + 2NaOH} \longrightarrow$$

Harnstoff Natrium-hypobromit Natronlauge

$N_2 + Na_2CO_3 + 3\,NaBr + 3\,H_2O$

d) $$\mathrm{(NH_2)_2C{=}O + H_2O} \xrightarrow{\text{Enzym}} \mathrm{CO_2 + 2NH_3}$$

4. Isomerisation:

a) $$\mathrm{CH_3CH_2CH_2OH \rightarrow CH_3{-}CH(OH){-}CH_3}$$

n-Propylalkohol Isopropylalkohol

b)

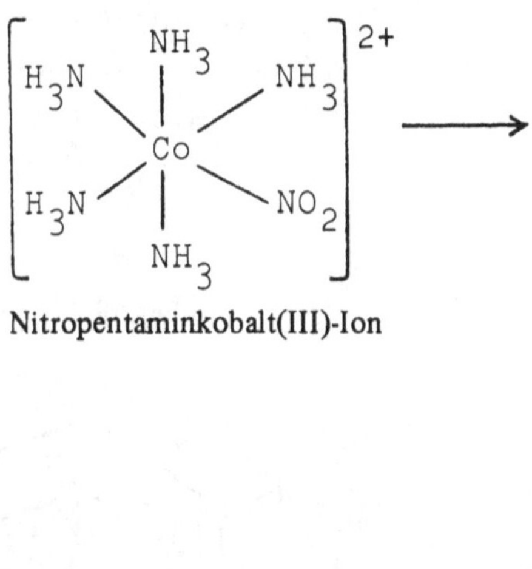

Nitropentaminkobalt(III)-Ion

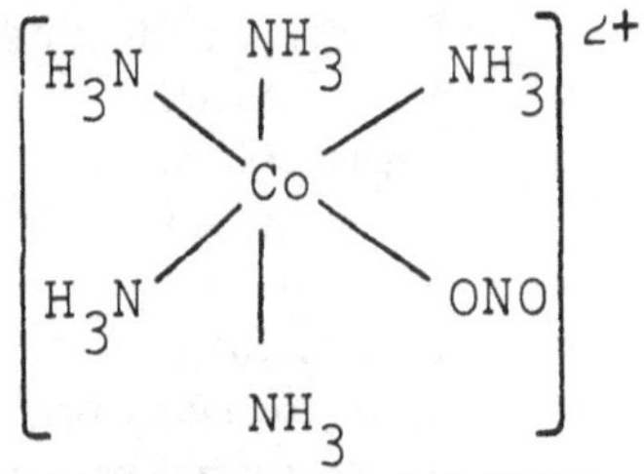

Nitritopentaminkobalt(III)-Ion

5. Oxidation-Reduktion:
   Oxidations-Reduktionsreaktionen können auch als Substitutions-Additions- oder Eliminationsreaktionen klassifiziert werden. In Tabelle 11–1 sind die Reaktionen 11–1 und 11–4 Oxidations-Reduktionsreaktionen, aber auch Substitutionsreaktionen. Gleichung 11–15 ist eine Oxidations-Reduktionsreaktion, aber auch eine Additionsreaktion. Gleichungen 11–18 und 11–19 sind Oxidation-Reduktionsreaktionen, doch auch Eliminationsreaktionen.

11–2 Substitutionsreaktionen

Diskutieren Sie vielleicht die Gleichungen der Tabelle 11–1 im Hinblick auf die drei im Lehrbuch angeführten Punkte.

Erklären Sie den Unterschied zwischen einer Netto-Ionengleichung und einer vollständigen Gleichung. Die Neutralisierungsreaktion zwischen Salzsäure und Natriumhydroxid kann geschrieben werden als

$$HCl + NaOH \rightarrow NaCl + H_2O.$$

Häufig ist es jedoch anschaulicher, diejenigen Ionen wegzulassen, die zu Beginn und am Ende der Reaktion vorhanden sind. Die gesamte Ionengleichung wäre

$$H^+ + HO^- \rightarrow H_2O.$$

Gleichung 11–6 in Tabelle 11–1 könnte wie folgt geschrieben werden:

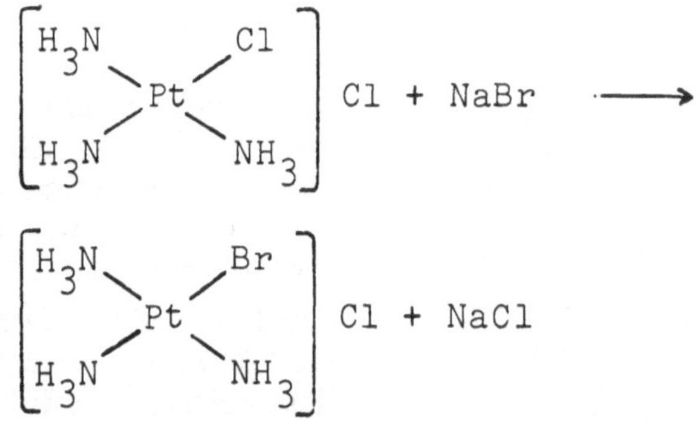

Da aber die Chloridanionen und die Natriumkationen an der Reaktion nicht teilnehmen, können sie auch weggelassen werden.

Säure-Base-Reaktionen; Protonentransfer

In diesem Abschnitt werden in Kürze drei verschiedene Säure-Base-Theorien eingeführt. Es gibt eine Anzahl anderer ebenso guter Säure-Base-Theorien, und Chemiker entscheiden sich oft für die Theorie, die für das gerade betrachtete System das beste Modell liefert. Zweckmäßigerweise sollten Sie jede der drei Theorien anhand von Beispielen diskutieren.

Die Definition von Arrhenius, die besagt, daß eine Säure ein Protonendonator ist und eine Base ein Hydroxidionendonator, kann mit wohlbekannten Säuren und Basen erläutert werden.

	Säuren
Salzsäure	$HCl \rightarrow H^+ + Cl^-$
Schwefelsäure	$H_2SO_4 \rightarrow H^+ + HSO_4^-$
Phosphorsäure	$H_3PO_4 \rightarrow H^+ + H_2PO_4^-$

	Basen
Natriumhydroxid	$NaOH \rightarrow Na^+ + HO^-$
Calciumhydroxid	$Ca(OH)_2 \rightarrow Ca^{2+} + 2\,HO.$

Die Theorie von Arrhenius hat ihre Grenzen, da sie sich nur auf Reaktionen bezieht, die in Wasser ablaufen, aber nicht auf Säure-Base-Reaktionen in den vielen nichtwäßrigen Lösungsmitteln. In flüssigem Ammoniak läuft zum Beispiel auf Zugabe von HCl die folgende Säure-Base-Reaktion ab:

$$NH_3 + HCl \rightarrow NH_4^+ + Cl^-.$$

Das HCl in dieser Reaktion ist nach der Definition von Arrhenius eine Säure, NH_3 aber ist danach keine Base.

Die Brönsted-Lowry-Theorie, nach der eine Säure ein Protonendonator ist und eine Base ein Protonenacceptor, kann auch auf nichtwäßrige Lösungsmittel angewendet werden, ist also vom Anwendungsgebiet her breiter als die Theorie von Arrhenius. In der vorstehenden Reaktion wäre also NH_3 nach der Brönsted-Lowry-Theorie eine Base.

Die Lewis-Definition einer Säure erweitert die Theorie der Säuren und Basen auf Reaktionen, in denen kein Protonentransfer stattfindet. Die Reaktion

$$Pt^{2+} + 4\ddot{N}H_3 \rightarrow Pt(NH_3)_4^{2+}$$

ist nur im System nach Lewis eine Säure-Base-Reaktion.

11–3 Additionsreaktionen
11–4 Eliminationsreaktionen

Der Inhalt dieses Abschnitts braucht nicht weiter erläutert zu werden. Wenn Sie weitere Beispiele anführten, wäre das ganz gut.

11–5 Isomerisationsreaktionen

Fragen Sie Ihre Studenten, ob Sie irgendwelche Strukturisomere von Propan aufschreiben können (dabei sollten sie zu dem Schluß kommen, daß es keine gibt). Lassen Sie alle Strukturisomeren von n-Pentan aufschreiben; es sollten drei notiert werden:

$CH_3CH_2CH_2CH_2CH_3$

n-Pentan

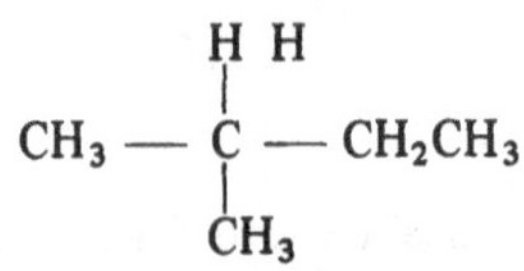

Isopentan

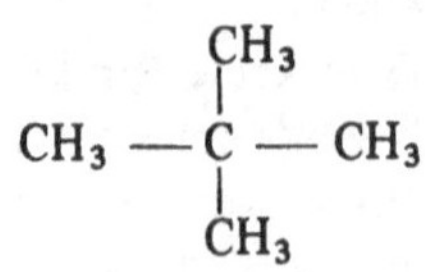

2,2-Dimethylpropan.

Für die Reaktion 11–22 sollten Sie einen Mechanismus kennen, wenn Studenten Näheres wissen wollen. Eine Isomerisation dieses Typs könnte fotochemisch induziert oder durch eine Spur eines freien Liganden katalysiert werden. Ein postulierter Mechanismus für den letzteren Prozeß wäre der folgende:

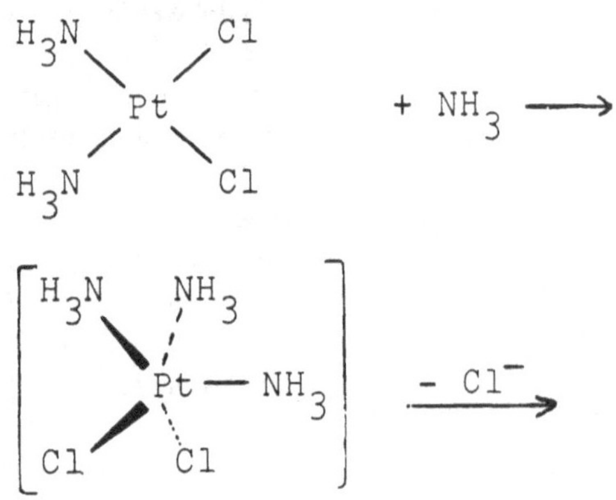

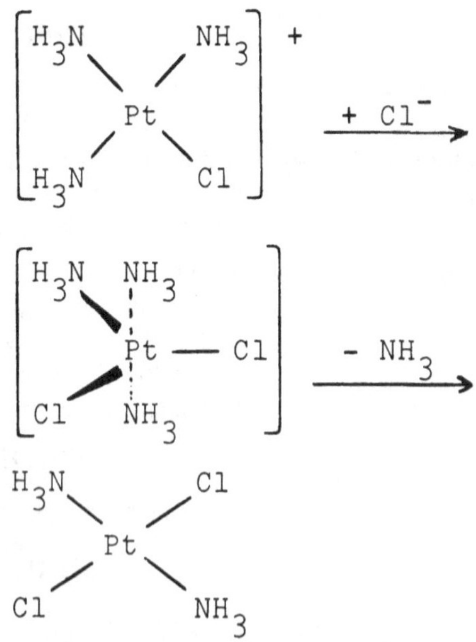

Haben Ihre Studenten angenommen, daß $PtCl_2(NH_3)_2$ tetraedrisch ist, fragen Sie sie, wieviele Strukturisomere möglich wären. Nehmen Sie ein Molekülmodell dieser Verbindung zu Hilfe, um den Studenten zu erklären, daß es keine Strukturisomere gibt.

11–6 Oxidations-Reduktionsreaktionen

Als erstes muß ein Student in diesem Abschnitt die Definitionen von Oxidation und Reduktion lernen. Eine Substanz wird oxidiert, wenn sie Elektronen abgibt oder die Oxidationszahl größer wird. Eine Substanz wird reduziert, wenn sie Elektronen aufnimmt oder ihre Oxidationszahl kleiner wird. Natürlich müssen die Studenten Bescheid wissen, wie man die Oxidationszahlen von Atomen bestimmt, wenn sie diese Definitionen verstehen und anwenden wollen. Nehmen Sie deshalb noch einmal die Regeln durch, die im Lehrbuch zu diesem Zweck gegeben worden sind. Die Regeln werden schneller und mit mehr Verständnis gelernt, wenn Sie für jede zusätzliche Erläuterungen geben und Übungen durchführen. Einige sind hier gegeben; es wird Ihnen leichtfallen, weitere Beispiele zu finden.

Regel 1

Für Cr_2O_3:

Oxidationszahl von O = – 2

3(– 2) = – 6

Oxidationszahl von Cr = + 3

2(+ 3) = + 6

Summe der Oxidationszahlen = – 6 + 6 = 0.

Regel 2
Sie schließt die Elemente in S_8, P_4, O_3 und andere Substanzen, die nur ein Element enthalten, ein.
Regel 3
Diese Regel ist eine spezielle Form der allgemeinen Regel, daß das elektronegativere Element eines miteinander verbundenen Atompaares die negative Oxidationszahl besitzt. Wasserstoff hat also die Oxidationszahl + 1, wenn er mit einem Nichtmetall verbunden ist (wie z.B. in HCl, H_2S und H_2Te). Ist er mit Metallen verbunden (wie z.B. in NaH und CsH), hat er die Oxidationszahl – 1.
Regel 4
Barium in BaO ist + 2, Kohlenstoff in CCl_4 ist + 4, Silizium in SiO_2 ist + 4 und so weiter.
Regel 5
Cäsium in CsCl ist + 1, Beryllium in $BeCl_2$ ist + 2.
Regel 6
Das einzige Element, das elektronegativer als Sauerstoff, ist Fluor; aus diesem Grunde hat Sauerstoff nur in binären Fluoriden eine positive Oxidationszahl (z.B. + 2 in OF_2). Zwei häufige Peroxide, in denen Sauerstoff – 1 ist, sind H_2O_2 und Na_2O_2.
Regeln 7 und 9
Wird Phosphor mit Wasserstoff verbunden (im PH_3), so hat er eine Oxidationszahl von – 3, wird er mit Chlor verbunden (z.B. im PCl_3), so ist seine Oxidationszahl + 3.
Regel 8
In der Schwefelsäure H_2SO_4 ist die Summe der Oxidationszahlen von Wasserstoff (+ 2) und Sauerstoff (– 8) gleich – 6, daher ergibt sich die Oxidationszahl von Schwefel zu + 6.
Erinnern Sie Ihre Studenten daran, daß die Berechnung der Oxidationszahlen nur mit etwas Buchhaltung, aber wenig mit den Ladungsmengen zu tun hat, die tatsächlich an einem Atom vorhanden sind. Wenn sie gelernt haben, die Oxidationszahlen zu berechnen, werden sie in der Lage sein, Oxidations-Reduktionsreaktionen zuverlässig analysieren zu können.
Übung
Bestimmen Sie die Oxidationszahl eines jeden Elements in den folgenden Substanzen:

$$SO_3^{2-}, S_2O_8^{2-}, NH_2OH, N_2F_2, NO_2^-, P_2O_7^{4-}.$$

Lösung

SO_3^{2-}

$$\begin{aligned} O &= -2 \\ 3O &= 3(-2) = -6 \\ S &= +4 \end{aligned}$$

$$+4 - 6 = -2 = \text{Ionenladung}$$

$S_2O_8^{2-}$

$$\begin{aligned} O &= -2 \\ 8O &= 8(-2) = -16 \\ 2S &= +14 \\ S &= +7 \end{aligned}$$

$$+14 - 16 = -2 = \text{Ionenladung}$$

(Das wäre eine logische Antwort, wenn wir nicht wüßten, daß $S_2O_8^{2-}$ eine Peroxidgruppe enthält und daß S in Gruppe VI steht).

NH_2OH

$$\begin{aligned} O &= -2 \\ H &= +1 \\ 3H &= +3 \\ N &= -1 \end{aligned}$$

$$-2 + 3 - 1 = 0$$

N_2F_2

$$\begin{aligned} F &= -1 \\ 2F &= -2 \\ 2N &= +2 \\ N &= +1 \end{aligned}$$

$$+2 - 2 = 0$$

NO_2^-

$$\begin{aligned} O &= -2 \\ 2O &= 2(-2) = -4 \\ N &= +3 \end{aligned}$$

$$+3 - 4 = -1 = \text{Ionenladung}$$

$P_2O_7^{4-}$

$$\begin{aligned} O &= -2 \\ 7O &= -14 \\ 2P &= +10 \\ P &= +5 \end{aligned}$$

$$+10 - 14 = -4 = \text{Ionenladung}$$

Übung

Bestimmen Sie für die folgenden Reaktionen, ob es sich um eine Oxidations-Reduktionsreaktion handelt, und falls es so ist, so kennzeichnen Sie das Oxidationsmittel, das Reduktionsmittel, die oxidierte und die reduzierte Substanz.

a) $Cr_2O_7^{2-} + 14H^+ + 6Fe^{2+} \rightarrow 2Cr^{3+} + 6Fe^{3+} + 7H_2O$

b) $SF_4 + F_2 \rightarrow SF_6$

c) $PCl_5 \rightarrow PCl_3 + Cl_2$

d) $H_3CCH_2CH_2CH_3 \rightarrow$

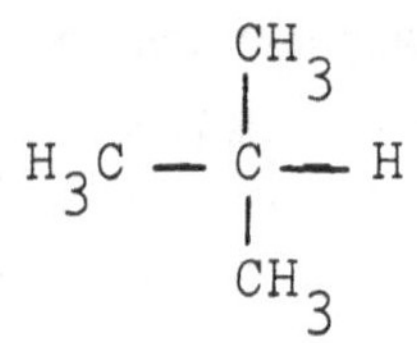

e) $2Fe^{2+} + Cl_2 \rightarrow 2Fe^{3+} + 2Cl^-$

f)

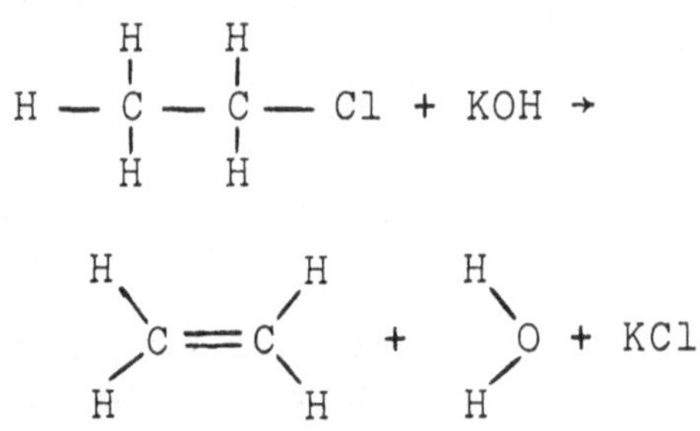

g) $Ag^+ + 2\,NH_3 + Cl^- \rightarrow [Ag(NH_3)_2]Cl$

Lösung

Außer d) und g) sind alles Oxidations-Reduktionsreaktionen.

Reaktion	Oxidationsmittel	Reduktionsmittel	oxidierte Substanz	reduzierte Substanz
a)	$Cr_2O_7^{2-}$	Fe^{2+}	Fe^{2+}	$Cr_2O_7^{2-}$
b)	F_2	SF_4	SF_4	F_2

c) Das ist ein Beispiel für eine Autoxidations-Reduktionsreaktion; Cl^- wird oxidiert und $\overset{+5}{P}$ wird reduziert.

Reaktion	Oxidationsmittel	Reduktionsmittel	oxidierte Substanz	reduzierte Substanz
e)	Cl_2	Fe^{2+}	Fe^{2+}	Cl_2

f)

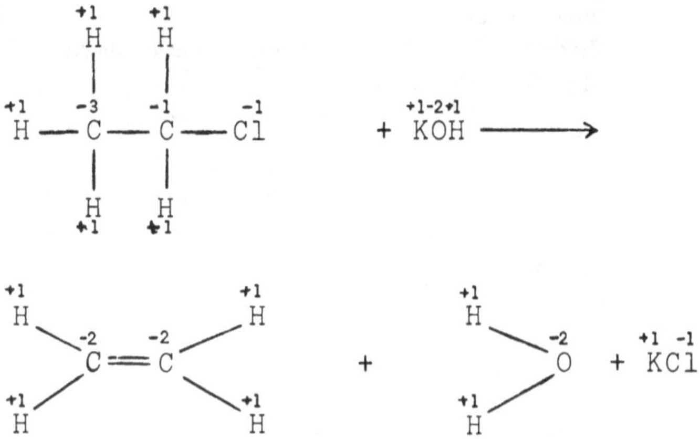

1-Chloräthan unterliegt sowohl der Oxidation als auch der Reduktion; $\overset{-3}{C}$ wird zu $\overset{-2}{C}$ oxidiert und $\overset{-1}{C}$ wird zu $\overset{-2}{C}$ reduziert.
Ein weiteres Beispiel, das Sie mit Ihren Studenten betrachten können, ist folgende Reaktion:

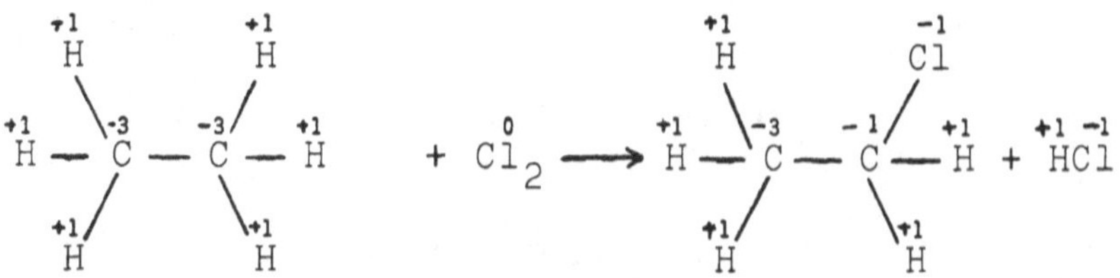

In dieser Substitutionsreaktion wird Cl_2 reduziert und ein $\overset{-3}{C}$ zu $\overset{-1}{C}$ oxidiert.

Das Aufstellen von Redox-Gleichungen

Weisen Sie Ihre Studenten darauf hin, daß sie beim Aufstellen von Oxidations-Reduktionsgleichungen auf ausgeglichene Ladungen und ausgeglichene Massen zu achten haben. Die folgende Gleichung zeigt, wie wichtig der Ladungsausgleich ist:

falsch

$$9\,Fe^{2+} + 8\,H^{+} + MnO_4^{-} \rightarrow 9\,Fe^{3+} + Mn^{2+} + 4\,H_2O.$$

Jede Seite der Gleichung hat gleich viele Fe-, H-, Mn- und O-Atome, trotzdem sind sie unausgeglichen, weil es links 25 und rechts 29 positive Ladungen gibt. Ein derartiger Fehler wird meistens durch falsches Ausgleichen der Permanganat-Halbreaktion gemacht:

falsch $9e^{-} + 8\,H^{+} + MnO_4^{-} \rightarrow Mn^{2+} + 4\,H_2O.$

Hier gibt es eine Ladung von - 2 auf der linken und von + 2 auf der rechten Seite. Achten Sie auf Studenten, die glauben, daß eine solche Gleichung (- 2 = + 2) ausgeglichen ist, weil sich die beiden positiven und negativen Ladungen aufheben.
Gleichungen für Redoxreaktionen, die in alkalischen Lösungen ablaufen, können leicht aufgestellt werden, indem in gleicher Weise wie für Reaktionen in sauren Lösungen vorgegangen wird und am Ende die H^+-Ionen durch Zugabe von ausreichend HO^--Ionen weggenommen werden.

Beispiel

Stellen Sie die folgende Gleichung für eine alkalische Lösung auf:

$$Pb^{2+} + SO_3^{2-} \rightarrow Pb + SO_4^{2-}.$$

Lösung

$$2\,e^- + Pb^{2+} \rightarrow Pb$$
$$H_2O + SO_3^{2-} \rightarrow SO_4^{2-} + 2\,H^+ + 2e^-$$
$$H_2O + Pb^{2+} + SO_3^{2-} \rightarrow Pb + SO_4^{2-} + 2\,H^+$$

Durch Addieren von zwei HO^- und Substraktion von einem H_2O auf beiden Seiten ergibt sich:

$$2\,HO^- + Pb^{2+} + SO_3^{2-} \rightarrow SO_4^{2-} + Pb + H_2O.$$

Erinnert man sich schließlich, daß Pb^{2+} mit drei HO^- assoziiert, so addiert man auf beiden Seiten der Gleichung ein weiteres HO^- und die Gleichung 11–41 des Lehrbuches entsteht:

$$[Pb(OH)_3]^- + SO_3^{2-} \rightarrow Pb + SO_4^{2-} + HO^- + H_2O.$$

Literatur

1. M.P. Goodsein: „Interpretation of Oxidation-Reduction". *J. Chem. Ed. 47,* 452 (1970). Interpretation des Oxidationszahlensystems auf der Grundlage der Elektronegativität.
2. J.E. House, Jr.: „Substitution Reactions in Metal Complexes". *Chemistry* (Juni, 1970). Es werden die Mechanismen der Substitution in anorganischen und organischen Reaktionen diskutiert mit besonderer Betonung der anorganischen Reaktionen.
3. J.A. Young and J.G. Malik: „Chemical Queries." *J. Chem. Ed. 47,* 281 (1970). Zeigt, daß manche Gleichungen mit Hilfe mehrerer, unterschiedlicher Koeffizientenkombinationen ausgeglichen werden können, z.B.:

$$5\,(CH_3)_3\,COH + 10\,O_2 \rightarrow 2\,CH_3COOH + 4\,CH_3COCH_3 + 4\,CO_2 + 9\,H_2O$$

oder $3\,(CH_3)_3\,COH + 6\,O_2 \rightarrow 2\,CH_3COOH + 2\,CH_3COCH_3 + 2\,CO_2 + 5\,H_2O.$

Der Artikel diskutiert, was eine richtig ausgewogene Gleichung ausmacht.

Fragen und Aufgaben

1. a) Substitution
   b) Addition
   c) Substitution oder Elimination
   d) Redox
   e) Substitution.
2. Eine Arrhenius-Säure ist ein Protonendonator und eine Arrhenius-Base ein HO^--Donator. Eine Brönsted-Säure ist ein Protonendonator und eine Brönsted-Base ein Protonenacceptor. In Reaktion a ist HCl sicherlich eine Säure, da es ein ersetzbares Proton besitzt. NaOH kann ein HO^- abgeben und ist deshalb eine Base. Das HO^- kann ein Proton aufnehmen, was es zu einer Brönsted-Base macht. Auch in Reaktion b ist HCl eine Säure, aber es gibt keine HO^--Donator. NH_3 kann aber ein Proton aufnehmen und ist daher eine Brönsted-Base.
3. Elimination oder Substitution.
4. Isomerisation.
5. K(+ 1) Mn(+ 7) O(– 2) Na(+ 1) C(+ 3) O (– 2)
   S(+ 6) O (– 2) C(– 2) H (+ 1) O (– 2)
   Br(+ 1) Cl (– 1) F(0).
6. a) $2\,(8\,H^+ + KMnO_4 + 5\,e^- \rightarrow Mn^{2+} + K^+ + 4\,H_2O)$

$$5\,(2\,HCl \rightarrow Cl_2 + 2\,H^+ + 2e^-)$$

$$\cancel{16H^+} + 2KMnO_4 + 10e^- + 10\,HCl \rightarrow 2\,Mn^{2+} + 2K^+ + 8H_2O + 5Cl_2 + \cancel{10H^+} + 10e^-$$

$6H^+$

$$2\,KMnO_4 + 10\,HCl + 6\,H^+ \rightarrow 2Mn^{2+}\,2\,K^+ + 8\,H_2O + 5\,Cl_2$$

$$2\,KMnO_4 + 16\,HCl \rightarrow 2\,MnCl_2 + 2\,KCl + 8\,H_2O + 5\,Cl_2$$

b)

$$1(Cu \rightarrow Cu^{2+} + 2e^-)$$

$$2(H^+ + e^- + HNO_3 \rightarrow NO_2 + H_2O)$$

$$2H^+ + \cancel{2e^-} + 2HNO_3 + Cu \rightarrow Cu^{2+} + \cancel{2e^-} + 2NO_2 + 2H_2O$$

$$4HNO_3 + Cu \rightarrow Cu(NO_3)_2 + 2NO_2 + 2H_2O$$

$$3(2Sb + 5H_2O \rightarrow Sb_2O_5 + 10e^- + 10H^+)$$

$$10(3H^+ + 3e^- + HNO_3 \rightarrow NO + 2H_2O)$$

$$6Sb + \cancel{15H_2O} + \cancel{30H^+} + \cancel{30e^-} + 10HNO_3 \rightarrow 3Sb_2O_5 + \cancel{30e^-} + \cancel{30H^+}$$

$$+10NO + \cancel{20H_2O}$$

$5H_2O$

$$6Sb + 10HNO_3 \rightarrow 3Sb_2O_5 + 10NO + 5H_2O$$

d)
$$2e^- + Fe_2(SO_4)_3 \rightarrow 2FeSO_4 + SO_4^{2-}$$
$$2NaI \rightarrow 2Na^+ + I_2 + 2e^-$$
$$\cancel{2e^-} + Fe_2(SO_4)_3 + 2NaI \rightarrow 2FeSO_4 + Na_2SO_4 + I_2 + \cancel{2e^-}$$

e)
$$2(4OH^- + CrO_2^- \rightarrow CrO_4^{2-} + 2H_2O + 3e^-)$$
$$3(2e^- + H_2O + ClO^- \rightarrow Cl^- + 2OH^-)$$
$$\cancel{8OH^-} + 2CrO_2^- + \cancel{6e^-} + \cancel{3H_2O} + 3ClO^- \rightarrow 2CrO_4^{2-} + \cancel{4H_2O} + \cancel{6e^-} + 3Cl^-$$
$$2OH^- \qquad\qquad H_2O \qquad + \cancel{6OH^-}$$
$$2CrO_2^- + 3ClO^- + 2OH^- \rightarrow 2CrO_4^{2-} + 3Cl^- + H_2O$$

f)
$$5(2e^- + Br_2 \rightarrow 2Br^-)$$
$$12HO^- + Br_2 \rightarrow 2BrO_3^- + 10e^- + 6H_2O$$
$$\cancel{10e^-} + 5Br_2 + 12HO^- + Br_2 \rightarrow 10Br^- + 2BrO_3^- + \cancel{10e^-} + 6H_2O$$
$$3Br_2 + 6HO^- \rightarrow 5Br^- + BrO_3^- + 3H_2O$$

g)
$$2(3e^- + Bi(OH)_3 \rightarrow Bi + 3HO^-)$$
$$3(2HO^- + SnO_2^{2-} \rightarrow SnO_3^{2-} + 2e^- + H_2O)$$
$$\cancel{6e^-} + 2Bi(OH)_3 + \cancel{6HO^-} + 3SnO_2^{2-} \rightarrow 2Bi + \cancel{6HO^-} + 3SnO_3^{2-} + \cancel{6e^-} + 3H_2O$$
$$2Bi(OH)_3 + 3SnO_2^{2-} \rightarrow 2Bi + 3SnO_3^{2-} + 3H_2O$$

h)
$$6H_2O + I_2 \rightarrow 2HIO_3 + 10e^- + 10H^+$$
$$10(H^+ + e^- + HNO_3 \rightarrow NO_2 + H_2O)$$
$$\cancel{6H_2O} + I_2 + \cancel{10H^+} + \cancel{10e^-} + 10HNO_3 \rightarrow 2HIO_3 + \cancel{10e^-} + \cancel{10H^+} + 10NO_2 + \cancel{10H_2O}$$
$$4H_2O$$
$$I_2 + 10HNO_3 \rightarrow 2HIO_3 + 10NO_2 + 4H_2O$$

i)
$$4(Zn \rightarrow Zn^{2+} + 2e^-)$$
$$8e^- + 10H^+ + NO_3^- \rightarrow NH_4^+ + 3H_2O$$
$$4Zn + \cancel{8e^-} + 10H^+ + NO_3^- \rightarrow 4Zn^{2+} + \cancel{8e^-} + NH_4^+ + 3H_2O$$
$$4Zn + 10H^+ + NO_3^- \rightarrow 4Zn^{2+} + NH_4^+ + 3H_2O$$

j)
$$3(16H_2O + P_4 \rightarrow 4H_2PO_4^- + 20e^- + 24H^+)$$
$$5(12H^+ + 12e^- + P_4 \rightarrow 4PH_3)$$
$$48H_2O + 3P_4 + \cancel{60H^+} + \cancel{60e^-} + 5P_4 \rightarrow 12H_2PO_4^- + \cancel{60e^-} + \cancel{72H^+} + 20PH_3$$
$$12H^+$$
$$12H_2O + 2P_4 \rightarrow 3H_2PO_4^- + 3H^+ + 5PH_3$$

7. a) $ClO_2 \rightarrow ClO_2^-$ 1 e^- Reduktion

   $ClO_2 \rightarrow ClO_3^-$ 1 e^- Oxidation

   b) $J_2 \rightarrow 2\,J^-$ 2 e^- Reduktion (pro J_2)

   $2\,S_2O_3^{2-} \rightarrow S_4O_6^{2-}$ 1 e^- Oxidation (pro $S_2O_3^{2-}$)

8. $6e^- + 14\,H^+ + Cr_2O_7^{2-} \rightarrow 2\,Cr^{3+} + 7\,H_2O$.

   Die ausgeglichene Halbreaktion zeigt, daß für die Reduktion von 1 Mol $Cr_2O_7^{2-}$-Ionen 6 e^- erforderlich sind. Die Zahl der Mole $K_2Cr_2O_7$ in 20,4 g sind

   $$\frac{20{,}4\text{ g}}{294{,}2\text{ g mol}^{-1}} = 0{,}0693\text{ mol}$$

   $6{,}93 \cdot 10^{-2}$ mol $\cdot$ $6{,}022 \cdot 10^{23}$ Moleküle mol^{-1} $\cdot$ 6 Elektronen Molekül^{-1}

   = $250 \cdot 10^{21}$ Elektronen = $2{,}5 \cdot 10^{23}$ Elektronen.

9. a) $2e^- + Cl_2 \rightarrow 2\,Cl^-$

   b) $2e^- + H_2O_2 + 2H^+ \rightarrow 2\,H_2O$

   c) $C_2O_4^{2-} \rightarrow 2\,CO_2 + 2\,e^-$

   d) $4e^- + P_4 + 4\,H^+ \rightarrow 2\,P_2H_4$.

10. Eine Protonensäure ist ein Protonendonator, während eine Lewis-Säure eine Substanz ist, die ein Elektronenpaar aufnehmen kann. Die Definition der Lewis-Base schließt Brönsted-Basen ein, da ein Elektronenpaardonator ein Protonenacceptor ist.

    $H^+ + :X^- \rightarrow H : X$

    Säure Base.

    Es gibt Substanzen, die im Sinne der Protonensäure keine Säuren sind, wohl aber Lewis-Säuren. Ag^+ z.B. ist in der Reaktion

    $Ag^+ + 2\,:NH_3 \rightarrow [Ag(:NH_3)_2]^+$

    eine Lewis-Säure.

11. Eine Säure-Base-Reaktion ist eine Übertragung oder Substitution eines Protons von einer Gruppe auf eine andere. Zum Beispiel in der Reaktion:

    $HCl + NaOH \rightarrow NaCl + H_2O$.

    Das Cl wird durch OH ersetzt, wodurch Wasser gebildet wird.

12. a) Redox
    b) Substitution
    c) Redox
    d) Substitution.

13. Redox-Reaktionen:

    a) Cu^{2+}, Oxidationsmittel — $2\,J^-$ Reduktionsmittel

    c) Cr^{2+}, Reduktionsmittel — $[Co(NH_3)_5Cl]^{2+}$ Oxidationsmittel.

Lewis-Säure-Base-Reaktionen:

b) $:\ddot{\underset{..}{F}}:^-$ ist eine Lewis-Base

$[AlCl_4]^-$ ist eine Lewis-Säure.

d) $[PtCl_4]^{2-}$ ist eine Lewis-Säure

$:\ddot{\underset{..}{J}}:^-$ ist eine Lewis-Base

$[AlCl_4]^-$ und $[PtCl_4]^{2-}$ sind Komplexe.
F^- und J^- sind Liganden. Wir können b und d als Ligandensubstitutionsreaktionen klassifizieren, weil die Reaktionen eine Ersetzung der Liganden von Al bzw. Pt sind.

14. a) $H^+ + HO^- \rightarrow H_2O$

$Cu^{2+} + 4\,H_2O \rightarrow [Cu(H_2O)_4]^{2+}$

b) $Ni + 4\,CO \rightarrow Ni(CO)_4$

c) $[Cu(H_2O)_4]^{2+} + 4\,NH_3 \rightarrow [Cu(NH_3)_4]^{2+} + 4\,H_2O$

d) 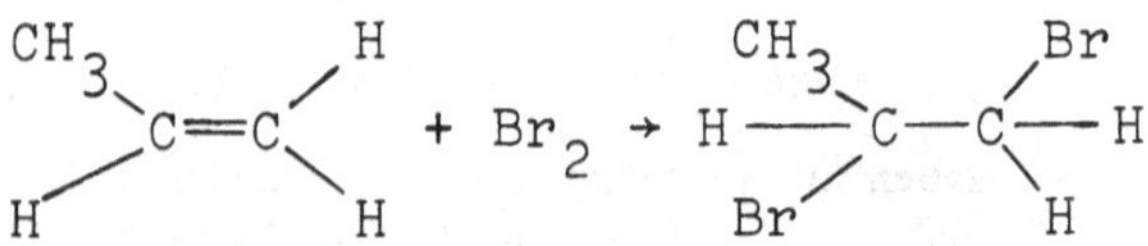

e) $HCl + :NH_3 \rightarrow H:NH_3^+ + Cl^-$.

12 Protonensäuren und -basen

Seminaranleitung

Große Teile des in diesem Kapitel gebrachten Stoffes sind bestimmte und wichtige Anwendungen der Begriffe des chemischen Gleichgewichts, die in Kapitel 10 eingeführt worden sind. Wiederholen Sie diese Begriffe mit Ihren Studenten, bevor Sie das folgende Kapitel beginnen.
Mehrere Abschnitte, beispielsweise die über pH und Puffer, verdienen besondere Beachtung wegen ihrer praktischen Bedeutung, während der letzte Abschnitt wichtig ist, weil er sich mit einem grundlegenden Aspekt der Chemie, der Beziehung zwischen der Molekülstruktur und den chemischen Eigenschaften, beschäftigt.

12–1 Konjugierte Säuren und Basen

Manchmal haben die Studenten Schwierigkeiten, sich zu erinnern, ob die allgemeine Brönsted-Lowry-Gleichung

$$\text{Säure}_1 + \text{Base}_2 \rightleftarrows \text{Säure}_2 + \text{Base}_1 \quad \text{oder}$$

$$\text{Säure}_1 + \text{Base}_1 \rightleftarrows \text{Säure}_2 + \text{Base}_2 \quad \text{lautet.}$$

Haben Sie aber einmal verstanden, daß sich Base_1 von Säure_1 ableitet, werden sie die beiden Möglichkeiten nicht mehr durcheinanderbringen. In der Gleichung 12–1

$$HCl + H_2O \rightleftarrows H_3O^+ + Cl^-$$

gibt HCl (Säure_1) ein Proton ab und wird zu Cl^-. Da sich das Cl^--Ion von der Säure_1 ableitet, wird es als Base_1 bezeichnet.

Machen Sie Ihre Studenten darauf aufmerksam, daß Wasser in einer Reaktion als Säure oder als Base wirken kann. In Gleichung 12–1 verhält es sich wie eine Base, aber in der Reaktion

$$NH_3 + H_2O \rightleftarrows NH_4^+ + HO^-$$

$$\text{Base}_1 \quad \text{Säure}_2 \quad \text{Säure}_1 \quad \text{Base}_2$$

wirkt Wasser als eine Säure.

Übung

a) Wie heißt die konjugierte Säure zu Wasser? Die konjugierte Base?
b) Wie heißt die konjugierte Säure zu HO^-? Die konjugierte Base?

Lösung

a) Nimmt Wasser an einer Reaktion derart teil, daß es eine konjugierte Säure hat, muß es selbst in der Reaktion als eine Base wirken.

$$H_2O + H^+ \rightleftarrows H_3O^+$$

Base konjugierte Säure.

Nimmt andererseits Wasser in einer Reaktion so teil, daß es eine konjugierte Base hat, muß es selbst in der Reaktion als eine Säure wirken.

$$H_2O + B^- \rightleftarrows HO^- + HB$$

Säure konjugierte Base

b) $H^+ + HO^- \rightleftarrows H_2O$

Base konjugierte Säure

$$HO^- \rightleftarrows O^{2-} + H^+$$

Säure konjugierte Base.

Das Oxid-Ion ist eine so starke Base, daß es in Wasser nicht existieren kann.

12–2 Starke und schwache Säuren

Der quantitative Begriff einer Säurestärke beruht auf dem Grad, bis zu dem eine Säure in Lösung ionisiert ist. Es ist interessant, daß HF, das nach dieser Definition eine schwache Säure ist (Gleichgewichtskonstante = $7 \cdot 10^{-4}$ mol l^{-1}), Glas ätzt, während HCl und HNO_3 es nicht tun, obwohl sie „stärkere" Säuren sind. Was die Wirkung gegenüber Glas betrifft, so kann HF als eine stärkere Säure als HCl oder HNO_3 angesehen werden.

Zur Erleichterung für den Unterrichtenden ist für die quadratische Gleichung 12–9 des Lehrbuchs die Lösung im Einzelnen angegeben:

$$x = -\frac{a}{2} \pm \sqrt{\left(\frac{a}{2}\right)^2 - b}$$

$$= -50 \pm \sqrt{2500 + 10}$$

$$= -50 \pm \sqrt{2510}$$

$$= 0{,}0999.$$

Es wird oft gefragt: „Wie soll ich wissen, ob ich die Lösung für die quadratische Gleichung anwenden oder Berechnungen unter vereinfachenden Annahmen durchführen soll?" Um diese Frage beantworten zu können, muß man zwei Größen betrachten: die Dissoziationskonstante der Säure und die Konzentration der Lösungen. Für Säuren mit großen Dissoziationskonstanten, wie HCl, HJ oder $HClO_4$ kommt man zu einer wirklichkeitsnahen Antwort, wenn man annimmt, daß die Säure unabhängig von ihrer Konzentration vollständig dissoziiert ist. Für schwache Säuren, wie Borsäure, kann man die Annahme machen, daß die dissoziierte Menge innerhalb des Bereichs normaler Konzentrationen klein im Vergleich zur Anfangskonzentration ist.

Bei Berechnungen mit mittelstarken und mittelschwachen Säuren muß die Entscheidung getroffen werden, welche von beiden Näherungen vernünftige Lösungen ergibt. Wird z.B. in der Lehrbuchaufgabe mit HNO_3 die Säurekonzentration zu 10-formal anstelle von 0,1-formal gewählt, so lautet Gleichung 12–9:

$$x^2 + 10^2 x - 10^3 = 0.$$

Macht man die Annahme, daß x^2 im Vergleich zu $10^2 x$ klein ist, so ergibt sich $10^2 x = 10^3$ oder $x = 10$, d.h. die Dissoziation wäre vollständig. Wird die quadratische Gleichung gelöst, lautet das Ergebnis:

$$x = -50 \pm \sqrt{2500 + 1000} \text{ oder } x = 9\text{-formal}$$

d.h. 10-formale HNO_3 ist zu 90 % dissoziiert. Im Falle der vereinfachenden Berechnung wird also ein Fehler von 10 % gemacht, was beweist, daß die Annahme in diesem Fall nicht gerechtfertigt war.

Bei Essigsäure, einer mittelschwachen Säure, ist eine Konzentration von 0,1-formal groß genug, um wie im Lehrbuch die vereinfachende Berechnung machen zu können, daß x klein ist im Vergleich zu 0,1. Wäre die Konzentration der Essigsäure 0,0001-formal, würde aus Gleichung 12–10 werden:

$$1{,}85 \cdot 10^{-5} = \frac{x^2}{0{,}0001 - x}.$$

Die quadratische Gleichung

$$x^2 + 1{,}85 \cdot 10^{-5} x - (1 \cdot 10^{-4})(1{,}85 \cdot 10^{-5}) = 0$$

ergibt dann $x = 3{,}5 \cdot 10^{-5}$-formal. Wird in diesem Falle die Annahme gemacht, daß x klein im Vergleich zu 0,0001 ist, so erhält man für x $4{,}3 \cdot 10^{-5}$, was einen Fehler von 25 % bedeuten würde.

Ermuntern Sie Ihre Studenten dazu, wenn irgend möglich vereinfachende Annahmen zu machen anstatt die Lösung für die quadratische Gleichung zu berechnen. Dadurch lernen Sie Probleme zu durchdenken, eher, als es beim einfachen Einsetzen von Werten in eine Grundgleichung möglich ist.

12–3 Basen

Das Hydronium-Ion H_3O^+ ist die stärkste Säure, die in Wasser existieren kann, und das Hydroxid-Ion HO^- entsprechend die stärkste Base. Säuren, die stärker als H_3O^+ sind, reagieren mit Wasser ebenso wie Basen, die stärker als HO^- sind. Basen wie R^-, H_2N^- und H^- sind alle stärker als HO^- (d.h. sie haben ein größeres Bestreben als HO^-, ein Proton aufzunehmen). In Wasser nimmt sich jede dieser starken Basen ein Proton aus dem Wassermolekül, wodurch die schwächere Base HO^- gebildet wird. Dies ist der Vorgang, der in Gleichung 12–11 beschrieben wird.

Sagen Sie Ihren Studenten, daß sie das gleiche Verfahren, das sie bei Aufgaben mit Säuren gelernt haben, anwenden sollen, um Aufgaben mit Basen zu lösen.

Die Lösung der quadratischen Gleichung in Beispiel 12–5 ist:

$$x^2 + 1{,}1 \cdot 10^{-7}x - (0{,}5) \cdot (1{,}1 \cdot 10^{-7}) = 0$$

$$x = -\frac{1{,}1 \cdot 10^{-7}}{2} \pm \sqrt{\left(\frac{1{,}1 \cdot 10^{-7}}{2}\right)^2 + (0{,}5)(1{,}1 \cdot 10^{-7})}$$

$$x = 2{,}3 \cdot 10^{-4} \text{ mol l}^{-1}.$$

Manche Bücher bezeichnen die Gleichgewichtskonstante der Reaktion zwischen einem Ion und Wasser als eine Hydrolysenkonstante $K_{\text{Hydr.}}$. Falls einigen Ihrer Studenten die Bezeichnung $K_{\text{Hydr.}}$ bekannt ist, weisen Sie darauf hin, daß es sich bei solchen Reaktionen einfach um eine bestimmte Art von Säure-Base-Gleichgewicht handelt, die ein besonderes Symbol nicht erforderlich machen.

Wie im Lehrbuch gezeigt wird, kann der Ausdruck $K_{\text{Hydr.}} = K_w/K_a$ umgeformt werden:

$$K_a \cdot K_{\text{Hydr.}} = K_w \text{ oder}$$

$$\frac{[H_3O^+][A^-]}{[HA]} \cdot \frac{[HA][HO^-]}{[A^-]} = [H_3O^+][HO^-].$$

Man kann das auch durch Kombination der beiden Reaktionsgleichungen erreichen.

$$\begin{array}{l} H_2O + \cancel{HA} \rightleftarrows H_3O^+ + \cancel{A^-} \\ \cancel{A^-} + H_2O \rightleftarrows \cancel{HA} + HO^- \\ \hline H_2O + H_2O \rightleftarrows H_3O^+ + HO^- \end{array}$$

Diese Gleichung wird meistens abgekürzt:

$$H_2O \rightleftarrows H^+ + HO^-.$$

Die Substraktion der Gleichung 12–14 von Gleichung 12–13 ist das Gleiche wie die Addition der Wasserbildungsreaktion zur Säuredissoziationsreaktion:

$$\begin{array}{l} HA + \cancel{H_2O} \rightleftarrows A^- + \cancel{H_3O^+} \\ \cancel{H_3O^+} + HO^- \rightleftarrows \cancel{H_2O} + H_2O \\ \hline HA + HO^- \rightleftarrows A^- + H_2O \end{array}$$

Eventuell brauchen die Studenten bei den mathematischen Operationen im Anschluß an die Lehrbuch-Gleichungen 12–13 und 12–14 etwas Hilfe.

12–3 Die pH-Skala

Historisch gesehen wurde der pH-Wert 1909 von Sörenson als Abkürzung für die Wasserstoffionenkonzentration eingeführt. Die Benutzung des Logarithmus erlaubt es, Konzentrationsexponenten ohne Verwendung einer exponentiellen Zahl auszudrücken und die Definition des pH als des negativen Logarithmus der Wasserstoffionenkonzentration macht ihn zu einer positiven Zahl für alle Konzentrationen, die kleiner als 1 mol l^{-1} sind.

Weisen Sie Ihre Studenten darauf hin, daß eine gute Abhandlung der Logarithmen im Anhang 3 des Lehrbuchs zu finden ist. Es wäre nützlich, wenn sie sich die wichtigsten Logarithmen näherungsweise merken: $\log 2 \simeq 0{,}3$; $\log 4 \simeq 0{,}6$; $\log 5 \simeq 0{,}7$; $\log 8 \simeq 0.9$.

Der *pH*-Wert einer starken Säure oder Base kann direkt aus der Konzentration berechnet werden, bei schwachen Säuren oder Basen ist eine Gleichgewichtskonstante zu benutzen.

Geben Sie Ihren Studenten viele Übungen auf, in denen sie die *pH*- und *pOH*-Werte stark sauer und stark basischer Lösungen auszurechnen haben. Das folgende Beispiel zeigt, wie das *pH* einer 0,15-molaren Lösung einer starken Base nach zwei Methoden berechnet werden kann.

a) $[HO^-] = [NaOH] = 0{,}15 \text{ mol l}^{-1} = 1{,}5 \cdot 10^{-1} \text{ mol l}^{-1}$

$$pOH = -\log \frac{(1{,}5 \cdot 10^{-1} \text{ mol l}^{-1})}{\text{mol l}^{-1}} = 0{,}82$$

$$pH = 14 - 0{,}82 = 13{,}18.$$

b) $[HO^-] = 0{,}15$

$$[H_3O^+] = \frac{1 \cdot 10^{-14}}{[HO^-]} = \frac{1 \cdot 10^{-14}}{1{,}5 \cdot 10^{-1}}$$

$$= 6{,}67 \cdot 10^{-14}$$

$$pH = -\log(6{,}67 \cdot 10^{-14})$$

$$= 14 - \log 6{,}67 = 13{,}18.$$

Ein sehr wichtiger Punkt wird durch die folgende Übung erläutert.

Übung

Berechnen Sie das *pH* einer Lösung, die $1 \cdot 10^{-9}$-molar an HCl ist.

Lösung

Vermutlich wird ein erheblicher Teil Ihrer Gruppe als Lösung der Aufgabe *pH* = 9 angeben. Natürlich wäre eine Lösung dieses *pH*-Wertes basisch, Sie können die Studenten auch daran erinnern, daß $[H_3O^+]$ von reinem Wasser $1 \cdot 10^{-7}$-molar ist (bei 298 K). Das *pH* der Lösung ist daher ungefähr 7. Eine HCl-Lösung dieser Konzentration entsteht näherungsweise, wenn ein Tropfen konzentrierter HCl in ein Schwimmbecken gebracht wird.

12–5 Puffer

Es wäre ganz gut, wenn Sie Ihren Studenten ein paar Übungen aufgeben, in denen *pH*-Werte von Lösungen schwacher Säuren und Basen auszurechnen sind, sozusagen als Einführung in die Berechnung von Pufferlösungen. Lassen Sie das *pH* für einige Lösungen der in Tabelle 12–2 aufgeführten schwachen Säuren ausrechnen oder das *pH* der Lösungen, die in den Beispielen 12–2 und 12–3 diskutiert worden sind. Die Lösung für Beispiel 12–2 wäre

$$x = 2{,}9 \cdot 10^{-2}\ \text{mol l}^{-1} = [H_3O^+]$$

$$pH = 1{,}54$$

und für Beispiel 12–3:

$$[H_3O^+] = 7{,}9 \cdot 10^{-3}\ \text{mol l}^{-1}$$

$$pH = 2{,}10.$$

Vergewissern Sie sich, daß Ihren Studenten bekannt ist, daß eine Pufferlösung von einer schwachen Säure und einem Salz dieser Säure (z.B. HOAc und NaOAc) oder von einer schwachen Base und einem Salz dieser Base (z.B. NH_3 und NH_4Cl) hergestellt werden kann. Zur Übung lassen Sie Säure- oder Base-Salze-Kombinationen, die für Puffer verwendet werden können, ausdenken.

Bei der Aufgabe auf Seite 387 des Lehrbuches soll angenommen werden, daß keine bemerkenswerte Volumenänderung eintritt, wenn HCl zur Pufferlösung gegeben wird, denn eine Volumenänderung würde die Konzentration der bereits in Lösung befindlichen Ionen ändern. Eine solche Annahme kann man meistens bei Pufferaufgaben machen, aber warnen Sie Ihre Studenten davor, dabei gedankenlos zu sein.

Übung

Wie groß muß die Endkonzentration des Acetat-Ions in einer Pufferlösung sein, die einen *pH* 5 hat, wenn der Puffer durch Zusetzen von Acetat-Ionen zu einer 2,00-molaren Lösung von Essigsäure hergestellt wird?

Lösung

Für eine Lösung vom *pH* 5 ist $[H_3O^+] = 1 \cdot 10^{-5}$.

$$K_S = 1{,}85 \cdot 10^{-5} = \frac{[1 \cdot 10^{-5}]\,[AcO^- + x]}{(2{,}00 - x)}$$

($x = [AcO^-]$, entstanden durch Dissoziation der Essigsäure).

Nehmen wir an, daß x gegenüber 2 klein ist, dann gilt:

$$[AcO^-] = \frac{(1{,}85 \cdot 10^{-5})(2{,}00)}{1 \cdot 10^{-5}}\,\text{mol}\,l^{-1} = 3{,}70\,\text{mol}\,l^{-1}.$$

12–6 Hydrolyse

Im allgemeinen gibt es drei verschiedene Arten von Hydrolysereaktionen, die Sie mit Ihren Studenten diskutieren sollten.

1. Die Hydrolyse von Salzen starker Basen und schwacher Säuren ergibt basische Lösung. Das im Lehrbuch angeführte Beispiel Natriumacetat NaOAc dissoziiert vollständig in Na^+- und AcO^--Ionen. Na^+ ist eine äußerst schwache Säure (HO^--Acceptor) und wird daher nicht von Wasser hydrolysiert. Also:

   $$Na^+ + 2H_2O \not\longrightarrow NaOH + H_3O^+$$

   Das Acetat-Ion dagegen ist eine ziemlich gute Base und wird erheblich hydrolysiert, wie Gleichung 12–23 im Lehrbuch zeigt. Andere solche Salze sind Na_2S, Na_2CO_3 und Na_2SO_3.
2. Die Hydrolyse von Salzen starker Säuren und schwacher Basen liefert saure Lösungen. Das Cl^--Ion des Ammoniumchlorids ist eine äußerst schwache Base. Also:

$$Cl^- + H_2O \not\rightleftarrows HCl + HO^-$$

während NH_4^+ eine ziemlich gute Säure ist und reichlich hydrolysiert wird, wie Gleichung 12–25 des Lehrbuchs zeigt.

3. Die Hydrolyse von Salzen schwacher Säuren und schwacher Basen führt zu neutralen, sauren oder basischen Lösungen, je nach den Gleichgewichtskonstanten der schwachen Säuren und Basen. Ammoniumacetat NH_4OAc bildet eine praktisch neutrale Lösung, da K_s für HOAc und K_b für NH_3 beide $1{,}8 \cdot 10^{-5}$ mol l^{-1} sind. Das bedeutet, daß die Größe der Hydrolyse von NH_4^+ unter Bildung von H_3O^+ ungefähr gleich groß der von OAc^- ist, bei der HO^--Ionen entstehen. Ein Salz wie $(NH_4)_2S$ aber reagiert in Wasser basisch, weil das S^{2-}-Ion eine äußerst gute Base ist und viel stärker als das NH_4^+ hydrolysiert wird. Als Regel, ob Lösungen dieser Salze sauer oder basisch reagieren, gilt, daß bei $K_s > K_b$ die Lösung sauer und bei $K_b > K_s$ die Lösung basisch reagiert.

12–7 Nichtwäßrige Lösungsmittel

Die Eigenionisation von Ammoniak kann mit der von Wasser verglichen werden:

$$2\,NH_3 \rightleftarrows NH_4^+ + H_2N^-$$

$$2\,H_2O \rightleftarrows H_3O^+ + HO^-.$$

Die stärkste Säure, die in Wasser existieren kann, ist H_3O^+ und die stärkste, in NH_3 existente Säure ist NH_4^+. Für die Reaktion von HCl und NaOH in wäßriger Lösung gilt die Netto-Ionengleichung:

$$H^+ + HO^- \rightarrow H_2O.$$

In ähnlicher Weise gilt für die Reaktion zwischen NH_4Cl und $NaNH_2$ in flüssigem NH_3 die Netto-Ionengleichung:

$$NH_4^+ + H_2N^- \rightarrow 2\,NH_3.$$

In beiden Fällen nehmen die Na^+- und Cl^--Ionen an der Reaktion nicht teil.

Das Acetoniumion

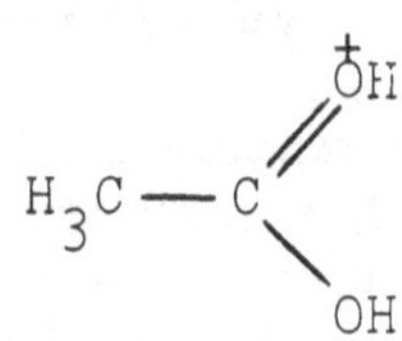

kann in wäßriger Lösung nicht existieren, weil es sofort unter Abgabe eines Protons mit einem Wassermolekül unter Bildung von H_3O^+ reagieren würde. Andere starke Säuren verhalten sich ähnlich und werden in wäßriger Lösung vollständig dissoziiert. Es ist daher unmöglich, die Säurestärke sehr starker Säuren in wäßriger Lösung zu vergleichen. Werden dagegen diese Säuren in einem nichtwäßrigen Lösungsmittel miteinander verglichen, wie z.B. in Essigsäure, in der die Base (d.h. das Acetat-Ion) des Lösungsmittels viel schwächer ist als HO^-, so ist der Unterschied in den Säurestärken offensichtlich. Wahrscheinlich haben Ihre Studenten an dieser Stelle einige Schwierigkeiten; verbringen Sie deshalb ruhig etwas Zeit damit, Ihnen alles zu erklären. Das Verständnis der Acidität und der Basizität in wäßrigen Lösungen wird viel tiefer sein, wenn Sie auch nichtwäßrige Systeme betrachten.

12–8 Thermodynamik von Säure-Base-Reaktionen

Die Stärke einer Säure wird durch seine Dissoziationskonstante gekennzeichnet, die entsprechend Gleichung 12–28 im Lehrbuch zur freien Enthalpie unter Standardbedingungen in Beziehung steht. Aus der Gleichung geht hervor, daß die Gleichgewichtskonstante umso positiver ist, je negativer ΔG° ist. Da $\Delta G^\circ = \Delta H^\circ - T\Delta S^\circ$ gilt, wird mit negativerem ΔH° und positiverem ΔS° ΔG° negativer und damit K_S positiver. Es ist wichtig, daß Sie diese qualitativen Beziehungen zwischen Säurestärke und thermodynamischen Größen durchsprechen.

Dieser Abschnitt zeigt sehr schön, daß es thermodynamisch gerechtfertigt ist, Gleichgewichtskonstanten miteinander zu multiplizieren, um eine Gesamt-Gleichgewichtskonstante zu erhalten. Weisen Sie Ihre Studenten darauf hin.

Gleichung 12–41 zeigt sehr klar, warum eine Pufferlösung gegenüber pH-Änderungen träge ist. Sie zeigt, daß sich der *pH*-Wert mit log $\frac{[A^-]}{[HA]}$ ändert. Ändert sich das Konzentrationsverhältnis von 1/1 nach 10/1, erhöht sich der *pH*-Wert nur um eine Einheit (da log 10 = 1). Verschiebt sich das Verhältnis nach 100/1, verändert sich der *pH*-Wert um zwei Einheiten usw.

12–9 Struktur und Acidität

Die Beziehung zwischen der Struktur und der Acidität wird in diesem Abschnitt über die Delokalisierung der negativen Ladung, die Gesamtladung der Säure und die Stabilität des durch Dissoziation entstandenen Anions gegeben. Obwohl die hier gebrachten qualitativen

Betrachtungen meistens zu richtigen Vorhersagen führen, entsprechen sie nicht unbedingt den tatsächlichen *Vorgängen,* die bei der Ionisation ablaufen. Rufen Sie sich und Ihren Studenten wieder die Tatsache in Erinnerung, daß das ein weiteres Beispiel ist, in dem Modellvorstellungen gesucht und benutzt werden, um beobachtete Erscheinungen zu erklären (vgl. Literaturhinweis 1).

Je stärker ein Anion durch Delokalisierung von Elektronen stabilisiert ist, um so schwächer ist es als Base und um so stärker ist seine korrespondierende Säure. Die Begründung wird im Lehrbuch benutzt, um die hohe Acidität der $HClO_4$ zu erklären. Sie kann verwendet werden, um die folgende Reihe von Säuren nach ihrer Acidität zu ordnen:

$$HClO_4 > HClO_3 > HClO_2 > HClO.$$

Wie im Lehrbuch gezeigt wird, können für das ClO_4^--Ion vier Resonanzformeln geschrieben werden. Für das ClO_3^--Ion gibt es drei Resonanzformeln:

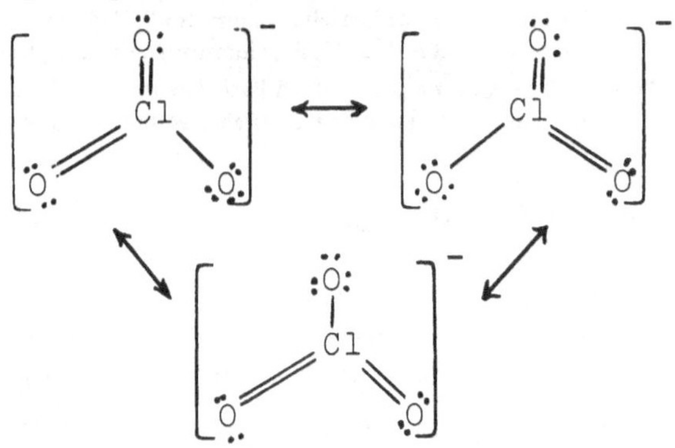

Für das ClO_2^--Ion können zwei Resonanzformeln geschrieben werden:

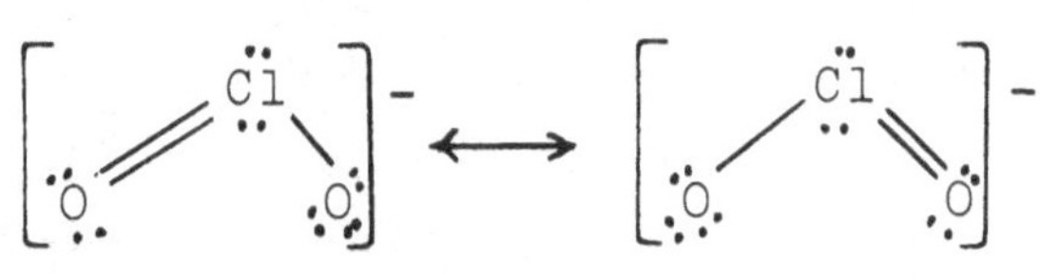

Zwei Formeln gibt es ebenfalls für das ClO^--Ion:

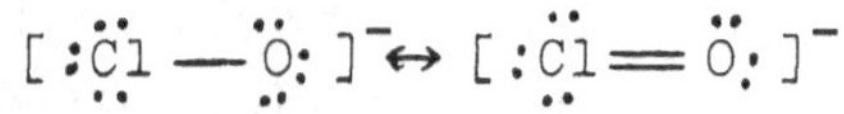

Die gleiche Begründung kann gegeben werden, um die Tatsache zu erklären, daß NO_3^- eine schwächere Base als NO_2^- ist (und daß also HNO_3 eine stärkere Säure als HNO_2 ist). Aus diesen Beispielen kann eine allgemeine Gesetzmäßigkeit abgeleitet werden: In einer Reihe von Oxosäuren mit dem selben Zentralatom ist diejenige die stärkere Säure, bei der das Zentralatom die höhere Oxidationszahl hat. Versuchen Sie, Ihre Studenten dahinzubringen, daß sie diese Regel entdecken und betonen Sie, warum das so ist.

Machen Sie reichlich Gebrauch von Übungen, in denen Säurestärken miteinander verglichen werden. Lassen Sie alle in diesem Abschnitt gegebenen Möglichkeiten, Säurestärken vorherzusagen, anwenden.

Literatur

Weitere nützliche Hinweise sind in der Literatur von Kapitel 11 enthalten.

1. G.V. Calder and T.J. Barton: „Actual Effects Controlling the Acidity of Carboxylic Acids". *J. Chem. Ed. 48*, 338 (1971). Der Artikel zeigt, daß die Ionisationsenthalpie für die meisten Carboxylsäuren sehr klein und daß ein großer negativer Entropieausdruck der dominierende Faktor beim Zustandekommen der Dissoziationskonstanten ist. Die Autoren erklären, daß viele der benutzten qualitativen Argumente, den Aciditätstrend zu erklären, keine thermodynamische Grundlage haben. Der Artikel kann Assistenten empfohlen werden.
2. H.L. Clever: „The Hydrated Hydronium Ion". *J. Chem. Ed. 40*, 637 (1963). Diskutiert den Beweis für die Existenz des Hydronium-Ions mit drei Wasserstoffatomen.
3. W.F. Luder: „Contemporary Acid-Base Theory". *J. Chem. Ed. 25*, 555 (1948). Der Artikel kann von Anfängerstudenten verstanden werden; er ist eine gute Ergänzung zum Lehrbuch.

Fragen und Aufgaben

1.

H_2O	$+ H_2O$	$\rightarrow H_3O^+$	$+ HO^-$
$Base_1$	$Säure_2$	$Säure_1$	$Base_2$
S^{2-}	$+ H_2O$	$\rightarrow HS^-$	$+ HO^-$
$Base_1$	$Säure_2$	$Säure_1$	$Base_2$
$H_2PO_4^-$	$+ H_2O$	$\rightarrow HPO_4^{2-}$	$+ H_3O^+$
$Base_1$	$Base_2$	$Base_1$	$Säure_2$
$H_2PO_4^-$	$+ H_2O$	$\rightarrow H_3PO_4$	$+ HO^-$
$Base_1$	$Säure_2$	$Säure_1$	$Base_2$
HCl	$+ H_2O$	$\rightarrow H_3O^+$	$+ Cl^-$
$Säure_1$	$Base_2$	$Säure_2$	$Base_1$
NH_3	$+ H_2O$	$\rightarrow NH_4^+$	$+ HO^-$
$Base_1$	$Säure_2$	$Säure_1$	$Base_2$
NH_2^-	$+ H_2O$	$\rightarrow NH_3$	$+ HO^-$
$Base_1$	$Säure_2$	$Säure_1$	$Base_2$
$(CH_3)_3NH^+$	$+ H_2O$	$\rightarrow (CH_3)_3N$	$+ H_3O^+$
$Säure_1$	$Base_2$	$Base_1$	$Säure_2$

HSO_3^-	$+ H_2O$	$\rightarrow H_3O^+$	$+ SO_3^{2-}$
$Säure_1$	$Base_2$	$Säure_2$	$Base_1$
HSO_3^-	$+ H_2O$	$\rightarrow H_2SO_3$	$+ HO^-$
$Base_1$	$Säure_2$	$Säure_1$	$Base_2$
OAc^-	$+ H_2O$	$\rightarrow HOAc$	$+ HO^-$
$Base_1$	$Säure_2$	$Säure_1$	$Base_2$

2. Die konjugierten Paare sind in der Lösung von Aufgabe 1 gekennzeichnet.
3. Eine starke Säure ist praktisch 100 %ig dissoziiert:

$$HClO_4 + H_2O \rightarrow H_3O^+ + ClO_4^-.$$

Die H_3O^+-Konzentration sollte also wie die Formalität der Lösung $1{,}5 \cdot 10^{-3}$-molar sein.

4. Die schwache Säure HCN ist nur etwas dissoziiert:

$$K_S = \frac{[H^+]\,[CN^-]}{[HCN]} = 4{,}8 \cdot 10^{-10}.$$

Die Menge HCN, die im Gleichgewicht dissoziiert ist, sei x, dann ist die Gleichgewichtskonzentration von HCN: $(1{,}5 \cdot 10^{-3} - x)$. x ist gleich $[H^+]$ und $[CN^-]$.

$$4{,}8 \cdot 10^{-10} = \frac{[x]\,[x]}{[1{,}5 \cdot 10^{-3} - x]}$$

Der kleine Wert von K_S zeigt, daß HCN weitgehend undissoziiert bleibt, so daß x klein gegenüber $1{,}5 \cdot 10^{-3}$ ist. Als Näherung können wir $1{,}5 \cdot 10^{-3} - x$ gleich $1{,}5 \cdot 10^{-3}$ setzen. Das führt zum Ausdruck:

$$4{,}8 \cdot 10^{-10} = \frac{x^2}{1{,}5 \cdot 10^{-3}}$$

$$7{,}2 \cdot 10^{-13} = x^2 = 72 \cdot 10^{-14}$$

$$x = 8{,}5 \cdot 10^{-7} = [H^+].$$

Diese Rechnung ist nicht ganz richtig, da sie die Dissoziation des Wassers unberücksichtigt läßt, die mit $[H^+] \cong 10^{-7}$ angesetzt werden kann. Unter Benutzung der folgenden Gleichungen

$$[H^+] = [HO^-] + [CN^-], \quad [HCN] + [CN^-] = 1{,}5 \cdot 10^{-3}$$

und $K_S = \dfrac{[H^+]\,[CN^-]}{[HCN]}$ erhalten wir $[H^+] = 8{,}6 \cdot 10^{-7}\ mol\,l^{-1}$.

Die Korrektur ist also unbedeutend.

5. $\%\ Dissoziation = \dfrac{[H^+]}{[Formalität]_{HCN}} \cdot 100.$

$$\frac{8{,}5 \cdot 10^{-7}}{1{,}5 \cdot 10^{-3}} \cdot 10^2 = 5{,}7 \cdot 10^{-2}\ \%\ \text{Dissoziation}.$$

6. $H_3PO_4 \rightleftarrows H^+ + H_2PO_4^-$ $K_1 = 7{,}1 \cdot 10^{-3}$ mol l^{-1}

$H_2PO_4^- \rightleftarrows H^+ + HPO_4^{2-}$ $K_2 = 6{,}3 \cdot 10^{-8}$ mol l^{-1}

$HPO_4^{2-} \rightleftarrows H^+ + PO_4^{3-}$ $K_3 = 4{,}4 \cdot 10^{-13}$ mol l^{-1}

$$K_1 \cdot K_2 \cdot K_3 = \frac{[H^+][H_2PO_4^-]}{[H_3PO_4]} \cdot \frac{[H^+][HPO_4^{2-}]}{[H_2PO_4^-]} \cdot \frac{[H^+][PO_4^{3-}]}{[HPO_4^{2-}]} = K$$

$$K = \frac{[H^+]^3\,[PO_4^{3-}]}{[H_3PO_4]} = (7{,}1 \cdot 10^{-3}\ \text{mol l}^{-1})\,(6{,}3 \cdot 10^{-8}\ \text{mol l}^{-1}) \cdot (4{,}4 \cdot 10^{-13}\ \text{mol l}^{-1})$$

$$K = 197 \cdot 10^{-24}\ \text{mol}^3\text{l}^{-3} = 1{,}97 \cdot 10^{-22}\ \text{mol}^3\text{l}^{-3}.$$

7. $$K_b = 9{,}8 \cdot 10^{-7} = \frac{[NH_2-NH_3^+]\,[HO^-]}{[NH_2NH_2]} = \frac{x^2}{0{,}25 - x} = \frac{x^2}{0{,}25}$$

$$2{,}45 \cdot 10^{-7} = x^2 = 24{,}5 \cdot 10^{-8}$$

$$x = 5{,}0 \cdot 10^{-4} = [HO^-]$$

$$[H^+]\,[HO^-] = 1{,}0 \cdot 10^{-14}$$

$$[H^+] = \frac{1{,}0 \cdot 10^{-14}}{5{,}0 \cdot 10^{-4}} = 0{,}20 \cdot 10^{-10};\ [H^+] = 2{,}0 \cdot 10^{-11}\ \text{mol l}^{-1}$$

8. a) $$[HO^-] = \frac{1{,}0 \cdot 10^{-14}}{4{,}7 \cdot 10^{-3}} = 0{,}21 \cdot 10^{-11};\ [HO^-] = 2{,}0 \cdot 10^{-12}\ \text{mol l}^{-1}$$

b) $[H^+] = [OH^-] = 1{,}0 \cdot 10^{-7}$ mol l^{-1}.

c) $$\frac{2{,}81\ \text{g Ba(OH)}_2}{171{,}3\ \text{g mol}^{-1}} = 1{,}64 \cdot 10^{-2}\ \text{Mole Ba(OH)}_2\ \text{pro Liter.}$$

HO^- sind doppelt so viele Mole in der Lösung:

$[HO^-] = 3{,}28 \cdot 10^{-2}$ mol l^{-1}.

9. a) $[H_3O^+] = 3{,}2 \cdot 10^{-2}$ mol l^{-1}

$$pH = -\log \frac{3{,}2 \cdot 10^{-2}\ \text{mol l}^{-1}}{\text{mol l}^{-1}}$$

$$= -(\log 3{,}2 + \log 10^{-2})$$

$$= -(0{,}505 - 2)$$

$$pH = 1{,}5$$

$$pH + pOH = 14$$

$$pOH = 14 - 1{,}5 = 12{,}5.$$

b) $[HO^-] = 7{,}5 \cdot 10^{-6}$ mol l^{-1}

$$pOH = -\log \frac{7{,}5 \cdot 10^{-6}\ \text{mol l}^{-1}}{\text{mol l}^{-1}}$$

$$= -(\log 7{,}5 + \log 10^{-6})$$

$$pOH = -(0{,}88 - 6) = 5{,}12$$

$$pH = 14 - 5{,}12 = 8{,}88.$$

c) $K_S = 1{,}35 \cdot 10^{-5}\ \text{mol l}^{-1} = \dfrac{[H^+][OAc^-]}{[HOAc]} = \dfrac{(x)(x)}{0{,}1 - x} \simeq \dfrac{x^2}{0{,}1}$

$x^2 = 1{,}85 \cdot 10^{-6}\ \text{mol}^2\ \text{l}^{-2}$

$x = 1{,}36 \cdot 10^{-3}\ \text{mol l}^{-1} = [H^+]$

$pH = -\log \dfrac{1{,}36 \cdot 10^{-3}\ \text{mol l}^{-1}}{\text{mol l}^{-1}} = -0{,}13 + 3 = 2{,}87$

$pOH = 14 - 2{,}87 = 11{,}13.$

10\. a) $pH = 6{,}0$; also $-\log \dfrac{[H^+]}{\text{mol l}^{-1}} = 6{,}0$ und $[H^+] = 10^{-6}\ \text{mol l}^{-1}$

$[HO^-] = \dfrac{1 \cdot 10^{-14}\ \text{mol}^2\ \text{l}^{-2}}{10^{-6}\ \text{mol l}^{-1}} = 1 \cdot 10^{-8}\ \text{mol l}^{-1}.$

b) $pH = 2{,}4$; also $-\log \dfrac{[H^+]}{\text{mol l}^{-1}} = 2{,}4$ und $[H^+] = 10^{-2{,}4}\ \text{mol l}^{-1}$

$[H^+] = 10^{-3} \cdot 10^{0{,}6}\ \text{mol l}^{-1}$

Der Antilogarithmus von 0,6 ist mit 10^{-3} zu multiplizieren:

$[H^+] = 4{,}0 \cdot 10^{-3}\ \text{mol l}^{-1}$

$[HO^-]\ ] = \dfrac{1 \cdot 10^{-14}\ \text{mol}^2\ \text{l}^{-2}}{4{,}0 \cdot 10^{-3}\ \text{mol l}^{-1}} = 2{,}5 \cdot 10^{-12}\ \text{mol l}^{-1}.$

c) $pOH = 4{,}8$; also $-\log \dfrac{[HO^-]}{\text{mol l}^{-1}} = 4{,}8$

$[HO^-] = 10^{-4{,}8}\ \text{mol l}^{-1} = 10^{-5} \cdot 10^{0{,}2}\ \text{mol l}^{-1}$

$[HO^-] = 1{,}6 \cdot 10^{-5}\ \text{mol l}^{-1}$

$[H^+] = \dfrac{1{,}0 \cdot 10^{-14}\ \text{mol}^2\text{l}^{-2}}{1{,}6 \cdot 10^{-5}\ \text{mol l}^{-1}} = 0{,}63 \cdot 10^{-9}\ \text{mol l}^{-1} = 6{,}3 \cdot 10^{-10}\ \text{mol l}^{-1}$

11\. Die Konzentration von undissoziiertem HCO_2H ist gleich

$$\begin{array}{r} 0{,}5000 \\ -\ 0{,}0089 \\ \hline 0{,}4911 \end{array} = [HCO_2H]$$

$$K_S = \frac{[H_3O^+][HCO_2^-]}{[HCO_2H]} = \frac{(8{,}9 \cdot 10^{-3}\ \text{mol l}^{-1})(8{,}9 \cdot 10^{-3}\ \text{mol l}^{-1})}{0{,}491\ \text{mol l}^{-1}} = 1{,}6 \cdot 10^{-4}\ \text{mol l}^{-1}.$$

12\. $NaNO_2 < NaO_2CCH_2Cl < NaF < NaOAc < Na_2HPO_4 < NaCN$.

Natriumnitrat unterliegt keiner erkennbaren Hydrolyse. NaCN hydrolysiert sehr stark und ergibt eine basische Lösung.

13\. Das Salz ist zu 100 % in seine Ionen dissoziiert:

$$NH_4NO_3 + H_2O \xrightarrow{100\ \%} NH_4^+\ (aq.) + NO_3^-\ (aq.).$$

NH_4^+ ist eine schwache Säure und reagiert mit Wasser:

$$NH_4^+(aq.) + H_2O \rightleftarrows NH_3(aq.) + H_3O^+$$

$$K_s = \frac{[NH_3][H_3O^+]}{[NH_4^+]},$$

$$\text{wobei } K_s = \frac{K_w}{K_b} = \frac{1{,}0 \cdot 10^{-14}}{1{,}8 \cdot 10^{-5}} = 0{,}55 \cdot 10^{-9} = 5{,}5 \cdot 10^{-10}$$

$$5{,}5 \cdot 10^{-10} = \frac{(x)(x)}{(0{,}15 - x)} \cong \frac{x^2}{0{,}15}$$

$$0{,}825 \cdot 10^{-10} = x^2$$

$$x = 9{,}1 \cdot 10^{-6} = [H_3O^+]$$

$$pH = -\log \frac{9{,}1 \cdot 10^{-6}\ \text{mol l}^{-1}}{\text{mol l}^{-1}} = 6 - 0{,}96 \cong 5{,}0$$

$$pOH = 14{,}0 - 5{,}0 = 9{,}0.$$

14. $HCN \rightarrow H^+ + CN^-$

$$K_s = \frac{[H^+][CN^-]}{[HCN]} = 4{,}8 \cdot 10^{-10}\ \text{mol l}^{-1}$$

$$[H^+] = 4{,}8 \cdot 10^{-10} \frac{[HCN]}{[CN^-]}$$

$$[H^+] = \frac{(4{,}8 \cdot 10^{-10})(0{,}01)}{(0{,}01)} = 4{,}8 \cdot 10^{-10}\ \text{mol l}^{-1}.$$

15. Die zu dieser Pufferlösung zugesetzte Säure wird durch die Base CN^- neutralisiert. Wird 0,0001 Mol H_3O^+ zugegeben, so wird 0,0001 Mol CN^- verbraucht und 0,0001 Mol HCN gebildet, entsprechend der Gleichung:

$$H^+ + CN^- \rightarrow HCN.$$

Die Endkonzentrationen von HCN und CN^- sind:

0,0100 mol l⁻¹ HCN	0,0100 mol l⁻¹ CN^-
+ 0,0001 mol l⁻¹ HCN	– 0,0001 mol l⁻¹ CN^-
0,0101 mol l⁻¹ HCN	0,0099 mol l⁻¹ CN^-

$$[H^+] = \frac{(4{,}8 \cdot 10^{-10})(0{,}0101)}{(0{,}0099)} = 4{,}9 \cdot 10^{-10}\ \text{mol l}^{-1}.$$

16. Wenn die Hälfte der HOAc neutralisiert wird, sind die Konzentrationen von HOAc und OAc^- gleich. Unter diesen Bedingungen ist $[H^+] = K_s$.

$$[H^+] = K_s \cdot \frac{[HOAc]}{[OAc^-]} = 1{,}8 \cdot 10^{-5} \frac{0{,}1\ \text{mol l}^{-1}}{0{,}1\ \text{mol l}^{-1}} = 1{,}8 \cdot 10^{-5}\ \text{mol l}^{-1}$$

$$pH = -\log \frac{1{,}8 \cdot 10^{-5}\ \text{mol l}^{-1}}{\text{mol l}^{-1}} = 5 - 0{,}26 = 4{,}74.$$

17. Die Fähigkeit von HOAc, ein Proton an sein Lösungsmittel abzugeben, bestimmt seine Stärke als Säure. Verwenden wir als Lösungsmittel einen stärkeren Protonenacceptor (eine stärkere Base) als es das Wasser ist, so steigt die scheinbare Stärke der Säure an. Ammoniak NH_3 ist eine stärkere Base als Wasser und wäre daher ein gutes Lösungsmittel, um die Acidität von HOAc zu erhöhen. Umgekehrt könnte HOAc als Lösungsmittel benutzt werden, um NH_3 zu einer stärkeren Base zu machen, als es das in Wasser als Lösungsmittel ist.
18. Das pK_s für H_3PO_3 ist 2,0, was das Vorhandensein von einem unprotonierten Sauerstoff vermuten läßt:

```
     ..
    :O:
     ..  ..
   H:P:O:H
     ..  ..
    :O:
     ..
     H
```

Das pK_s von H_3AsO_3 ist 9,2, was keine unprotonierten Sauerstoffatome wahrscheinlich macht:

```
     ..  ..   ..
   H:O:As:O:H
     ..  ..   ..
        :O:
         ..
         H
```

19. Die Substituenten können in der Reihenfolge abnehmender Stärke der zugehörigen Säure angeordnet werden:

$$F- > Cl- > Br- \cong HOOC- > J- > HO- > H- > H_3C-.$$

Das ist auch die Reihenfolge, in der Elektronen stärker angezogen werden. Fluor, die am stärksten elektronenanziehende Gruppe, macht die Sauerstoffe der Säuregruppe am stärksten positiv, diese kann also am leichtesten H^+ abgeben. Zu beachten ist, daß der Aciditätsabfall in der Reihe F– > Cl– > Br– > J– parallel zur Abnahme der Elektronegativität der Halogene verläuft.

13 Raten und Mechanismen chemischer Reaktionen

Seminaranleitung

In diesem Kapitel wird versucht, den Studenten ein qualitatives Verständnis der chemischen Kinetik zu vermitteln.
Das vom Kinetiker angewandte Verfahren – die experimentelle Bestimmung der Rate einer Reaktion, das Formulieren eines Ratengesetzes für die Reaktion und die Ableitung eines Mechanismus, der mit dem Ratenwert übereinstimmt – wird anhand einfacher Beispiele erläutert. Schließlich werden Modellvorstellungen entwickelt, die es erlauben, das kinetische Verhalten von Molekülen vorauszusagen.

13–1 Schnelle und langsame Reaktionen

Wie in früheren Abschnitten gezeigt wurde, ist für die Bestimmung, ob eine Reaktion tatsächlich abläuft, die Rate dieser Reaktion ebenso wichtig wie die Lage des Gleichgewichtes. Betrachten wir als weiteres Beispiel die Reaktion von Methan (CH_4) mit O_2 zu CO_2 und H_2O. Die Reaktion hat eine günstige Gleichgewichtslage, aber CH_4 und O_2 reagieren bei Zimmertemperatur so langsam, daß keine Reaktion beobachtet werden kann. Wird aber eine ausreichende Wärmemenge zugeführt, so läuft die Reaktion äußerst schnell ab.

Dieses Kapitel baut auf vielen Begriffen auf, die die Studenten früher im Seminar gelernt haben. Sie werden die Struktur- und Bindungsregeln, die Grundzüge der Thermodynamik und die Definitionen von Konzentrationsausdrücken wiederholen müssen. Die Bindung im BF_3 wird in den Abschnitten 6–5 und 6–14 des Lehrbuches diskutiert; die Studenten sollten sich diese Abschnitte noch einmal ansehen. Fordern Sie sie auf, die Elektronenkonfigurationen von BF_3 und NF_3 miteinander zu vergleichen, damit sie sich einige Grundsätze der Struktur und Bindung wieder ins Gedächtnis zurückrufen. Sie werden feststellen, daß BF_3 24 Valenzelektronen besitzt, drei Bindungen und kein einsames Elektronenpaar am B hat, während NF_3 26 Valenzelektronen, drei Bindungen und ein einsames Elektronenpaar am Zentraltom hat. BF_3 ist eine Lewis-Säure mit Elektronenunterschuß und einer ebenen Geometrie und NF_3 ist eine Lewis-Base mit einer pyramidalen Geometrie. Es sollte den Studenten einleuchten, daß für BF_3 und NF_3 ziemlich unterschiedliche chemische Eigenschaften zu erwarten sind. Sie sollten vorhersagen können, daß beide Verbindungen miteinander unter Bildung von

$$F_3\overset{\oplus}{N}-\overset{\ominus}{B}F_3$$

reagieren.

Zeigen Sie Ihren Studenten, daß die Summe der drei Gleichungen, die die Hydrolysestufen des BF_3 darstellen, Gleichung 13–1 ergeben:

$$BF_3 + 2H_2O \rightarrow HBO_2 + \cancel{3HF}$$
$$\cancel{3HF} + 3BF_3 \rightarrow \cancel{3BF_4^-} + \cancel{3H^+}$$
$$\cancel{3H^+} + \cancel{3BF_4^-} + 6H_2O \rightarrow 3HBO_2 + 12HF$$

$$4BF_3 + 8H_2O \rightarrow 4HBO_2 + 12HF$$

Durch Division durch 4 kommt man zu Gleichung 13–1.

Wenn auch

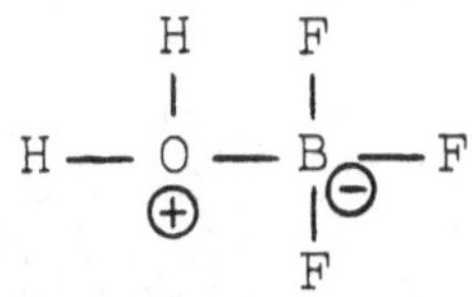

instabil ist und spontan HF eliminiert, so entsteht doch beim Ersetzen der Wasserstoffe durch Äthylgruppen eine Verbindung, die stabil genug ist, um destilliert werden zu können:

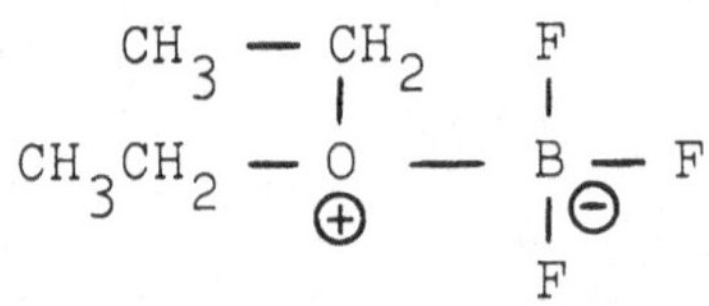

Informieren Sie Ihre Studenten, daß nicht alle Lewis-Basen gegenüber einer Hydrolyse so beständig sind wie NF_3. Lauteten die Gleichungen 13–1 und 13–2

$$BCl_3 + 2\,H_2O \rightarrow HBO_2 + 3\,HCl \text{ bzw.}$$

$$PCl_3 + 3\,H_2O \rightarrow H_3PO_3 + 3\,HCl,$$

so würde man keinen so großen Unterschied in den Reaktionsraten feststellen. Obgleich BCl_3 eine Lewis-Säure und PCl_3 eine Lewis-Base ist, laufen beide Reaktionen schnell ab. Man darf aber davon ausgehen, daß beide Reaktionen unterschiedlichen Mechanismen folgen. Die Diskussion der beiden Hydrolysereaktionen im Lehrbuch ist so angelegt, daß es dem Studenten klar wird, wie stark die Mechanismen die Reaktionsrate beeinflussen und wie diese Mechanismen eine Folge der Elektronenstruktur der Reaktanten sind. Beachten Sie stets, daß es der Zweck der Diskussion ist, diese allgemeinen Grundzüge aufzuzeigen, nicht aber die Mechanismen bestimmter Reaktionen.

Übung

Geben Sie alle Zwischenstufen der Reaktion zwischen BF_3 und H_2O an.

Lösung

Nach dem im Lehrbuch gegebenen Mechanismus treten folgende Zwischenprodukte auf: H_2OBF_3, $HOBF_2$, HF und H_2OBF_2OH.

13–2 Die Kinetik chemischer Reaktionen

Dieser Abschnitt wird vermutlich eine Reihe von Fragen aufwerfen. Die Modelle, die erklären, warum die Reaktionsrate für Gleichung 13–3 von der HO^--Konzentration unabhängig, diejenige für Gleichung 13–4 aber von der HO^--Konzentration abhängig sind, werden später im Kapitel gebracht. Der Mechanismus für Gleichung 13–3 wird auf Seite 414 gebracht und der für 13–4, einer bimolekularen Reaktion, auf Seite 423. Der Mechanismus für die Acetonbromierung, Gleichung 13–5, ist folgender:

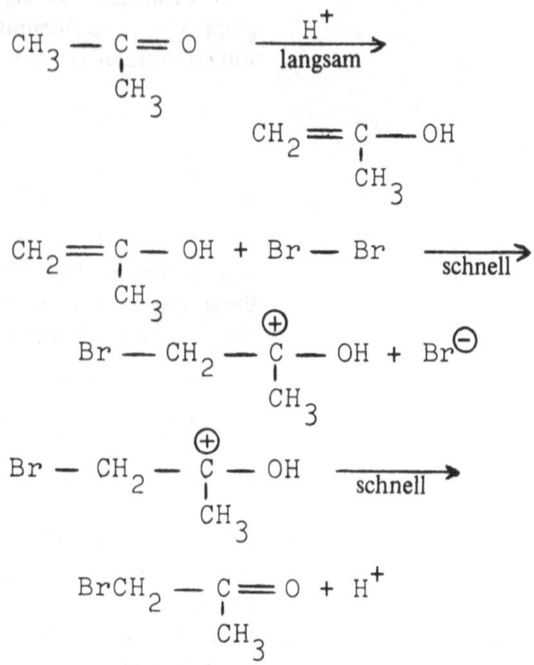

Katalysatoren spielen in vielen Reaktionen eine entscheidende Rolle. Biochemische Reaktionen werden häufig durch Enzyme katalysiert und viele industrielle Verfahren wären ohne Katalysatoren nicht möglich. Beispiel eines negativen Katalysators oder Inhibitors ist die Hydrolyse von BF_3, Gleichung 13–1. HF ist in diesem Falle ein Inhibitor, weil es mit BF_3 zu $H^+BF_4^-$ reagiert, das mit viel geringerer Rate als BF_3 hydrolysiert wird. Beachten Sie, daß HF wieder freigesetzt wird (das ist ein sehr ungewöhnlicher Fall einer Katalyse, da HF in der Gesamt-Reaktionsgleichung erscheint).

Aus den Beispielen der Tabelle 13–1 kann abgeleitet werden, daß es zwischen der Gesamtstöchiometrie einer Reaktion und ihrem Ratengesetz keine einfache Beziehung gibt. Versichern Sie sich, daß Ihre Studenten einsehen, daß wir nicht einfach durch Betrachten der ausgewogenen Gleichung für eine Reaktion das Ratengesetz ableiten können. Das geht deswegen nicht, weil in der Gesamtgleichung keine Information über mögliche Zwischenstufen enthalten ist. Ein Ratengesetz kann wirklich nur experimentell bestimmt werden.

Terminologie

Es dürfte ganz gut sein, an dieser Stelle ausführlicher auf die Bedeutung der Rate und auf deren Messung einzugehen. Eine Reaktionsrate wird bestimmt, indem entweder das Verschwinden eines Reaktanten mit der Zeit oder das Auftreten eines Produktes mit der Zeit gemessen wird. Für die Reaktion A → B wird das mathematisch so ausgedrückt:

$$\text{Rate} = -\frac{\text{Änderung von [A]}}{\text{Zeiteinheit}} = \frac{\text{Änderung von [B]}}{\text{Zeiteinheit}}.$$

Das negative Vorzeichen wird für die Änderung von [A] benutzt, weil A verschwindet.

Experimentell kann die Rate gemessen werden, indem die Menge eines gefärbten Reaktanten, der mit der Zeit geringer wird, oder die Menge eines gefärbten Produktes, das bei der Reaktion gebildet wird, spektrofotometrisch bestimmt werden. Sind Säuren oder Basen beteiligt, kann die Rate bestimmt werden, indem in bestimmten Zeitabständen kleine Proben entnommen werden, deren Säuregehalt titriert wird. Enthält eine Reaktion gasförmige Produkte oder Reaktanten, so kann die zeitliche Änderung ihrer Konzentrationen durch Feststellen der Druckänderung ermittelt werden.

Bringen Sie Ihren Studenten bei, daß die Gesamtrate einer Reaktion durch Summieren aller Exponenten, die im Ratenausdruck für die Reaktion auftreten, gefunden wird. Fordern Sie als mündliche Übung Ihre Studenten auf, die Ordnung der Reaktionen aus Tabelle 13–1 zu bestimmen. Weisen Sie sie auf die Tatsache hin, daß Exponenten im Ratenausdruck nicht notwendigerweise gleich den stöchiometrischen Koeffizienten der Reaktanten sein müssen. Manchmal wird die Ordnung einer Reaktion in bezug auf einen Reaktanten ausgedrückt. Reaktion 2 in Tabelle 13–1 z.B. ist erster Ordnung in bezug auf HO^-, erster Ordnung in bezug auf CH_3CH_2Cl und zweiter Ordnung insgesamt. Wie im Lehrbuch gesagt wird, werden die Raten gewöhnlich in mol $l^{-1}\,s^{-1}$ oder in bar s^{-1} ausgedrückt. Die Einheiten von k hängen von der Reaktionsordnung ab. In einer Reaktion erster Ordnung sind die Einheiten von k s^{-1}. Anhand von Gleichung (1) in Tabelle 13–1 als Beispiele können wir zeigen, daß

$$\text{Rate} = \frac{\text{Änderung von } [(CH_3)_3\,CCl]}{\text{Zeiteinheit}} = \frac{\text{mol } l^{-1}}{s}$$

$$\text{Rate} = k[(CH_3)_3\,CCl] = k \text{ mol } l^{-1}$$

$$\frac{\text{mol } l^{-1}}{s} = k \text{ mol } l^{-1}$$

$$k = \frac{\text{mol } l^{-1}}{s \text{ mol } l^{-1}} = s^{-1}.$$

Einheiten von k können auf entsprechende Weise für Reaktionen zweiter und dritter Ordnung abgeleitet werden.

Übung

Für die Reaktion A + 2 B → 2 C sind die folgenden kinetischen Daten gemessen worden:

Rate, mit der A verschwindet [mol l^{-1} s^{-1}]	Konzentration [mol l^{-1}] [A]	[B]
$2{,}4 \cdot 10^{-3}$	0,10	0,01
$9{,}6 \cdot 10^{-3}$	0,10	0,04
$4{,}8 \cdot 10^{-3}$	0,20	0,01.

Welches ist das Ratengesetz für die Reaktion und wie groß ist die Ratenkonstante. Schließlich ist die Rate zu berechnen, mit der A verschwindet, wenn [A] = 0,01 mol l^{-1} und [B] = 0,01 mol l^{-1} sind.

Lösung
Betrachten Sie die Ratenabhängigkeit von [A] und [B] jeweils getrennt. Wird die Konzentration von A verdoppelt, verdoppelt sich die Rate; sie ist also direkt proportional [A]. Wird die Konzentration von B vervierfacht, vervierfacht sich auch die Rate, also ist die Rate auch [B] direkt proportional. Das Ratengesetz lautet:

$$\text{Rate} = k[\text{A}][\text{B}].$$

Die Reaktion ist erster Ordnung in bezug auf A, erster Ordnung in bezug auf B und zweiter Ordnung insgesamt.
Berechnung von k:

$$\text{Rate} = k[\text{A}][\text{B}]$$

$$2{,}4 \cdot 10^{-3}\ \text{mol l}^{-1}\,\text{s}^{-1} = k \cdot 0{,}10\ \text{mol l}^{-1} \cdot 0{,}01\ \text{mol l}^{-1}$$

$$k = \frac{2{,}4 \cdot 10^{-3}\ \text{mol l}^{-1}\,\text{s}^{-1}}{0{,}001\ \text{mol}^2\,\text{l}^{-2}} = 2{,}4\ \text{l mol}^{-1}\,\text{s}^{-1}.$$

$$\text{Rate} = 2{,}4\ \text{l mol}^{-1}\,\text{s}^{-1} \cdot 0{,}01\ \text{mol l}^{-1} \cdot 0{,}01\ \text{mol l}^{-1}$$
$$= 2{,}4 \cdot 10^{-4}\ \text{mol l}^{-1}\ \text{s}^{-1}.$$

Wichtig ist, daß die Studenten verstehen, daß k für eine gegebene Reaktion bei einer bestimmten Temperatur konstant ist und aus jedem der zur Verfügung stehenden Datensatz abgeleitet werden kann.

13–3 Reaktionsmechanismen

Die Studenten müssen gut verstehen, was mit einer Elementarreaktion gemeint ist und wie sie sich von einer Gesamtreaktion unterscheidet. Jeder der Zwischenschritte einer Gesamtreaktion ist eine Elementarreaktion. Das Massenwirkungsgesetz bestimmt, daß für eine Elementarreaktion der allgemeinen Art

$$\text{aA} + \text{bB} \rightarrow \text{cC}$$

die Bildungsrate von C

$$k[\text{A}]^{\text{a}}[\text{B}]^{\text{b}} \text{ ist.}$$

Es ist unmittelbar verständlich, daß die Reaktion

$$\text{HO}^- + (\text{CH}_3)_3\ \text{CCl} \rightarrow (\text{CH}_3)_3\text{COH} + \text{Cl}^-,$$

für die

$$\text{Rate} = k[(\text{CH}_3)_3\text{CCl}] \text{ ist,}$$

keine Elementarreaktion sein kann. Die Gesamtreaktion ist in diesem Falle die Summe zweier Elementarreaktionen, gegeben durch die Gleichungen 13–9 und 13–10.

Im Lehrbuch wird gesagt, daß alle Elementarreaktionen entweder unimolekular oder bimolekular sind. Stellt keiner die Frage, so können Sie es tun, warum nämlich trimolekulare Reaktionen nicht dazugehören. Statistisch gesehen ist es sehr unwahrscheinlich, daß drei Moleküle gleichzeitig zusammenstoßen (sog. Dreiteilchen-Zusammenstoß). Es wurden einige trimolekulare Reaktionen beschrieben, sie sind aber sehr selten und werden gewöhnlich nicht bei der elementaren Behandlung der Kinetik betrachtet.

Der Begriff „ratenbestimmender Schritt" wird am besten am Beispiel erklärt. Die Studenten mögen sich vorstellen, daß Wasser in einem großen Rohr fließt, das mit einem Trichter mit kleiner Öffnung verbunden ist. Das Wasser fließt durch das große Rohr, durch den Trichter mit der kleinen Öffnung und dann in ein anderes größeres Rohr. Ganz gleich, wie schnell das Wasser im großen Rohr vor dem Trichter fließt, begrenzt die kleine Öffnung im Trichter die Strömungsrate und ist daher ratenbestimmend. Ein weiteres Beispiel: Der langsamste Mann an einem Fließband bestimmt die Rate, mit der das Endprodukt hergestellt wird.

Betrachtet man die Reaktionen

(a) $A + B \rightarrow C + D$ (langsam)

(b) $D + A \rightarrow C$ (schnell),

so erkennt man, daß Reaktion b einfach nicht ablaufen kann, solange nicht etwas D nach Reaktion a gebildet worden ist.

Übung

Aus den folgenden Elementarstufenreaktionen ist die Gesamtreaktion und ein Ratengesetz für die Reaktion zu formulieren:

1. $H_2O_2 + J^- \xrightarrow{k} HOJ + HO^-$ (langsam)
2. $H^+ + HO^- \rightleftarrows H_2O$ (schnell)
3. $HOJ + H^+ + 2J^- \rightleftarrows J_3^- + H_2O$ (schnell)

Lösung

Die Gesamtreaktion wird durch Summieren der drei Gleichungen erhalten:

$$H_2O_2 + 3\,J^- + 2\,H^+ \rightarrow 2\,H_2O + J_3^-.$$

Die Rate ergibt sich aus Reaktion 1, dem ratenbestimmenden Schritt:

$$\text{Rate} = k[H_2O_2][J^-].$$

Beispiel 13–1 enthält als Gesamtreaktion

$$2\ N_2O_5 \rightarrow 4\ NO_2 + O_2$$

und einen Mechanismus für die Reaktion. Im ersten Augenblick könnte es so scheinen, als ob der Mechanismus nicht zur Gesamtgleichung paßt, weil die Addition der Reaktionen 1, 2 und 3 nicht die Gesamtreaktion ergibt.

$$\begin{array}{ll} 1.\ N_2O_5 & \rightleftarrows NO_2 + NO_3 \\ 2.\ NO_3 + NO_2 & \rightarrow NO + NO_2 + O_2 \\ 3.\ NO_3 + NO & \rightarrow 2\ NO_2 \\ \hline N_2O_5 + NO_3 & \rightarrow 3\ NO_2 + O_2. \end{array}$$

Wird dagegen die Gleichung 1 zweimal hingeschrieben, ist die Summe die Gesamtreaktion:

$$\begin{array}{ll} 1.\ N_2O_5 & \rightleftarrows NO_2 + NO_3\ \text{(schnell)} \\ 1.\ N_2O_5 & \rightleftarrows NO_2 + NO_3\ \text{(schnell)} \\ 2.\ NO_3 + NO_2 & \rightarrow NO + NO_2 + O_2\ \text{(langsam)} \\ 3.\ NO_3 + NO & \rightarrow 2\ NO_2\ \text{(schnell)} \\ \hline 2\ N_2O_5 & \rightarrow 4\ NO_2 + O_2. \end{array}$$

Die Lösung der Aufgabe wird durch Addition der Gleichung nicht geändert. Wichtigste Anforderung an einen Mechanismus, wenn er akzeptiert werden soll, ist, daß er zur richtigen Stöchiometrie führt.

Damit die Studenten einsehen, daß Mechanismen Modellvorstellungen sind, wäre es vorteilhaft, sie brächten ein Beispiel eines Ratengesetzes, dem zwei verschiedene Mechanismen zugrunde gelegt werden können. Für die Zersetzung von N_2O_5 gilt ein Ratengesetz erster Ordnung:

$$2\ N_2O_5 \rightarrow 2\ N_2O_4 + O_2$$

$$\text{Rate} = k[N_2O_5].$$

Die folgenden beiden Mechanismen stimmen mit dem Ratengesetz und mit der Gesamtstöchiometrie überein.

1.

$$\begin{array}{ll} N_2O_5 & \rightarrow N_2O_4 + O\ \text{(langsam)} \\ N_2O_5 & \rightarrow N_2O_4 + O\ \text{(langsam)} \\ O + O & \rightarrow O_2\ \text{(schnell)} \\ \hline 2\ N_2O_5 & \rightarrow 2\ N_2O_4 + O_2 \end{array}$$

2.

N_2O_5	$\rightarrow NO_3 + NO_2$	(langsam)
N_2O_5	$\rightarrow NO_3 + NO_2$	(langsam)
$NO_2 + NO_2$	$\rightarrow N_2O_4$	(schnell)
NO_3	$\rightarrow NO + O_2$	(schnell)
$NO_3 + NO$	$\rightarrow N_2O_4$	(schnell)
$2\,N_2O_5$	$\rightarrow 2\,N_2O_4 + O_2$	

13–4 Theorie der elementaren Reaktionsraten
Unimolekulare Reaktionen

Benutzen Sie Abbildung 13–2, um einige thermodynamische Grundsätze zu wiederholen. Die Studenten sollten nicht vergessen haben, daß die Abbildung eine endotherme Reaktion wiedergibt, da die trans-Form (Produkt) eine höhere Energie als die cis-Form (Reaktant) besitzt. Lassen Sie die Studenten eine entsprechende Skizze anfertigen, die eine exotherme Reaktion enthält. Erläutern Sie, daß der Übergangszustand eine höhere Energieform als der Reaktant und das Produkt besitzen muß, da die beiden Letzeren thermodynamisch stabil sind.

Auf Seite 418 des Lehrbuchs wird gesagt, daß die Aktivierungsenergie für eine Reaktion nicht unbedingt größer als die Energiedifferenz zwischen Reaktanten und Produkten zu sein braucht. Das heißt nicht, daß es ein Diagramm der folgenden Form geben kann:

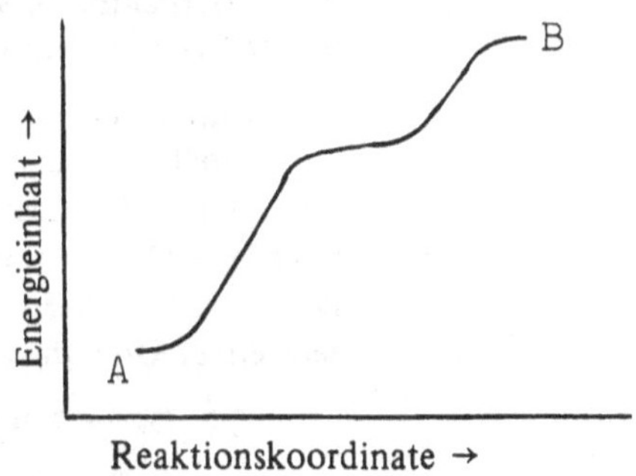

Produkt B wäre thermodynamisch instabil und würde sich spontan zu A zersetzen. Das Diagramm auf der folgenden Seite zeigt, wie die Energieverhältnisse aussehen.

Lassen Sie die Studenten ein Energieprofil für die Umwandlung von trans- in cis-Dichloräthylen (die Umkehrung des Profils in Abbildung 13–2) zeichnen. Sie sollten sich dabei erinnern, daß die Aktivierungsenergie für die Hinreaktion nicht gleich der Aktivierungsenergie für die Rückreaktion ist. Weisen Sie darauf hin,

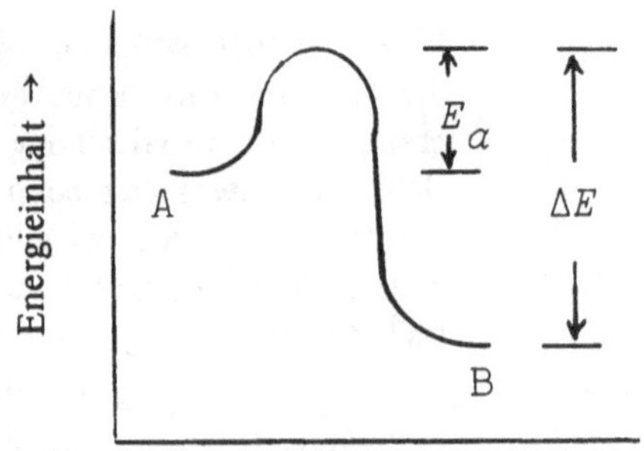

daß ein Übergangszustand keine Verbindung darstellt, die isoliert werden kann. Er ist ein kurzlebiger, hochenergetischer Zustand, der nur zweierlei tun kann – sich entweder in den Anfangszustand zurückzuverwandeln oder das Produkt zu bilden.

Gehen Sie sicher, daß Ihre Studenten verstehen, daß durch Erhöhen der Temperatur einer Reaktion, sei es eine exotherme oder eine endotherme Reaktion, die Reaktionsrate ansteigt. Studenten denken oft, daß eine Temperaturerhöhung einen Anstieg der Rate nur bei endothermen Reaktionen hervorruft. Sie werden diese falsche Vorstellung nicht haben, wenn sie die Art und Weise gut verstehen, in der die Temperatur die Dynamik einer Reaktion beeinflußt. Abbildung 13–3 sollte gründlich diskutiert werden.

Behalten Sie im Auge, daß sich die Gleichungen auf Seite 419 des Lehrbuchs nur auf unimolekulare Reaktionen beziehen, das heißt auf Reaktionen, die keine Zusammenstöße zwischen Molekülen voraussetzen. Nehmen wir die cis-trans-Umwandlung des Dichloräthylens als Beispiel, so können einige Ausdrücke auf Seite 419 in folgender Weise umgeschrieben werden:

Rate = Mole Liter^{-1} des cis-Isomeren, die in das trans-Isomere in der Zeit-Einheit umgewandelt werden.

Rate der Moleküle mit einer Energie $\geqslant E_a$ = Rate der angeregten Moleküle = Häufigkeit der Umwandlung des Übergangszustandes in das trans-Isomere = p. Dieser Faktor ist eine Konstante für eine gegebene Reaktion und ist temperaturunabhängig.
Die Gleichung 13–15 sollte gelesen werden: „Bruchteil der Moleküle, deren Energie *größer als die oder gleich der* Aktivierungsenergie = $e^{-(E_a/RT)}$ ist".

Weisen Sie darauf hin, daß Gleichung 13–15 die Lösung der mathematischen Gleichungen ist, die in Abbildung 13–3 dargestellt sind.

Wahrscheinlich ist es bei manchen Studenten notwendig, daß Sie Hilfe geben beim Durchgehen der Gleichungen, die zu Gleichung 13–18 führen. Nehmen Sie sich ruhig etwas Zeit beim Durcharbeiten dieses Abschnitts; klären Sie vor allem den Übergang von Gleichung 13–16 zu Gleichung 13–17. Gleichung 13–16 und die darauf folgende Gleichung lauten:

$$\text{Rate} = \begin{bmatrix}\text{Rate der}\\ \text{angeregten}\\ \text{Moleküle}\end{bmatrix} \cdot e^{-(E_a/RT)} \cdot [\text{A}]$$

und

$$\text{Rate} = k[\text{A}].$$

Daraus ergibt sich:

$$k = \begin{bmatrix}\text{Rate der}\\ \text{angeregten}\\ \text{Moleküle}\end{bmatrix} \cdot e^{-(E_a/RT)}.$$

Die Rate der angeregten Moleküle ist, wie in dieser Diskussion bereits gesagt, gleich der Umwandlungshäufigkeit, die im Lehrbuch mit p bezeichnet wird. Also wird:

$$k = p \cdot e^{-(E_a/RT)}.$$

Ist die Konzentration gleich Eins, ist die Rate gleich k.

Für diejenigen, die mit Logarithmen zu rechnen nicht gewohnt sind, könnte die beim Gang von Gleichung 13–17 zu Gleichung 13–18 verwendete Mathematik Schwierigkeiten bereiten.

Erklären Sie, daß beim Logarithmieren beider Seiten der Gleichung 13–17 das folgende Ergebnis erhalten wird:

$$\begin{aligned}\ln k &= \ln p\, e^{-(E_a/RT)}\\ &= \ln p + \ln e^{-(E_a/RT)}\end{aligned}$$

Da aber $\ln e^{-(E_a/RT)} = -E_a/RT$ ist, kann der Ausdruck einfacher geschrieben werden:

$$\ln k = \ln p - E_a/RT.$$

Weisen Sie auch darauf hin, daß bei der Umwandlung der natürlichen in die dekadischen Logarithmen der Faktor

$$\ln x = 2{,}303 \log x$$

auftritt.

Die Beispiele 13–2 und 13–3 sind zwar ziemlich lang, aber wirklichkeitsnah und sehr lehrreich. Für die Studenten ist wichtig zu sehen, daß man die Aktivierungsenergie für eine bestimmte Reaktion (eine Konstante) berechnen kann, wenn k bei zwei verschiedenen Temperaturen bekannt ist. Und ist die Aktivierungsenergie und die Ratenkonstante bei einer Temperatur für eine gegebene Reaktion bekannt, kann die Ratenkonstante bei einer anderen Temperatur berechnet werden.

Bimolekulare Reaktionen Gehen Sie sorgfältig die Ratenausdrücke durch, die zu Gleichung 13–20 führen. Für diese Reaktion gilt:

$$\text{Rate} = k[\text{A}][\text{B}]$$

$$\text{Rate} = \begin{bmatrix}\text{Rate der Zu-}\\ \text{sammenstöße}\\ \text{zwischen A}\\ \text{und B}\end{bmatrix} \cdot \begin{bmatrix}\text{Bruchteil der Zu-}\\ \text{sammenstöße mit}\\ \text{ausreichend}\\ \text{Energie}\end{bmatrix} \cdot \begin{bmatrix}\text{Bruchteil energiereicher}\\ \text{Zusammenstöße, die}\\ \text{zur Reaktion führen}\end{bmatrix}$$

Der Bruchteil der Zusammenstöße mit ausreichend Energie entspricht dem Bruchteil angeregter Moleküle im unimolekularen Prozeß. Beide Ausdrücke sind gleich $e^{-(E_a/RT)}$.

$$\text{Rate} = \begin{bmatrix}\text{Zusammenstoßrate, wenn}\\ [\text{A}] = [\text{B}] = 1\ \text{mol l}^{-1}\end{bmatrix} \cdot [\text{A}] \cdot [\text{B}] \cdot e^{-(E_a/RT)} \cdot \begin{bmatrix}\text{Bruchteil energiereicher}\\ \text{Zusammenstöße, die zur}\\ \text{Reaktion führen}\end{bmatrix}$$

$$k = \begin{bmatrix}\text{Zusammenstoßrate, wenn}\\ [\text{A}] = [\text{B}] = 1\ \text{mol l}^{-1}\end{bmatrix} \cdot \begin{bmatrix}\text{Bruchteil energiereicher}\\ \text{Zusammenstöße, die zur}\\ \text{Reaktion führen}\end{bmatrix} \cdot e^{-(E_a/RT)}.$$

Da $k = p \cdot e^{-(E_a/RT)}$ ist, ergibt sich:

$$p = \begin{bmatrix}\text{Zusammenstoßrate,}\\ \text{wenn } [\text{A}] = [\text{B}]\\ = 1\ \text{mol l}^{-1}\end{bmatrix} \cdot \begin{bmatrix}\text{Bruchteil energie-}\\ \text{reicher Zusammen-}\\ \text{stöße, die zur Reak-}\\ \text{tion führen}\end{bmatrix}$$

Da $e^{-(E_a/RT)}$ dimensionslos ist, besitzt k die gleiche Einheit wie p.

13–5 Katalyse

Ein weiteres Beispiel für eine Katalyse ist die Reaktion

$$SO_2 + O_2 \rightarrow SO_3,$$

die durch NO katalysiert wird. Die Reaktion von Schwefeldioxid mit Sauerstoff ist normalerweise langsam. Der angenommene katalytische Mechanismus ist:

$2\,NO + O_2$	$\rightarrow 2\,NO_2$	(schnell)
$2\,NO_2 + 2\,SO_2$	$\rightarrow 2\,NO + 2\,SO_3$	(schnell)
$2\,SO_2 + O_2$	$\rightarrow 2\,SO_3$	(schnell)

Ein negativer Katalysator, den die Studenten kennen werden, ist das Bleitetraäthyl, das die Explosionsrate in einem Motor herabsetzt, wodurch weniger vorzeitige Explosionen, die das Klopfen verursachen, auftreten. Wichtig ist, daß sich die Studenten merken, daß, obwohl ein Katalysator nicht verbraucht wird, er doch in eine chemische Reaktion eintritt und anschließend zurückgebildet wird.

Wiederholen Sie, daß die Anwesenheit eines Katalysators die Lage eines Gleichgewichts nicht beeinflußt, da er die Aktivierungsenergie für Hin- *und* Rückreaktion erniedrigt oder erhöht. Er verringert nur die Zeit, innerhalb der das Gleichgewicht erreicht wird.

13–6 Der Zusammenhang zwischen Struktur und Reaktivität

Beim Vergleich der beiden Übergangszustände auf Seite 430 des Lehrbuches können Sie auf den sterischen Faktor eingehen, der bewirkt, daß Struktur II energiereicher ist als Struktur I, und der auch die Orientierung beeinflußt. Das bedeutet, daß die Bildung des Übergangszustandes II weniger wahrscheinlich als die Bildung des Übergangszustandes I ist, weil der Anteil energiereicher Zusammenstöße, die zur Reaktion führen, für Struktur II geringer ist.

Diskutieren Sie mit Ihren Studenten die im Lehrbuch angeführten Gründe für die Ionisierung von t-Butylchlorid und die geringe Ionsisierungsneigung beim Äthylchlorid. Benutzen Sie Modelle, um den Übergang von der tetraedrischen zur planaren Geometrie bei der Ionisierung des t-Butylchlorids zum t-Butylcarboniumion zu beschreiben. Führen Sie den Begriff „Hyperkonjugation" etwas aus. Drei von den neun hyperkonjugierten Strukturen des t-Butylkations sind folgende:

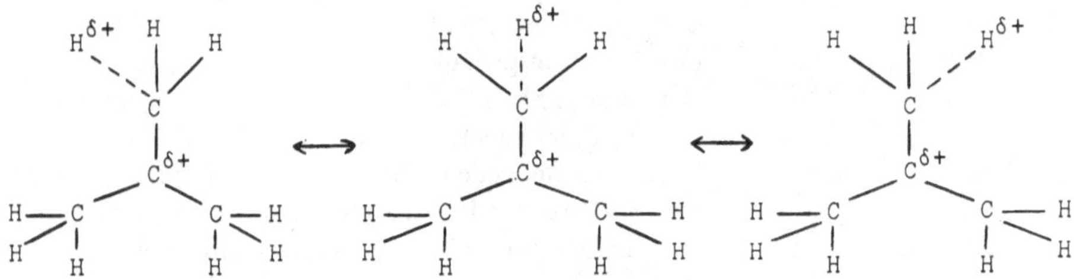

Sie zeigen die Delokalisierung der Elektronendichte der C–H-Bindungen, so daß positiv geladene, zentrale Kohlenstoffatome entstehen.

Übung

Im Zusammenhang mit Abbildung 13–7 des Lehrbuchs wurde gesagt, daß der zweite Energieberg niedriger als der erste sein muß, wenn die erste Reaktion ratenbestimmend sein soll. Erklärung!

Lösung

Betrachten Sie den Zwischenzustand Bu^+. Es erfordert weniger Energie für diesen Zwischenzustand, durch den Übergangszustand nach BuOH zu gehen, als zurück nach BuCl. Daher werden fast alle Bu^+ zu BuOH. Wäre der zweite Energieberg höher als der erste, so würde Bu^+ eher BuCl zurückbilden und der zweite Schritt wäre der ratenbestimmende.

Es folgt eine Übung, die dazu beitragen kann, daß Ihre Studenten mit Energieprofilen bimolekularer Reaktionen vertrauter werden.

Übung

Bezeichnen Sie im folgenden Diagramm die Positionen für Reaktant, Reaktionsprodukt, Zwischen- und Übergangszuständen. Welches ist der ratenbestimmende Schritt?

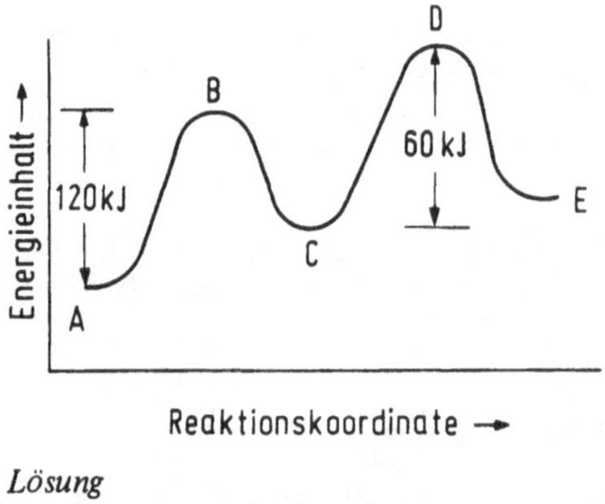

Lösung

A = Reaktant

B und D = Übergangszustände

C = Zwischenzustand
E = Reaktionsprodukt.
Der ratenbestimmende Schritt ist der Übergang von C nach E und nicht der von A nach C.

13–7 Reaktionsraten und chemisches Gleichgewicht

In den vorstehenden Abschnitten des Kapitels wurden die Einflüsse der Konzentration, des Katalysators und der Temperatur auf die Reaktionsraten untersucht. Vom Kapitel 10 her werden sich die Studenten erinnern, daß eine Gleichgewichtskonstante durch Temperaturänderung geändert werden kann. Weisen Sie darauf noch einmal hin! Eine Erhöhung der Konzentration der Reaktanten verschiebt das Gleichgewicht zu den Reaktionsprodukten, aber die Gleichgewichtskonstante bleibt unverändert. Wird ein Katalysator zur Reaktion gegeben, wird die Rate ansteigen, mit der sich das Gleichgewicht einstellt; die Gleichgewichtskonstante wird aber dadurch nicht beeinflußt. Während die Ratenkonstante mit Erhöhung der Temperatur für alle Reaktionen größer wird, wächst die Gleichgewichtskonstante mit höherer Temperatur nur bei endothermen Reaktionen, sinkt dagegen mit höheren Temperaturen bei exothermen Reaktionen.

Die Beziehung zwischen Ratenkonstanten und Gleichgewichtskonstanten ist grundlegend und verdient besondere Betonung. Helfen Sie Ihren Studenten, eine Verwechslung der beiden Konstanten zu vermeiden, indem Sie stets ein großes K für die Gleichgewichtskonstante und ein kleines k für die Ratenkonstante benutzen und sagen Sie immer deutlich, von welcher Konstanten Sie gerade sprechen.

Literatur

1. J.H. Cooley, J.D. McCown und R.M. Shill: „Das Experiment: Kinetik der Reaktionen von Alkoholen zu Alkylhalogeniden". *Chemie in unserer Zeit 1*, 5, 162 (1967).
2. E.A. Guggenheim: „More about the Laws of Reaction Rates and of Equilibrium". *J. Chem. Ed. 33*, 544 (1956). Behandelt die Tatsache, daß das kinetische Verhalten einer Reaktion experimentell bestimmt werden muß und nicht aus der Stöchiometrie vorhergesagt werden kann.
3. K.J. Mysels: „The Laws of Reaction Rates and of Equilibrium". *J. Chem. Ed. 33*, 178 (1956). Beschreibt die Beziehung zwischen dem Ratengesetz, der Gleichgewichtskonstanten und dem Mechanismus einer Reaktion.

Fragen und Aufgaben

1. a) 2. Ordnung in bezug auf NO, 1. Ordnung in bezug auf O_2, 3. Ordnung insgesamt.

b) 1. Ordnung in bezug auf NO_2, 1. Ordnung in bezug auf CO, 2. Ordnung insgesamt.
c) 1. Ordnung in bezug auf $(CH_3)_3CCl$, 1. Ordnung insgesamt.
d) 1. Ordnung in bezug auf $O_2N_2H_2$, umgekehrt 1. Ordnung in bezug auf H^+, 0. Ordnung insgesamt.

2. a) Eine bimolekulare Reaktion ist eine Elementarreaktion, die zwei Reaktantenmoleküle enthält.
   b) Ein Elementarprozeß ist ein einfacher, einstufiger Prozeß, der einer von mehreren Schritten in einer komplexeren Reaktion sein kann.
   c) Der ratenbestimmende Schritt ist die langsamste Elementarreaktion im Mechanismus einer Gesamtreaktion.
   d) Ein Katalysator ist ein Stoff, der die Reaktionsrate beeinflußt, wenn er zu einem Reaktionsgemisch gegeben wird. Er wird normalerweise im Prozeß nicht verbraucht.
   e) Die Ratenkonstante einer Reaktion ist eine temperaturabhängige Konstante k, die für eine Reaktion charakteristisch ist. Sie ist die Proportionalitätskonstante zwischen der Reaktionsrate und den Konzentrationen.
3. Verursacht die Änderung der NO-Konzentration um einen Faktor x eine Ratenänderung um x^2, dann muß die Reaktion in bezug auf NO 2. Ordnung sein. Ändert sich die H_2-Konzentration um den Faktor x und die Rate daraufhin ebenfalls um x, dann muß die Reaktion in bezug auf H_2 1. Ordnung sein. Das Ratengesetz ist daher

   $$\text{Rate} = k[\text{NO}]^2\,[\text{H}_2].$$

   Die Gesamtreaktion ist 3. Ordnung.
4. Ein Temperaturanstieg ist gewöhnlich von einer Erhöhung der Reaktionsrate begleitet. Die Energie der Zusammenstöße bestimmt zum Teil, wie groß der Bruch der Zusammenstöße ist, der zu einer chemischen Reaktion führt. Da die Temperatur erhöht worden ist, wächst der Bruchteil der Moleküle, die erfolgreich zusammenstoßen, da die mittlere Energie der Moleküle größer geworden ist.
5. Die Zahl der Zusammenstöße, die zu chemischen Reaktionen führt, ist nicht gleich der Gesamtzahl der zusammenstoßenden Moleküle, wohl aber proportional zu ihr. Die Struktur des Moleküls kann die Geometrie der Molekülzusammenstöße stark beschränken, so daß nur bestimmte bevorzugte geometrische Strukturen zu chemischen Änderungen führen. Es sind Moleküle notwendig, die die erforderliche Aktivierungsenergie und eine bestimmte Kollisionsgeometrie besitzen.
6. Das Ratengesetz kann aus den angegebenen Daten bestimmt werden, die zeigen, daß die Reaktion in bezug auf A und auf B erster Ordnung ist.

   $$\text{Rate} = k[\text{A}]\,[\text{B}].$$

   Der Mechanismus enthält zwei Elementarreaktionen, von denen der erste der ratenbestimmende Schritt ist. Er sollte erster Ordnung in bezug auf A und auf B sein. Der Mechanismus entspricht also dem Ratengesetz.

7.

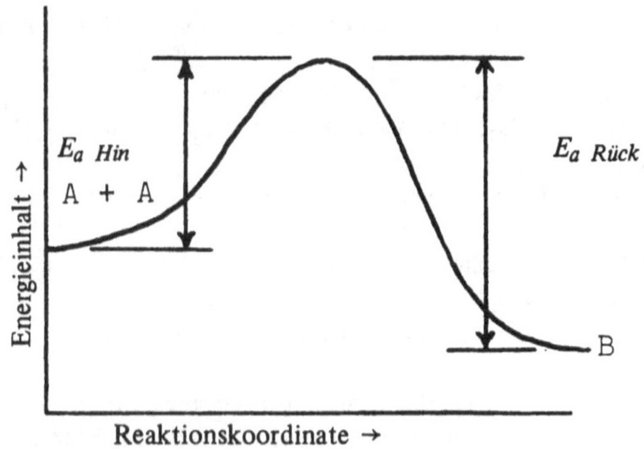

Die Rückreaktion ist 1. Ordnung in bezug auf B.

8. $$\log \frac{k_2}{k_1} = \frac{\Delta E}{2{,}303 \cdot R} \left(\frac{T_2 - T_1}{T_2 T_1} \right)$$

$$\log \frac{1{,}50 \cdot 10^{-2}}{7{,}87 \cdot 10^{-7}} = \frac{\Delta E}{(2{,}303)\ (8{,}31\ \text{J K}^{-1}\ \text{mol}^{-1})} \left(\frac{328\ \text{K} - 273\ \text{K}}{328\ \text{K} \cdot 273\ \text{K}} \right)$$

$$\log 1{,}91 \cdot 10^4 = 4{,}28$$

$$\Delta E = \frac{(4{,}28)\ (2{,}30)\ (8{,}31)\ (328)\ (273)}{328 - 273} = \frac{7{,}32 \cdot 10^6}{55}$$

$$\Delta E = 133\ \text{kJ mol}^{-1}.$$

9. Ein Katalysator erniedrigt die Aktivierungsenergie einer Reaktion, so daß ein größerer Bruchteil der Moleküle die Energie erreicht, die zum Hervorrufen einer chemischen Änderung erforderlich ist. Die Aktivierungsenergie für den Rückprozeß wird aber auch geändert, so daß die Reaktion für die Reaktionsprodukte erleichtert wird. Ingesamt folgt daraus, daß keine Verschiebung der Gleichgewichtslage stattfindet.

10. Ist die Reaktion unimolekular, bestimmt die Dissoziation des Reaktantenmoleküls die Reaktionsrate. Je haufenähnlicher das Molekül ist, um so stärker sollte die Reaktion beschleunigt werden.
Eine bimolekulare Reaktion setzt voraus, daß ein Zusammenstoß zwischen zwei Molekülen stattfindet. Je haufenähnlicher das Molekül ist, um so schwieriger ist es, einen geeigneten Zusammenstoß zu erzielen. Haufenähnliche Moleküle sollten also einen bimolekularen Prozeß erschweren.

11. Entsprechend dem langsamen Schritt sollte das Ratengesetz lauten:

$$\text{Rate} = k\,[\text{A} - \text{B}]\,[\text{B}].$$

Das ist aber nicht dasselbe wie das gegebene Gesetz:

$$\text{Rate} = k\,[\text{A}]\,[\text{B}]^2.$$

Schritt 1 ist aber ein sich schnell einstellendes Gleichgewicht mit der Gleichgewichtskonstanten

$$K = \frac{[A-B]}{[A][B]},$$

so daß

$$[A-B] = K[A][B] \text{ ist.}$$

Substituiert man [A – B] im Ratengesetz, so folgt:

$$\text{Rate} = kK[A][B]^2 = k'[A][B]^2$$

mit

$$k' = kK.$$

14 Strukturen und Reaktionen von Verbindungen des Kohlenstoffs und des Siliciums

Seminaranleitung

Natürlich kann man in einem kurzen Kapitel nicht dem ganzen Gebiet der organischen Chemie Rechnung tragen, andererseits kann man es auch nicht völlig ignorieren in einer Einführung in die allgemeine Chemie. Konzentrieren Sie sich darauf, daß Ihre Studenten die besondere Rolle des Kohlenstoffs in der Chemie und im Leben, aber auch seine normale Stellung in der 4. Hauptgruppe des PSE erkennen. In diesem Kapitel könnte man jeden Abschnitt mit großer Ausführlichkeit behandeln, hüten Sie sich aber davor, zu viel Material zu bringen. Betonen Sie das Grundlegende jedes Reaktionstyps, der mit einigen ausgesuchten Beispielen angesprochen wird.

14–1 Klassen von Verbindungen. Kohlenwasserstoffe

Die Kohlenwasserstoffe, mit Ausnahme der aromatischen Kohlenwasserstoffe, werden vor allem aus Erdöl gewonnen; die aromatischen Kohlenwasserstoffe werden hauptsächlich aus Kohlenteer destilliert. Einige allgemeine Informationen über die Produkte des Erdöls gibt die folgende Tabelle.

Substanz	Zusammensetzung	Siedebereich [° C]	Verwendung
Petroläther	C_4H_{10} bis $C_{10}H_{22}$	35– 85	Lösungsmittel
Benzin	C_4H_{10} bis $C_{13}H_{28}$	40–225	Treibstoff
Kerosin	$C_{10}H_{22}$ bis $C_{16}H_{34}$	175–300	Treibstoff
Schmieröl	$C_{20}H_{42}$ bis C_xH_{2x+2}	> 350	Schmiermittel
Wachs	$C_{23}H_{48}$ bis $C_{29}H_{60}$	(Feststoff)	Kerzen
Asphalt	Gemisch von Kohlenwasserstoff mit hoher relativer Molmasse		Straßenbelag

Erinnern Sie Ihre Studenten daran, daß die Kohlenstoffgeometrie der gesättigten Kohlenwasserstoffe tetraedrisch ist. Schreiben Sie die Strukturen von ein paar weiteren Verbindungen mit bekannten Namen an, z.B. Butan und Octan. Es dürfte interessant sein für die Studenten, daß der Standard für die Octanzahl-Skala der Treibstoffe die Verbindung „Isooctan" ist:

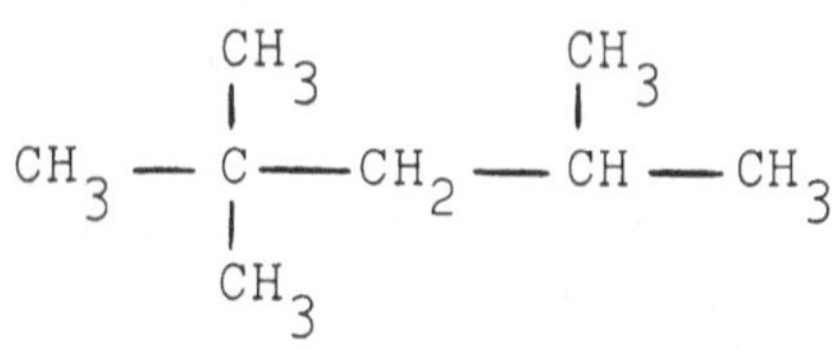

Dieser Verbindung wird die Zahl 100 zugeordnet und andere Treibstoffe werden relativ dazu bewertet je nach ihren Antiklopfeigenschaften. Es gibt mittlerweile viele Treibstoffe, die bessere Antiklopfeigenschaften als Isooctan haben.

Zweckmäßig ist ein Vergleich der Bindungen in den Alkanen, Alkenen und Alkinen. Die Geometrie in den Alkenen ist eben und die Bindungswinkel betragen 120°. Alkine sind linear. Die Kohlenstoff-Kohlenstoff-Dreifachbindung ist kürzer und fester als die Doppelbindung, und diese ist kürzer und fester als die Einfachbindung.

Kohlenwasserstoffderivate

Die Studenten sollen lernen, jede der funktionellen Gruppen, die in diesem Abschnitt gebraucht werden, zu erkennen. Geben Sie die Strukturen einer Vielzahl von Verbindungen und fragen Sie nach dem Derivattyp, den jede Verbindung darstellt.

Eventuell wollen Sie einiges über die Eigenschaften der in diesem Abschnitt angeführten Verbindungen sagen. Zu diesem Zwecke sind in der folgenden Tabelle eine Reihe von ihnen mit ihren Siedepunkten und Anwendungsgebieten aufgeführt. Sie sind in der Reihenfolge angeordnet, in der sie im Lehrbuch erscheinen.

Verbindung	Siedepunkt [° C]	Verwendungsbeispiele [1]
Methan	−164	Herstellung von Wasserstoff und Halogenkohlenwasserstoffen
Äthan	− 93	5 % des Heizgases in Stahlflaschen
Propan	− 45	90 % des Heizgases in Stahlflaschen
Äthylen	−103	Äthylen-Sauerstoff-Schweißen, künstliches Reifen von Zitrusfrüchten, Herstellung vieler wichtiger organischer Produkte
Propylen	− 50	Herstellung von Kunststoffen
Acetylen	− 84	Acetylen-Sauerstoff-Schweißen, Herstellung vieler wichtiger organischer Produkte
Propin	− 28	
Benzol	80	Lösungsmittel, Beimischung zu Motorkraftstoffen
Methanol	65	Industrielles Lösungsmittel, Zusatz zu Motorkraftstoffen, Frostschutzmittel in Autokühlern, Betriebsstoff für Kocher

[1] *H. Römpp*, Chemielexikon, 4 Bände; 6. Auflage, Franckh'sche Verlagshandlung, Stuttgart, 1966. *The Merck Index*, Merck and Co., Rahway, New Jersey, 1960.

Verbindung	Siedepunkt [° C]	Verwendungsbeispiele
Äthanol	78	Alkoholische Getränke
Propylalkohol	97	Lösungsmittel in der Pharmazie
Isopropylalkohol	82	Lösungsmittel für Gummis, Schellack, schnelltrocknende Öle, Parfüms und Rasierwässer,
Methylchlorid	–24	Kältetechnik, Herstellung von Silicon
Äthylbromid	38	Kältetechnik, Äthylierungsmittel
Jodbenzol	188	
Formaldehyd	–21	In wäßriger Lösung als Desinfektionsmittel, Keimtötungsmittel und zum Präparieren
Acetaldehyd	21	Herstellung von Parfüms, Aromastoffen, Kunststoffen; Früher: Silberspiegelfabrikation
Aceton	56	Lösungsmittel für Fette, Öle, Lacke; Reinigungsmittel
Essigsäure	118	Organische Synthesen; Lösungsmittel
Benzoesäure	250 (Feststoff)	Konservierungsmittel
Methylacetat	58	Lösungsmittel, Herstellung von Kunstleder
Methylamin	–6	in der Gerberei; organische Synthesen
Dimethylamin	7	Herstellung von Detergentien und Vulkanisationsbeschleunigern
Trimethylamin	3	zur Insektenanlockung in Insekticiden
N-Methylacetamid	205	
Hydroxyessigsäure	78 (Schmelzpunkt)	Komplexbildner für Ca- und Fe-Ionen im Brunnenwasser

Das auf Seite 444 erwähnte DDT hat folgende Struktur

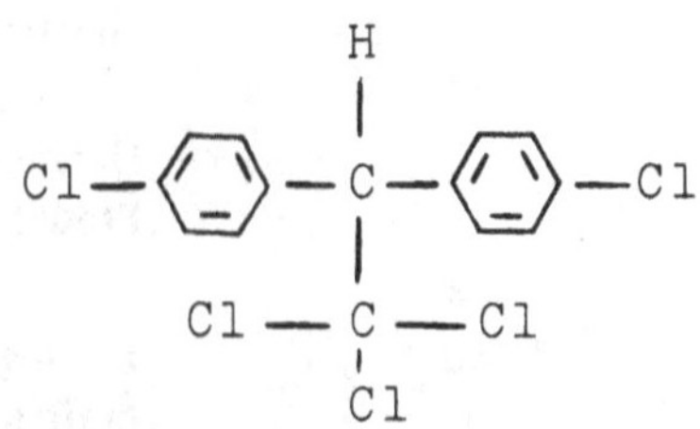

14–3 Reaktionen gesättigter Kohlenwasserstoffe

Ein interessanter Seitenblick auf die in den Motorabgasen befindlichen Verbindungen bietet der dritte Literaturhinweis, der die Ergebnisse einer jüngsten Untersuchung wiedergibt, in der die Anteile an Kohlenmonoxid, unvollständig verbrannten Kohlenwasserstoffen und anderen Kontaminanten gemessen worden sind, die von den verschiedenen Automodellen emittiert werden.

14–4 Reaktionen ungesättigter Kohlenwasserstoffe

Die Aussagen im Lehrbuch über Reaktionen ungesättigter Kohlenwasserstoffe können am besten mit Hilfe von Beispielen erläutert werden. Die Umwandlung einer Dreifachbindung in eine Doppelbindung und dann in eine Einfachbindung wird durch die folgenden beiden Gleichungen gezeigt:

$$HC \equiv CH + Br_2 \rightarrow HBrC = CBrH$$

$$HBrC = CBrH + Br_2 \rightarrow HBr_2CCBr_2H.$$

Daß Br_2 ein elektrophiles Reagenz ist, geht aus der Reaktion des Br_2 mit 2 Na hervor:

$$Br_2 + 2\,Na \rightarrow Na^+ + 2\,Br^-.$$

Das Br_2 zieht zwei Elektronen aus den zwei Na-Atomen ab und bildet Br^-. Brom wird auf ähnliche Weise von der π-Elektronenwolke des Äthylens angezogen. Brom kann man sich als Säure vorstellen, dann wäre der Elektronendonator, das Äthylen, eine Base. Diese Additionsreaktionen laufen sehr schnell ab und können am Verschwinden des braunen Halogens verfolgt werden.

Erklären Sie Ihren Studenten, was ein Carbonium-Ion ist. Wird ein Hydrid-Ion (H :⁻) vom Methan entfernt, bleibt das Kation H_3C^+, ein Carbonium-Ion, übrig. Carbonium-Ionen sind elektrophile Reagentien, weil sie einen Elektronenunterschuß haben.

Die Reaktion von

$$CH_3-\overset{\displaystyle H}{\overset{|}{C}} = CH_2$$ mit H_2O in Gegenwart von Schwefelsäure führt zu

$$CH_3-\underset{\displaystyle OH}{\underset{|}{\overset{\displaystyle H}{\overset{|}{C}}}}-CH_3$$

anstatt zu $CH_3CH_2CH_2OH$, weil der Reaktionsweg von der Stabilität des zwischendurch entstehenden Carbonium-Ions bestimmt wird. Rufen Sie in die Erinnerung zurück, daß die Reihenfolge abnehmender Stabilität der Carbonium-Ionen

$$R_3C^+ > R_2HC^+ > RH_2C^+ \text{ ist.}$$

Weil also $CH_3{-}\overset{\displaystyle H}{\underset{\oplus}{C}}{-}CH_3$ stabiler als $CH_3CH_2CH_2^{\oplus}$ ist, entsteht als Reaktionsprodukt der sekundäre Alkohol anstelle des primären. Wird HCl zu

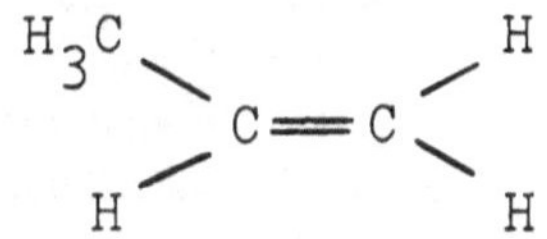

gegeben, entsteht aus dem gleichen Grunde eher $CH_3CHClCH_3$ als $CH_3CH_2CH_2Cl$.

14–5 Liganden-Substitutionsreaktionen

Weisen Sie die Studenten auf den Abschnitt 11–2 hin und fordern Sie sie zum Vergleichen der Substitutionsreaktionen in Tabelle 11–1 mit den Reaktionen dieses Abschnitts auf.

Die Reaktion von Gleichung 14–14 wird bei 50° C durchgeführt. Da Äthylbromid bei 38° C siedet, muß ein Rückflußkühler verwendet werden. Es gibt auch Präparatedarstellungen, die auf der Umkehrung dieser Reaktion beruhen; die Darstellung von t-Butylchlorid ist ein Beispiel hierfür:

$$(CH_3)_3COH + Cl^- \xrightarrow{\text{konzentriertes } H^+} (CH_3)_3CCl + H_2O.$$

14–6 Addition und Substitution an Carbonylgruppen

Wiederholen Sie mit Ihren Studenten diejenigen funktionellen Gruppen, die eine Carbonylgruppe enthalten. Geben Sie Beispiele für nucleophile Reagentien, die durch $Nu:^-$ repräsentiert werden können. Einige Beispiele sind $H_3C:^-$, $NC:^-$, $HO:^-$, SO_3^{2-}. (Andere nucleophile Reagentien, wie $:NH_2OH$ und $CH_3{-}\ddot{\underset{..}{O}}{-}H$, sind ungeladen).

Weisen Sie besonders auf die Gleichungen 14–17 und 14–18 hin; sie enthalten auf engem Raum eine Menge „Chemie".

Gleichung 14–21 kann mit Hilfe einer Aldol-Kondensation erläutert werden:

$$\underset{\text{Aldehyd}}{H{-}CH_2{-}\overset{\displaystyle O}{\overset{\|}{C}}{-}H} + \underset{\text{Base}}{HO^-} \rightleftarrows$$

$$\overset{\ominus}{:}CH_2{-}\overset{\displaystyle O}{\overset{\|}{C}}{-}H + H_2O$$

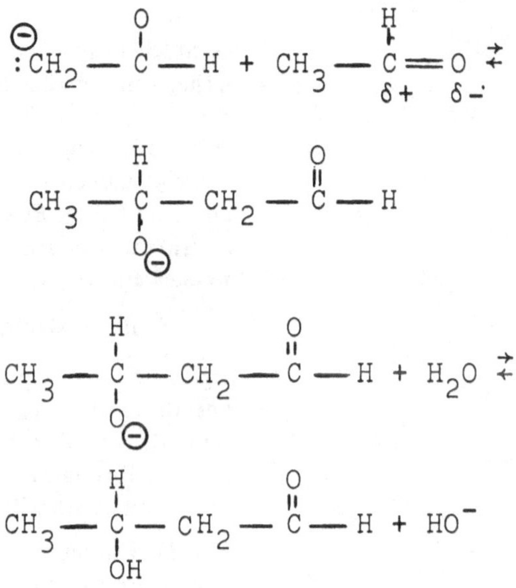

Die Struktur von NH_2OH sollte aufgezeichnet werden, um sicher zu sein, daß sich die Studenten die richtige Geometrie vorstellen. Die Struktur ist

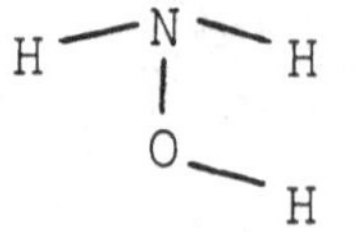

(NH_3, in dem ein H durch OH ersetzt ist).

Erläutern Sie, daß $CH_3\ddot{O}H$ in Gleichung 14–26 als ein nucleophiles Reagenz (Nu :) wirkt.

Übung

Bei der Reaktion von CH_3O_aH mit $CH_3{-}\overset{\overset{O_c}{\|}}{C}{-}O_b{-}H$ entstehen Ester $CH_3{-}\overset{\overset{O}{\|}}{C}{-}OCH_3$ und Wasser. Welches Sauerstoff, a, b oder c, liegt in Wasser vor?

Lösung

Verfolgen die Studenten die Reaktionsfolge 14–25 bis 14–29, so werden sie erkennen, daß der Sauerstoff dem Mechanismus entsprechend von der Säure stammt.

Die Bildung von

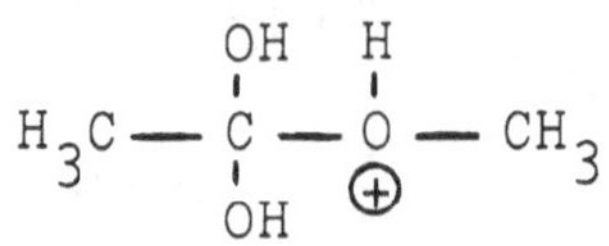

macht O_b und O_c nicht unterscheidbar; die Wahrscheinlichkeit, O_b und O_c im H_2O vorzufinden, ist daher gleichgroß.

Der Abschnitt im Anschluß an Gleichung 14–30 ist eventuell nicht allen Studenten verständlich. Die Tatsache, daß die Gleichgewichtskonstanten für viele Esterbildungsreaktionen ungefähr eins sind, bedeutet, daß das Gleichgewicht unter normalen Bedingungen erreicht worden ist, wenn die Umwandlung von Säure und Alkohol zu Ester und Wasser zu etwa 50 % abgelaufen ist. Aus dem Le Chatelierschen Prinzip, angewendet auf die Reaktion

$$\text{Säure} + \text{Alkohol} \rightleftarrows \text{Ester} + \text{Wasser},$$

ergibt sich, daß die Zugabe von Wasser die Hydrolyse und die Entfernung von Wasser die Esterbildung begünstigt. Auf diese Weise kann das Verhältnis der anderen Reaktanten durch Kontrolle der Wasserkonzentration eingestellt werden.

Um die Esterhydrolyse im sauren Medium mit der Esterhydrolyse im basischen Medium zu vergleichen, werden die beiden Konstanten K_2 und $1/K_1$ miteinander verglichen, da K_1 eine Esterbildungskonstante ist. Das heißt:

$$K_2 = \frac{[CH_3CO_2^-]\,[CH_3OH]}{[CH_3CO_2CH_3]\,[HO^-]}$$

$$\frac{1}{K_1} = \frac{[CH_3CO_2H]\,[CH_3OH]}{[CH_3CO_2CH_3]\,[H_2O]}$$

Durch Multiplikation von $1/K_1$ mit $K_S[H_2O]$ und Division durch K_W ergibt sich:

$$\frac{1}{K_1} \cdot \frac{K_S[H_2O]}{K_W}$$

$$= \frac{[CH_3CO_2H]\,[CH_3OH]}{[CH_3CO_2CH_3]\,[H_2O]} \cdot \frac{[H^+]\,[CH_3CO_2^-]\,[H_2O]}{[CH_3CO_2H]\,[H^+]\,[HO^-]} = K_2$$

$$\frac{1}{K_1} \cdot \frac{1{,}8 \cdot 10^{-5} \cdot 56}{1 \cdot 10^{-14}}$$

$$= \frac{1}{K_1} \cdot 1{,}8 \cdot 10^{+9} \cdot 56$$

$$= \frac{1}{K_1} \cdot 100{,}8 \cdot 10^9 = \frac{1 \cdot 10^{11}}{K_1}$$

oder $K_2 \cong \frac{10^{11}}{K_1}$.

Wenn Sie das Thema Seifenherstellung anschneiden, können Sie eine lebhafte Diskussion in der Seminargruppe hervorrufen. Vielleicht wollen Sie Ihrer Gruppe den Unterschied zwischen einer Seife und einem Detergens erläutern. Obgleich sowohl Seife als auch Detergentien in Wasser detergierend, also reinigend wirken, ist der Begriff Detergens allgemein den synthetischen Substanzen, wie $R{-}SO_3^-Na^+$, vorbehalten, in denen R eine lange Kohlenstoffkette ist. Als erstmals Detergentien hergestellt wurden, war R eine verzweigte Gruppe. Jedoch stellte man fest, daß diese Verbindungen in der Natur nicht zerstört werden (d.h. sie waren biologisch nicht abbaubar). Andererseits entdeckte man, daß das Detergens biologisch abbaubar wurde, wenn die Kette linear ist.

Bis in jüngster Zeit enthielten die meisten Detergentien große Mengen an Phosphaten. Diese Substanzen dienen in erster Linie dazu, das *pH* der Lösung anzuheben und Kationen zu komplexieren, die andernfalls mit der Seife oder dem Detergens unlösliche Schichten bilden würden. Mit anderen Worten, Phosphate dienen als Weichmacher. Die gegenwärtige Kontroverse in der Öffentlichkeit über Phosphate und andere Bestandteile könnte die Grundlage für eine gute Seminardebatte abgeben. Die Algenmenge, die in einem See wächst, hängt von der Verfügbarkeit von etwa 15 bis 20 Nährstoffen ab, und vor allem von der Verfügbarkeit des Nährstoffs, der, gemessen am Ernährungsbedarf der Algen, in geringster Konzentration vorhanden ist. Die Forscher stimmen wenig überein in der Frage, welches dieser kritische Nährstoff ist, und darin liegt die Ursache für die Kontroverse. Manche Forscher glauben, es sei der Kohlenstoff und wieder andere vermuten es vom Stickstoff. Augenscheinlich gibt es für verschiedene Seen und Bedingungen verschiedene kritische Nährstoffe. Eine andere Tatsache ist, daß beträchtliche Mengen an Phosphat, die nicht aus Detergentien stammen, ihren Weg in die Seen finden, so daß die Frage mancher Leute berechtigt erscheinen mag, ob die Herausnahme des Phosphats aus den Detergentien wirklich die Eutrophierung der Seen stoppt. Für eine gute Diskussion dieses Umweltthemas mit seinem Für und Wider werden der vierte und der zwölfte Literaturhinweis empfohlen.

14–7 Amide

Die Amid-Bindung $-\mathrm{N}{-}\overset{\overset{\displaystyle O}{\|}}{\mathrm{C}}-$ tritt in vielen natürlichen Substanzen, wie Haar, Wolle, Kollagen (ein Bestandteil des Bindegewebes) und in einigen Hormonen und Enzymen auf. Proteine stellen mengenmäßig den Hauptbestandteil des tierischen Gewebes dar und bilden ungefähr drei Viertel des Trockengewichts eines Tieres. Beispiele für natürliche Aminosäuren, in denen die R-Gruppe Sauerstoff, Schwefel und/oder Stickstoff enthalten sind:

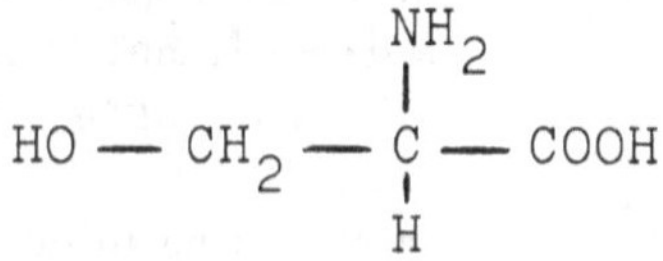

Serin (kann aus Seide erhalten werden)

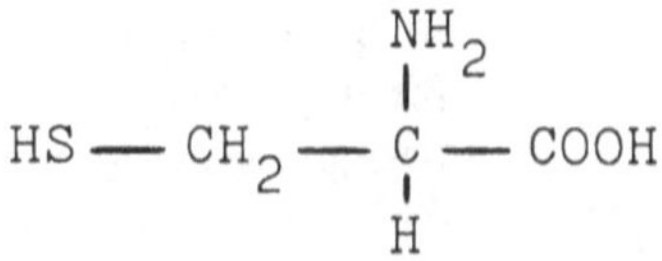

Cystein

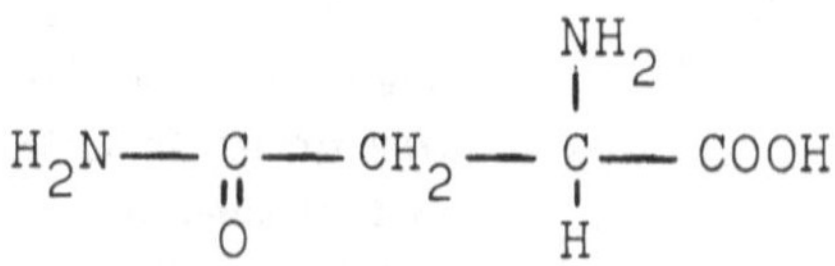

Asparagin.

Lassen Sie zur Übung von Ihren Studenten aus den vorstehenden Aminosäuren Dipeptide und ein Tripeptid aufbauen.

14–8 Siliciumverbindungen

Die Stärke der Kohlenstoffbindungen, die jenen im Lehrbuch angeführten Siliciumbindungen entsprechen, betragen 347 kJ mol^{-1} für die C–C-Bindung und 356 kJ mol^{-1} für die C–O-Bindung.

Zur Verdeutlichung der Feststellung, daß Si keine geschlossene Schale besitzt, können Sie die Elektronenkonfiguration aufschreiben:

$$[\mathrm{Ne}]\, 3s^2\, 3p^2\, 3d^0.$$

Das leere 3*d*-Orbital des Siliciums ist *energetisch ausreichend niedrig,* um für eine Bindung zur Verfügung zu stehen. Die leeren 3*d*-Orbitale vom Kohlenstoff sind energetisch viel zu hoch, um sich an einer Bindung zu beteiligen. Beim Silicium (Ordnungszahl 14) liegt das 4*s*-Orbital energetisch über dem 3*d*-Orbital. Erst von der Ordnungszahl 19 (K) ab, liegt das 4*s*-Orbital tiefer als das 3*d*-Orbital.

Silicone besitzen wegen der großen Si-O-Bindungsstärke thermische Stabilität. Da sie Kohlenwasserstoffseitenketten besitzen, haben sie schmierende Eigenschaften.

Literatur

1. B. Timm: „Kohle und Erdöl als Chemierohstoffe". *Chemie in unserer Zeit 1,* 5, 141 (1967).
2. H. Schmidbaur: „Kohlenstoff und Silicium – wie ähnlich sind homologe Elemente?" *Chemie in unserer Zeit 1,* 6, 184 (1967).
3. W.S. Craig: „Not a Question of Size". *Environment* (Juni, 1970). „Report Card". *Environment* (September, 1970). Zeigt anhand von Daten, daß viele kleine Autos mehr Kohlenmonoxid emittieren als größere Autos. Bei der Beurteilung des Kontaminationspotentials ist nicht nur die Autogröße, sondern auch der Motorenwirkungsgrad zu beachten.
4. A.L. Hammond: „Phosphate Replacements: Problems with the Washday Miracle". *Science 172,* 361 (1971). Der ausgezeichnete Artikel bringt Argumente für und wider die Einschränkung der Phosphatverwendung bei Detergentien.
5. E. Keller: „The DDT Story". *Chemistry* (Februar, 1970). Darstellung der Geschichte der DDT-Entwicklung, seiner Anwendung und Ausbreitung und Diskussion der mit dem starken Verbrauch verbundenen Probleme.
6. J.L. Speier: „The Si–C Bond and Silicones". *Chemistry* (Juli, 1964). Diskutiert, warum Silicium Verbindungen bildet, deren Eigenschaften von denen der analogen Kohlenstoff-Verbindungen sehr verschieden sind.
7. E.E. van Tamelen: „Benzene – The Story of its Formula". *Chemistry* (Januar, 1965). Geschichte der Entwicklung der Benzolformel.
8. J.H. Westheimer: „A Summer Short Course in Carbon Chemistry". *Chemistry* (1965); Part I: „The Structural Theory of Organic Chemistry". Juni; Part II, Juli; Part III, August; Part IV: „An Introduction to the Reactions of Organic Compounds". September.
9. Eine Artikelserie über Polyerme, *Scientific American* (September, 1957). H.J. Mark: „Giant Molecules"; P. Debye: „How Giant Molecules are Measured"; G. Nolta: „How Giant Molecules are Made"; A.V. Tobalsky: „The Mechanical Properties of Polymers"; G. Oster: „Polyethylene"; P. Daty: „Proteins"; F.H.C. Crick: „Nucleic Acids"; F.O. Schmitt: „Giant Molecules in Cells and Tissues".
10. W. Ruske: „August Kekulé und die Entwicklung der chemischen Strukturtheorie". *Die Naturwissenschaften 52,* 17, 485–89 (1965).
11. H. Hartmann: „Die Benzolformel. Eine kurze Problemgeschichte". *Angew. Chem. 77,* 17/18, 750–52 (1965).
12. D. Gleisberg, J. Kandler, H. Ulrich und P. Hartz: „Eutrophierung und Abwasserreinigung". *Angew. Chem. 88,* 11, 354–65 (1976).

Fragen und Aufgaben

1. a) Alken e) Alkan
   b) Alkin f) Alken
   c) Alkan g) Alkin
   d) Alkan h) Alken.

2. 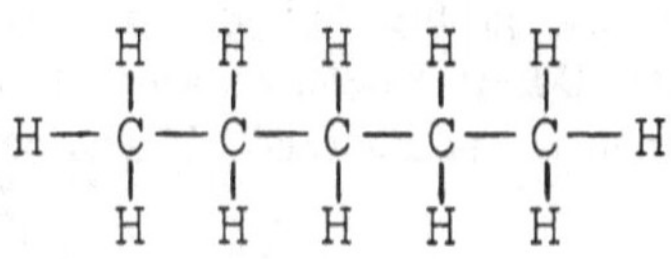

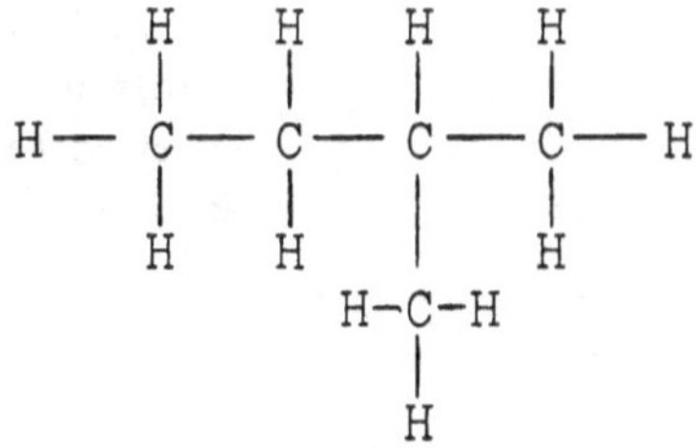

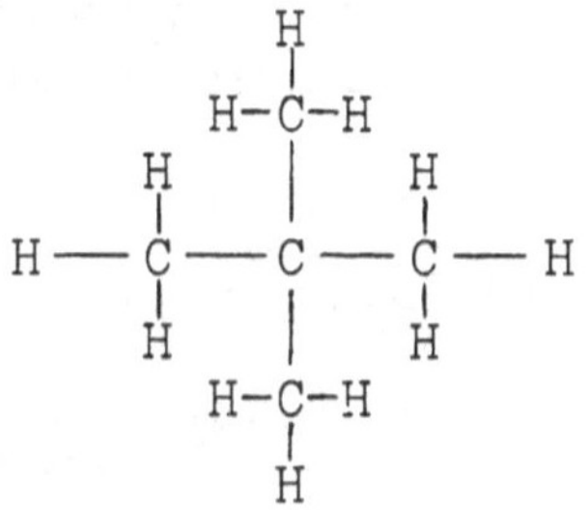

Diese drei Verbindungen werden Isomere genannt.

3. 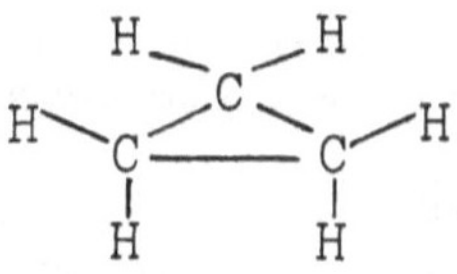

Cyclopropan

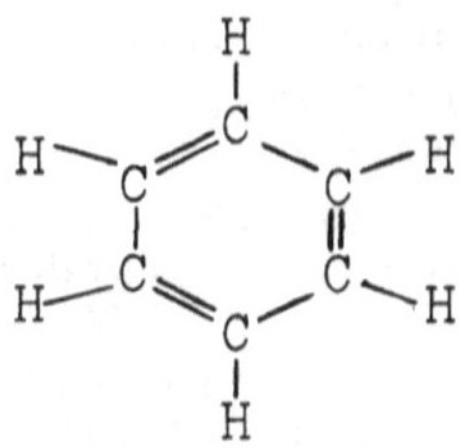

Benzol

4. a) Keton d) Ester
   b) Aldehyd e) Amid
   c) Amin f) Säure.

5.

$$CH_3CH_2CH{=}CH_2 + H_2O \xrightarrow{H_2SO_4} CH_3CH_2CH(OH)CH_3$$

6. $H_3C^{\oplus}$

Methylcarbonium-Ion

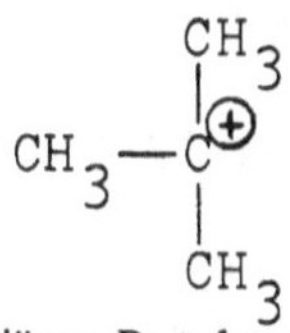

tertiäres Butylcarbonium-Ion

7. Der Begriff Nucleophil bezieht sich auf ein Reagenz, daß eine positiv geladene Stelle eines anderen Moleküls aufsucht und mit dieser chemisch reagiert. Lewis-Basen sind nucleophil. Elektrophile Reagentien suchen elektronenreiche Stellen anderer Moleküle zur Reaktion auf. Lewis-Säuren sind elektrophil.

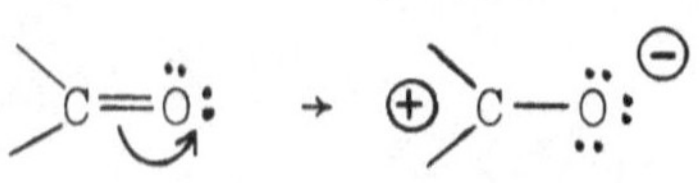

Kohlenstoff ist für einen nucleophilen Angriff empfänglich.

8. $$NH_2CH_2\overset{O}{\overset{\parallel}{C}}OH + H_2NCH_2\overset{O}{\overset{\parallel}{C}}OH \rightarrow H_2O + NH_2CH_2\overset{O}{\overset{\parallel}{C}}NHCH_2\overset{O}{\overset{\parallel}{C}}OH$$

$$NH_2CH_2\overset{O}{\overset{\parallel}{C}}NHCH_2\overset{O}{\overset{\parallel}{C}}OH + NH_2CH_2\overset{O}{\overset{\parallel}{C}}OH \rightarrow NH_2CH_2\overset{O}{\overset{\parallel}{C}}NHCH_2\overset{O}{\overset{\parallel}{C}}NHCH_2\overset{O}{\overset{\parallel}{C}}OH + H_2O$$

$$\xrightarrow{NH_2CH_2\overset{O}{\overset{\parallel}{C}}OH} NH_2CH_2\overset{O}{\overset{\parallel}{C}}NHCH_2\overset{O}{\overset{\parallel}{C}}NHCH_2\overset{O}{\overset{\parallel}{C}}NHCH_2\overset{O}{\overset{\parallel}{C}}OH + H_2O.$$

9. Kohlenstoff baut große Moleküle mit direkten Kohlenstoff-Kohlenstoff-Bindungen auf. Siliciumatome bauen große Moleküle auf, in denen Sauerstoffatome als Brücken zwischen den Siliciumatomen vorhanden sind.

10. $SiCl_4 + 4\,H_2O \rightarrow Si(OH)_4 + 4\,HCl$

    $CCl_4 + H_2O \rightarrow$ keine Reaktion.

Beispiele für Kontrollfragen

Vorbemerkungen für den Dozenten

Die Prüfungsblöcke 1 und 2 enthalten Themen der Kapitel 1 bis 7 der „Modellvorstellungen in der Chemie". Die Blöcke 3 und 4 gehören zu den Kapiteln 8 bis 14. Die Kontrollfragen wurden von Dr. Arthur E. Grosser und Dr. Jan S. Butler von der McGill-Universität zusammengestellt. Weitere Aufgaben und Lösungen ähnlicher Art sind in *„Relevance in Chemical Science"* von Grosser und Butler enthalten.

Block 1

1–1 Eine Probe von 0,11 g Propan (C_3H_8) enthält ______________ Moleküle C_3H_8.
(relative Atommassen: H = 1,0, C = 12).

1. $6{,}6 \cdot 10^{-20}$
2. $2{,}5 \cdot 10^{-3}$
3. $1{,}5 \cdot 10^{21}$
4. $6{,}0 \cdot 10^{23}$
5. $2{,}4 \cdot 10^{26}$.

1–2 Sollen 6,8 g $ZnCl_2$ entsprechend der Reaktionsgleichung

$$Zn + 2\,HCl \rightarrow ZnCl_2 + H_2$$

dargestellt werden, müssen wenigstens ________ g HCl vorhanden sein.
(relative Atommassen: H = 1,0, Cl = 35,5, Zn = 65,4).

1. 1,8
2. 3,6
3. 7,3
4. 145
5. 730.

1–3 Eine Verbindung wurde analysiert; dabei erhielt man die folgende Elementzusammensetzung: 40,0 Massen-% Kohlenstoff, 6,7 Massen-% Wasserstoff und 53,3 Massen-% Sauerstoff. Welches ist die empirische Formel?
(relative Atommassen: H = 1,00, C = 12,0, O = 16,0).

1. CH_4O
2. CH_4O_2
3. C_2H_4O
4. CH_2O
5. Keine der genannten Formeln.

1–4 Welches Volumen nehmen 0,500 Mole eines idealen Gases bei 1,52 bar und 300 K ein?

(R = 0,0831 l bar mol^{-1} K^{-1}).

1. 0,33 Liter
2. 1,5 Liter
3. 8,2 Liter
4. 22,4 Liter
5. Keine der genannten Werte.

1–5 Für eine äquimolare Mischung zweier idealer Gase A und B (mit unterschiedlichen relativen Molmassen von A und B) gilt bei einer gegebenen Temperatur T entsprechend der molekular-kinetischen Theorie die folgende Aussage:

1. Die Moleküle von A und B haben alle die gleiche Geschwindigkeit.
2. Die Wurzeln aus dem mittleren Geschwindigkeitsquadrat ($\sqrt{\overline{v^2}}$) von A und B sind gleich.
3. Die durchschnittliche kinetische Energie der Moleküle ist für das schwerere Gas geringer.
4. Der Partialdruck des leichteren Gases ist kleiner als der des schwereren Gases.
5. Keine der vier Aussagen ist richtig.

1–6 1,6 g O_2 und 2,8 g N_2 werden in einen Kolben mit dem Volumen von 8,3 l gebracht. Wie groß ist der Gesamtdruck der Gasmischung bei 300 K? (relative Atommassen: N = 14, O = 16; R = 0,0831 l bar $mol^{-1} K^{-1}$).

1. 0,15 bar
2. 0,30 bar
3. 0,45 bar
4. 0,60 bar
5. 0,90 bar.

1–7 Welches der folgenden Elemente hat die *falsche* Gruppenvalenz zugeordnet bekommen?

1. Blei: 4
2. Astat: 1
3. Barium: 2
4. Tellur: 6
5. Francium: 1.

1–8 Sagen Sie auf der Grundlage der Gruppenvalenzen die Formel der Verbindung zwischen Magnesium und Stickstoff voraus.

1. MgN
2. MgN_2
3. Mg_2N
4. Mg_2N_3
5. Mg_3N_2.

1–9 6,4 g Schwefel reagieren vollständig mit 8,96 l Chlorgas unter Standardbedingungen zu einer Verbindung. Wie groß ist die Schwefelvalenz in dieser Verbindung?
(relative Atommassen: S = 32, Cl = 35,5; Molvolumen eines idealen Gases unter Standardbedingungen = 22,4 l).

1. 1
2. 2
3. 4
4. 6
5. 8.

1–10 Welche der folgenden Nuklide treten *nicht* in den aufgeführten radioaktiven Zerfallsreihen auf?
(Hinweis: Alle vier Reihen enthalten nur α- und β-Zerfälle).

Nuklid	Reihe
a) $^{206}_{82}Pb$	Uran–238
b) $^{218}_{85}At$	Thorium–232
c) $^{233}_{92}U$	Neptunium–237
d) $^{230}_{90}Th$	Uran–235
e) $^{228}_{84}Ac$	Thorium–232

1. b
2. d
3. a
4. b und d
5. c und e.

1–11 Abbildung 1–1 zeigt das Massenspektrum im Bereich des ionisierten Moleküls S_2Cl_2, einer hellgelben Flüssigkeit, die bei der Vulkanisierung von Gummi verwendet wird.

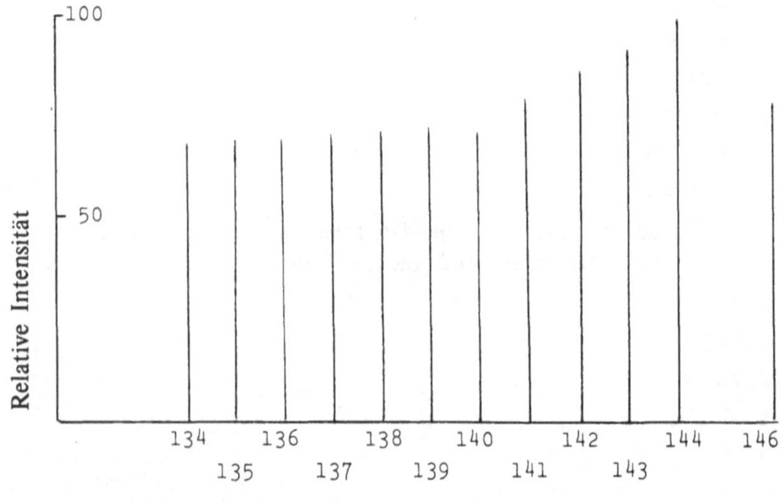

Abbildung 1–1 *m/e*

Besitzt Chlor zwei Isotope der Massenzahlen 35 und 37, welches sind dann die Schwefelisotope?
(Zur Beachtung: Die relativen Peakintensitäten im Massenspektrum sind nicht maßstabsgerecht dargestellt).

1. ^{32}S, ^{33}S, ^{34}S, ^{36}S
2. ^{32}S, ^{35}S, ^{37}S
3. ^{30}S, ^{32}S, ^{33}S, ^{34}S
4. ^{30}S, ^{31}S, ^{33}S
5. ^{33}S, ^{34}S, ^{35}S, ^{36}S.

1–12 Ein Überschallflugzeug ist in der Lage, mit einer Geschwindigkeit von mehr als 1200 km h^{-1} zu fliegen. Wie groß wäre die de Broglie-Wellenlänge des Flugzeugs bei 1600 km h^{-1}, wenn seine Masse 1000 t beträgt?
($h = 6{,}6 \cdot 10^{-34}$ Js; 1 J = 10^7 g $cm^2 s^{-2}$; $\lambda = h/mv$).

1. $3{,}0 \cdot 10^{-23}$ cm
2. $2{,}4 \cdot 10^{-35}$ cm
3. $1{,}4 \cdot 10^{-34}$ cm
4. $3{,}0 \cdot 10^{-40}$ cm
5. $1{,}5 \cdot 10^{-40}$ cm.

1–13 Welches Atomorbital wird durch die Quantenzahlen $n = 5$ und $l = 3$ beschrieben?

1. 5*s*
2. 3*d*
3. 2*p*
4. 5*f*
5. 5*d*.

1–14 Der Grundzustand der Elektronenkonfiguration des Zr^{4+}-Ions ist ________.

1. [Ar] $4s^2 3d^2$
2. [Kr]
3. [Kr] $5s^2 4d^2$
4. [Ar]
5. Keine der angegebenen Konfigurationen.

1–15 Durch Reaktion von J_2 mit weißem Phosphor in einer Kohlendisulfidlösung wird Phosphordijodid P_2J_4 hergestellt. Die Lewis-Struktur von P_2J_4 lautet ________________ .

1. 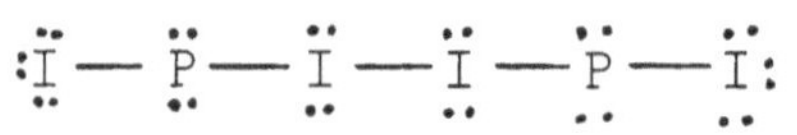

2. 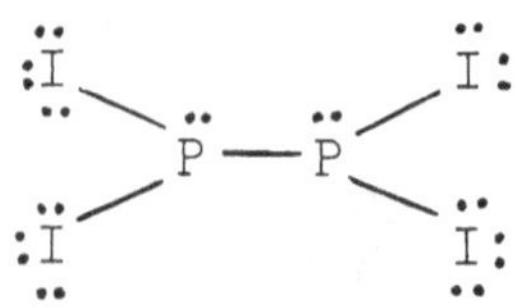

I = J = Jod

3. 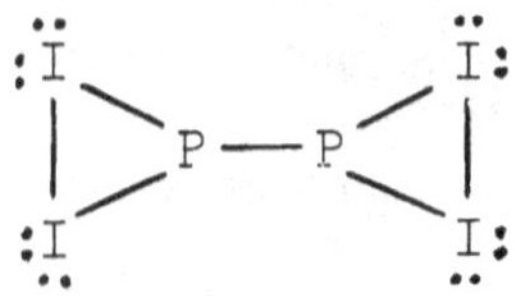

4. 

5. 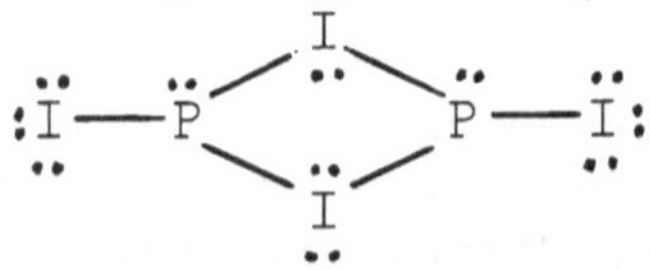

1–16 Welches der folgenden Moleküle oder Ionen hat Ihrer Meinung nach den größten Ionenbindungsanteil?

1. $SiCl_4$
2. SiF_4
3. $SnF_6{}^{2-}$
4. $BeCl_2$
5. $PH_4{}^+$.

1–17 Die zur Zeit geltenden Elektronegativitätswerte für H, C, Si, Ge und Sn betragen 2,2; 2,6; 1,9; 2,0 bzw. 1,9. Von welchem der folgenden Moleküle würden Sie auf der Grundlage dieser Zahlen erwarten, daß es am leichtesten hydrolysiert (d.h. dem Angriff eines HO^--Ions auf das Zentralatom am ehesten zugänglich ist)?

1. CH_4
2. SiH_4
3. GeH_4
4. SnH_4
5. Alle aufgeführten Moleküle hydrolysieren gleich leicht.

1–18 Die Zahl der Bindungen von CS auf der Grundlage der Molekülorbitaltheorie ist ____.

1. 1/2
2. 1
3. 1 1/2
4. 2
5. 3.

1–19 Die Hybridisierung des Telluratoms im $TeCl_4$ ist ________.

1. sp^3
2. dsp^3
3. d^2sp^3
4. d^3s
5. sp.

1–20 Wieviele ungepaarte Elektronen erwarten Sie im Molekül NS?

1. 1
2. 2
3. 3
4. 4
5. keine; das Molekül NS ist diamagnetisch.

Block 2

2–1 Wieviele Moleküle sind in 7,0 g Stickstoffgas (N_2) enthalten? (relative Atommasse: N = 14).

1. $1{,}5 \cdot 10^{23}$
2. $3{,}0 \cdot 10^{23}$
3. $6{,}0 \cdot 10^{23}$
4. $12 \cdot 10^{23}$
5. $24 \cdot 10^{23}$.

2–2 Wieviel CO_2 entsteht entsprechend der Reaktionsgleichung

$$CaCO_3 \rightarrow CaO + CO_2$$

aus 25 g $CaCO_3$? Es wird angenommen, daß alles $CaCO_3$ reagiert. (relative Atommassen: C = 12, O = 16, Ca = 40).

1. 11 g
2. 44 g
3. 100 g
4. 176 g
5. 220 g.

2–3 Eine Verbindung enthalte 82,4 Massen-% Stickstoff und 17,6 Massen-% Wasserstoff. Welches ist die empirische Formel der Verbindung? (relative Atommassen: H = 1,0, N = 14,0).

1. NH_3
2. N_2H_5
3. H_3N
4. NH_2
5. HNO_3.

2–4 Ein Gas mit dem Volumen V_1 und dem Druck P_1 dehnt sich bei konstanter Temperatur aus, so daß das neue Volumen V_2 gleich 5 V_1 ist. Sein neuer Druck beträgt:

1. P_1
2. $P_1 V_1$
3. $V_2/P_1 V_1$
4. $5P_1$
5. $P_1/5$.

2–5 Eine Probe von reinem Neongas (Ne) nimmt bei einem Druck von 3,0 bar und einer Temperatur von 300 K ein Volumen von 0,083 l ein. Wieviele Mole Ne sind in der Probe enthalten?
(relative Atommasse: Ne = 20; R = 0,083 l bar $mol^{-1} K^{-1}$).

1. 0,010 mol
2. 0,20 mol
3. 0,246 mol
4. 22,4 mol
5. Nicht ausreichende Zahlenangaben; es muß die Dichte bekannt sein.

2–6 In 8,3 l eines Gasgemisches, dessen Temperatur und Druck 1000 K bzw. 2,5 bar beträgt, ist der Partialdruck von Helium 0,25 bar. Berechnen Sie die Anzahl Mole Helium im Gemisch.
(R = 0,083 l bar $mol^{-1} K^{-1}$).

1. $2{,}5 \cdot 10^{-2}$ mol
2. $2{,}5 \cdot 10^{-1}$ mol
3. 4,0 mol
4. 22,4 mol
5. 40 mol.

2–7 Welche Formel hat die Verbindung, die entsteht, wenn 9,6 g Schwefel vollständig mit 3,36 l Chlorgas bei Standardbedingungen reagieren?
(relative Atommasse: S = 32, Cl = 35,5; Molvolumen eines idealen Gases bei Standardbedingungen = 22,4 l).

1. S_2Cl_2
2. SCl_2
3. SCl_4
4. S_2Cl
5. Unzureichende Angaben; das Volumen des Reaktionsgefäßes muß bekannt sein.

2–8 Welche der folgenden Aussagen über das Element Radium sind *richtig*?

a) Radium steht in der siebten Periode des Periodensystems.
b) Radium ist radioaktiv.
c) Die Formel der Verbindung mit Chlor ist $RaCl_3$.
d) Radium ist ein Metall.
e) Radium hat chemische Eigenschaften ähnlich dem Barium.

1. d
2. alle außer c
3. a und b
4. c und e
5. alle.

2–9 Welches der folgenden Elemente gehört *nicht* zur Familie oder Gruppe von Elementen, die ihnen zugeordnet sind.

1. Fermium – Actiniden
2. Thallium – Gruppe IIIA
3. Osmium – Übergangsmetall
4. Radon – Edelgas
5. Polonium – Lanthaniden.

2–10 Die kritische Wellenlänge für den fotoelektrischen Effekt in Natriummetall ist 600 nm. Wie groß ist die kritische Energie eines Elektrons, das fotoelektrisch aus Natriummetall durch ultraviolettes Licht der Wellenlänge 300 nm herausgelöst wird?
(Zur Beachtung: $1/2mv^2 = h[\upsilon - (\upsilon_0)_{Na}]$).
($c = 3{,}0 \cdot 10^{10}$ cm s^{-1}; $h = 6{,}6 \cdot 10^{-34}$ Js).

1. $6{,}6 \cdot 10^{-34}$ J
2. $3{,}3 \cdot 10^{-19}$ J
3. $5{,}0 \cdot 10^{-19}$ J
4. $5{,}0 \cdot 10^{7}$ Js
5. Nicht ausreichende Angaben; notwendig ist die Kenntnis der Masse des herausgelösten Elektrons.

2–11 Die Kathodenreaktion in einer Blitzlichtbatterie ist

$$2\ MnO_2\ (\downarrow) + Zn^{2+} + 2e^- \rightarrow ZnMn_2O_4\ (\downarrow).$$

Wenn der Strom, der von der Batterie abgegeben wird, 2,0 Milliampere (mA) und die Lebensdauer der Batterie 268 Stunden ist, wieviel $ZnMn_2O_4$ wird in dieser Zeit gebildet?
(relative Molmassen: MnO_2 = 87; $ZnMn_2O_4$ = 240; 1 F = 96500 Coulomb; 1 A = $1 \cdot 10^3$ mA).

1. 0,01 g
2. 4,8 g
3. 2,4 g
4. 87 g
5. 240 g.

2–12 Welche der folgenden Aussagen ist *wahr*?

1. Die erste Ionisierungsenergie von Tellur ist größer als die von Schwefel.
2. Die erste Ionisierungsenergie von Xenon ist kleiner als die von Jod.
3. Die dritte Ionisierungsenergie eines Elementes ist stets kleiner als seine zweite Ionisierungsenergie.
4. Cäsium hat eine größere Affinität zu einem Elektron als Jod.
5. Brom hat eine kleinere Affinität zu einem Elektron als Chlor.

2–13 Die Elektronenkonfiguration des Thallium(I)-Grundzustandes in Thallium(I)-carbonat Tl_2CO_3, das als Rostschutz in der Bauindustrie benutzt wird, ist ______.

1. [Xe] $4f^{14}5d^{10}$
2. [Xe] $6s^2 4f^{14} 5d^{10} 6p$
3. [Xe]
4. [Xe] $6s^2 4f^{14} 5d^{10}$
5. [Xe] $4f^{14} 5d^{10} 6p^2$.

2–14 Welches der folgenden Moleküle ist Ihrer Meinung nach weder eine Lewis-Säure noch eine Lewis-Base?

1. PF_3
2. $CHCl_3$
3. CH_3COCH_3
4. Fe^{2+}
5. CH_4.

2–15 Die Lewis-Struktur von Dicyan C_2N_2 (einem hochgiftigem Gas) ist ______.

1. 
2. $:C \equiv N - N \equiv C:$
3. $:N \equiv C - C \equiv N:$
4. $:N = C = C = N:$
5. $:\underset{..}{N} = \underset{..}{C} - N \equiv C:$.

2–17 Das Dipolmoment von BJ_3 ist Null; welche Struktur hat dann das Molekül?

1. eben
2. pyramidal
3. T-förmig
4. linear
5. tetraedrisch.

2–18 Wie viele σ- und π-Bindungen gibt es im Kohlensubsulfid-Molekül C_3S_2?

1. Drei σ und zwei π
2. Drei σ und drei π
3. Vier σ und vier π
4. Fünf σ und vier π
5. Sechs σ und drei π.

2–19 Die Hybridisierung des Phosphoratoms im PCl_4^+-Ion ist ______.

1. sp
2. sp^2
3. s^2p

4. sp^3
5. s^3p.

2–20 Welches der folgenden Moleküle hat Ihrer Meinung nach die längste Bindung?

1. N_2^-
2. N_2^+
3. N_2
4. N_2^{2+}
5. N_2^{2-}.

Block 3

3–1 Welches der folgenden Moleküle bildet Ihrer Meinung nach am wenigsten Wasserstoffbindungen aus?

1. C_2H_5OH
2. HF
3. CH_3F
4. H_2O
5. CH_3NH_2.

3–2 Wieviele Atome gibt es in einer flächenzentrierten kubischen Einheitszelle?

1. 1
2. 2
3. 4
4. 5
5. 12.

3–3 Im kristallinem Cadmiumoxid (CdO) gibt es 4 Cd^{2+}-und 4 O^{2-}-Ionen in der Einheitszelle. Wie groß ist die Dichte von Cadmiumoxid, wenn die Kantenlänge der Einheitszelle 0,47 nm ist?
(relative Molmasse: CdO = 128).

1. 2,1 g cm^{-3}
2. 8,2 g cm^{-3}
3. 10,4 g cm^{-3}
4. 128 g cm^{-3}
5. Keine der angegebenen Dichten.

3–4 Eine Äthylalkohol (C_2H_5OH)-Lösung enthält 2,3 g C_2H_5OH in 100 ml Lösung. Wie groß ist die Molarität der Lösung?
(relative Molmasse: C_2H_5OH = 46).

1. $5{,}0 \cdot 10^{-4}$ mol l^{-1}
2. 0,05 mol l^{-1}
3. 0,23 mol l^{-1}

4. 0,50 mol l^{-1}
5. 2,0 · 10^3 mol l^{-1}.

3–5 Wie groß ist die Molalität einer Lösung von 12 g Äthanol C_2H_5OH in 800 ml Wasser?
(Dichte von Wasser = 1,0 g cm^{-3}; relative Molmasse: C_2H_5OH = 46).

1. 1,5 · 10^{-2} molal
2. 0,33 molal
3. 3 molal
4. 12 molal
5. 15 molal.

3–6 Die folgende Tabelle gibt die Partialzusammensetzung eines Gasgemisches an:

Gasart	Molenbruch
H_2	0,32
CO	0,24
O_2	0,20
CO_2	0,010.

Wie groß ist die Sauerstoffmasse in einer 1120 ml-Probe dieses Gases unter Standardbedingungen (ideales Verhalten vorausgesetzt)?
(relative Molmassen: H_2 = 2; CO = 28; O_2 = 32; CO_2 = 44; Molvolumen eines idealen Gases unter Standardbedingungen = 22,4 l).

1. 0,010 g
2. 0,050 g
3. 0,32 g
4. 32 g
5. Unzureichende Angaben; die Molenbrüche *aller* Bestandteile müssen bekannt sein.

3–7 Für die Reaktion

$$PCl_5(g) \rightleftarrows PCl_3(g) + Cl_2(g)$$

ist K = 0,025 mol l^{-1} bei 500 K. Wie groß ist die Gleichgewichtskonzentration von PCl_3, wenn die Gleichgewichtskonzentrationen von PCl_5 und Cl_2 0,010 bzw. 2,5 · 10^{-4} mol l^{-1} sind?

1. $(2,5 \cdot 10^{-4})^2 \approx 6,3 \cdot 10^{-8}$ mol l^{-1}
2. 2,5 · 10^{-4} mol l^{-1}
3. 1,0 · 10^{-2} mol l^{-1}
4. 1,0 mol l^{-1}
5. 2,5 · 10^4 mol l^{-1}.

3–8 Wie groß ist das Löslichkeitsprodukt von MgF_2, wenn 2,7 · 10^{-3} Mole einen Liter einer gesättigten Lösung ergeben?

1. 2 · 10^{-8}
2. 8 · 10^{-8}
3. 7 · 10^{-6}

4. $15 \cdot 10^{-6}$
5. $2{,}7 \cdot 10^{-3}$.

3–9 Wie groß ist die Standard-Reaktionswärme (bei 298 K) für die Reaktion $C_3H_8\,(g) + 5\,O_2\,(g) \rightarrow 3\,CO_2\,(g) + 4\,H_2O(fl.)$?

Zahlenangaben

Reaktion	Standard-Reaktionswärme [kJ mol^{-1}]
C (Graphit) + O_2 (g) → CO_2 (g)	– 394,0
H_2 (g) + ½ O_2 (g) → H_2O (fl.)	– 286,0

Standard-Bildungswärme (298 K) von C_3H_8 = – 103,8 kJ mol^{-1}.

1. – 2368 kJ mol^{-1}
2. – 2222 kJ mol^{-1}
3. – 784 kJ mol^{-1}
4. – 576 kJ mol^{-1}
5. Keiner der angegebenen Werte.

3–10 Welche Oxidationszahlen besitzt das Cl in den folgenden Verbindungen?

	Cl_2	HClO	$HClO_2$
1.	0	– 1	– 3
2.	+ 1	– 1	+ 3
3.	– 1	+ 1	+ 1
4.	0	+ 1	+ 3
5.	+ ½	– 7	+ 5.

3–11 Wie sind die stöchiometrischen Koeffizienten, wenn die Gleichung unten richtig ausgeglichen ist?
$(?)\,NO_3^- + (?)\,Sn^{2+} + (?)\,H_2 \rightarrow (?)\,NO + (?)\,Sn^{4+} + (?)\,H_2O$.

1.	2	3	8	2	3	4
2.	2	3	4	2	3	2
3.	1	1	2	1	1	1
4.	2	2	2	2	1	4

5. Keine der angegebenen Koeffizienten.

3–12 Wie groß ist das *pH* einer Lösung, in der 0,0010 Mole $Mg(OH)_2$ zu 50 ml gelöst wurden? Die Dissoziation des $Mg(OH)_2$ sei vollständig angenommen. ($K_W = 1{,}0 \cdot 10^{-14}$ mol^{2}l^{-2}).

1. $2{,}0 \cdot 10^{-2}$
2. $4{,}0 \cdot 10^{-2}$
3. 1,4
4. 8,4
5. Keiner der angegebenen Werte.

3–13 Wie groß ist der *pH*-Wert einer Zitronensäurelösung, deren Konzentration $1{,}9 \cdot 10^{-2}$ Mole Zitronensäure (HZit) pro Liter reinem Wasser beträgt? (Dabei werde angenommen, daß nur ein Wasserstoff der Zitronensäure dissoziiert).
[K_S(HZit.) = $8{,}4 \cdot 10^{-4}$ mol l^{-1}]

1. $1{,}6 \cdot 10^{-5}$
2. $4{,}0 \cdot 10^{-3}$
3. 2,4
4. 3,1
5. 4,8.

3–14 Wie groß ist K_S für eine einprotonige Säure (HX), die zu 1,0 % dissoziiert ist, wenn 100 ml ihrer wäßrigen Lösung 0,010 Mole enthalten?

1. 1,0
2. $1 \cdot 10^{-2}$
3. $1 \cdot 10^{-3}$
4. $1 \cdot 10^{-4}$
5. $1 \cdot 10^{-5}$.

3–15 Welches sind die Einheiten einer Ratenkonstanten für eine Reaktion zweiter Ordnung?

1. s^{-1}
2. s
3. mol l^{-1} s^{-1}
4. l mol^{-1} s^{-1}
5. Keine der angegebenen Einheiten.

3–16 Die experimentellen Ergebnisse, die unten für die Reaktion 2 A + B → C + D angegeben sind, zeigen die Wirkung der Anfangskonzentrationen der Reaktanten auf die anfängliche Reaktionsrate.

Anfangskonzentration $[A]_0$	$[B]_0$	Anfangsreaktionsrate
1,0	1,0	0,30
1,0	0,50	0,15
2,0	0,50	0,60
2,0	1,0	1,2

Wie heißt der Ratenausdruck?

1. Rate = k[A]
2. Rate = k[B]
3. Rate = k[A][B]
4. Rate = $k[A]^2$ [B]
5. Rate = $k[A][B]^2$.

3–17 Stellen Sie sich die graphische Darstellung der potentiellen Energie gegen die Reaktionskoordinate für eine exotherme Reaktion vor! Welche der folgenden Aussagen ist richtig?

1. Die Energie der Reaktanten ist kleiner als die der Produkte.
2. Die Aktivierungsenergie für die Hinreaktion ist größer als die für die Rückreaktion.
3. Der sterische Faktor ist größer als 1.
4. Der aktivierte Komplex besitzt für die Hinreaktion geringere Energie als für die Rückreaktion.
5. Keine der Aussagen.

3–18 Wieviel Strukturisomeren der Formel C_8H_8O gibt es unter der Bedingung, daß alle Isomeren einen Benzolring enthalten?

1. 2
2. 3
3. 4
4. 5
5. 7.

3–19 Die Strukturformel von 1,2-Difluoro-1,1,2-trichloropropan ist ____________.

1.
```
        Cl   F    H
        |    |    |
  Cl —  C —  C —  C — H
        |    |    |
        Cl   F    H
```

2.
```
        F    F    H
        |    |    |
  Cl —  C —  C —  C — H
        |    |    |
        Cl   Cl   H
```

3.
```
       F    F    Cl
       |    |    |
  H —  C —  C —  C — H
       |    |    |
       H    Cl   H
```

4.
```
       F    Cl   H
       |    |    |
  F —  C —  C —  C — H
       |    |    |
       Cl   Cl   H
```

5. Keine der angegebenen Formeln.

3–20 Welche der folgenden Aussagen zur Verbindung A

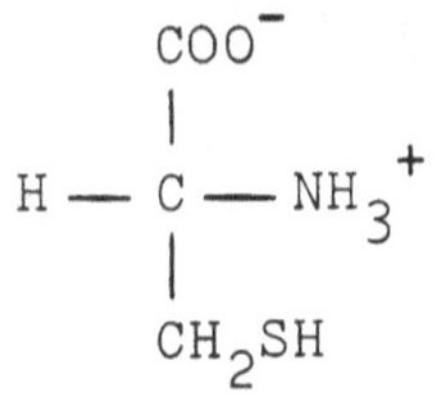

ist Ihrer Meinung nach richtig?

1. A ist ein hochschmelzender Festkörper.
2. A ist in Kohlentetrachlorid löslich.
3. A ist wasserlöslich.
4. A ist eine hochsiedende Flüssigkeit.
5. Keine der Aussagen ist richtig.

Block 4

4–1 Die Energie der van der Waalschen Wechselwirkung in festem Xenon müßte gleich der mittleren kinetischen Energie eines Mols Xenongases (bei idealem Verhalten) am Schmelzpunkt von festem Xenon sein. Der Schmelzpunkt von festem Xenon beträgt – 112 °C. Wie groß ist die Energie der van der Waalsschen Wechselwirkung in festem Xenon?
(R = 8,31 J mol^{-1} K^{-1}).

1. 1410 J mol^{-1}
2. 2,02 kJ mol^{-1}
3. 4,86 kJ mol^{-1}
4. 14,1 kJ mol^{-1}
5. 93,8 kJ mol^{-1}.

4–2 Welches der folgenden Moleküle besitzt Ihrer Meinung nach den niedrigsten Siedepunkt?

1.

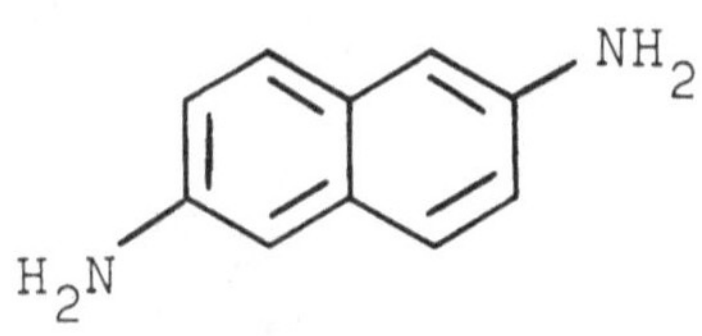

2.

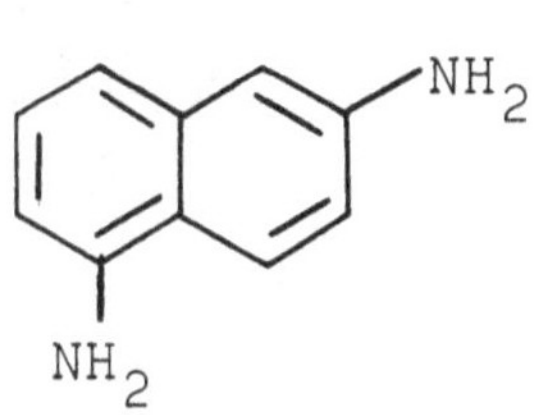

3. 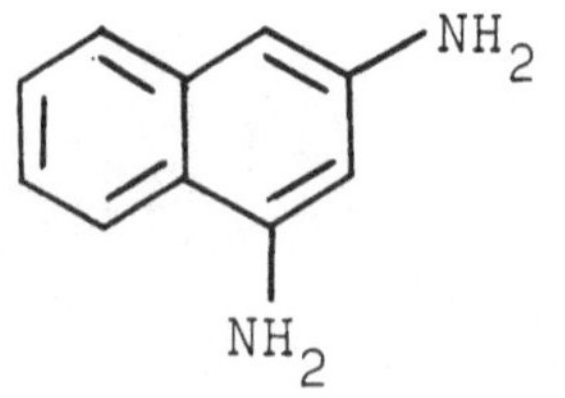

4. 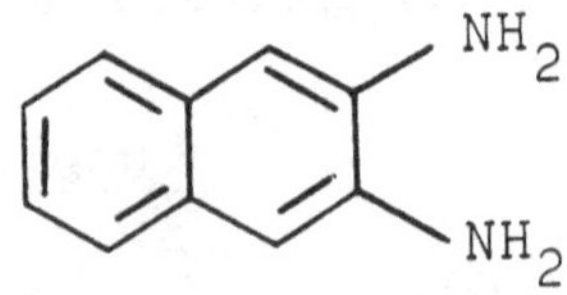

5. Alle vier Moleküle besitzen den gleichen Siedepunkt.

4–3 In einer kubisch-primitiven Einheitszelle gibt es __________ Atom(e).

1. keine
2. ein
3. zwei
4. vier
5. acht.

4–4 Wie groß ist die Formalität einer Lösung, die eine 6,0 massen-%ige Essigsäure (CH_3COOH) ist.
(relative Molmasse: CH_3COOH = 60).

1. 0,10 formal
2. 1,0 formal
3. 6,0 formal
4. 60 formal
5. Unzureichende Angaben; es fehlt das spezifische Gewicht.

4–5 Wie groß ist die relative Äquivalentmasse der Schwefelsäure, wenn sie Reaktionsteilnehmer an einer Säure-Base-Titration ist?
(relative Molmasse: H_2SO_4 = 98).

1. 1/2 g
2. 1 g
3. 49 g
4. 98 g
5. 196 g.

4–6 Wie groß ist der Molenbruch von CO in dem Gasgemisch, dessen Zusammensetzung im folgenden angegeben ist?

Gasart	Relative Molmasse	Masse
H_2O	18,0	81,0 g
CO_2	44,0	33,0 g
CO	28,0	7,0 g
NO	30,0	135 g

1. 0,025
2. 0,25
3. 1,0
4. 7,0
5. Keiner der angegebenen Werte.

4–7 Welche der folgenden Formulierungen der Gleichgewichtskonstanten sind falsch?

	Reaktion	K (angenommen)
a)	$CaCO_3\,(f) \rightleftarrows CaO\,(f) + CO_2\,(g)$	$K = P_{CO_2}$
b)	$SO_2\,(g) + \frac{1}{2}\,O_2\,(g) \rightleftarrows SO_3\,(g)$	$K = [SO_3]/[O_2]^{1/2}[SO_2]$
c)	$2\,H_2O\,(g) \rightleftarrows 2\,H_2\,(g) + O_2\,(g)$	$K = [H_2O]^2/[H_2]^2\,[O_2]$
d)	$Fe^{2+}(aq.) + Ce^{4+}(aq.) \rightleftarrows Fe^{3+}(aq.) + Ce^{3+}(aq.)$	$K = \frac{[Fe^{3+}]\,[Ce^{4+}]}{[Fe^{2+}]\,[Ce^{3+}]}$

1. a), c) und d)
2. c)
3. c) und d)
4. d)
5. Keine der angegebenen Kombinationen.

4–8 Die Reaktion

$$aA + bB \rightleftarrows cC + dD$$

sei endotherm. Wird die Temperatur erhöht,

1. nehmen [A] und [C] zu.
2. nimmt K ab.
3. nimmt [C] ab und [A] zu
4. nimmt [A][B]/[C][D] ab
5. tritt keiner der angegebenen Fälle ein.

4–9 Wie groß ist die Standardreaktionswärme von

$$CH_3(g) + J_2(g) \rightarrow CH_3J\,(g) + J\,(g)?$$

Zahlenangaben

Verbindung	Standard-Bildungswärme bei 298 K [kJ mol^{-1}]
$J_2(g)$	62,4
$J\,(g)$	106,8
$CH_3(g)$	133,6
$CH_3J\,(g)$	− 8,4

1. – 294,3 kJ mol^{-1}
2. – 97,6 kJ mol^{-1}
3. 97,6 kJ mol^{-1}
4. 294,3 kJ mol^{-1}
5. Keiner der angegebenen Werte.

4–10 Welche Oxidationszahlen besitzt das Cl in den folgenden Verbindungen?

	HCl	$HClO_3$	$HClO_4$
1.	+ 1	+ 5	+ 7
2.	– 1	– 5	– 7
3.	+ 1	– 5	– 7
4.	– 1	+ 5	+ 7
5.	+ 7	+ 6	+ 8.

4–11 Welches sind die stöchiometrischen Koeffizienten, wenn die Gleichung für das Rosten von Eisen (Fe) richtig ausgeglichen ist?

	(?) Fe(f) +	(?) O_2 +	(?) H_2O →	(?) Fe^{2+} +	(?) HO^-
1.	1	1	1	1	2
2.	2	1	2	2	2
3.	2	1	2	2	4
4.	1	1	1	1	1

5. Keine der angegebenen Kombinationen.

4–12 Wie groß ist das *pH* einer 0,0010 molaren HNO_3-Lösung? (HNO_3 ist eine starke Säure).
(K_W = 1,0 · 10^{-14} $mol^2 l^{-2}$).

1. 1,0 · 10^{-11}
2. 1,0 · 10^{-3}
3. 3
4. 11
5. 14.

4–13 HCN und HF sind schwache Säuren und NH_3 ist eine schwache Base. Welche Kombination von Antworten beschreibt die Eigenschaften der wäßrigen Lösungen folgender Salze?

	KCN	NaF	NH_4NO_3
1.	neutral	neutral	neutral
2.	sauer	sauer	basisch
3.	basisch	basisch	sauer
4.	sauer	sauer	sauer
5.	basisch	basisch	basisch.

4–14 Welcher Bruchteil der einprotonigen Säuremoleküle ist dissoziiert, wenn die Lösung 0,010 molar und in reinem Wasser pK_S = 6,0 sind?

1. 10^{-8}
2. 10^{-6}
3. 10^{-4}
4. 10^{-2}
5. 1

4–15 Die Rate der Reaktion $2\,A + B \rightarrow C + 2\,D$ wird zu $k[A][B]$ gefunden. Die Ratengleichung ist

1. aus stöchiometrischen Gründen falsch
2. nullter Ordnung
3. erster Ordnung
4. zweiter Ordnung
5. dritter Ordnung.

4–16 Für eine Reaktion

$$A + 2\,B \rightarrow 2\,C + D$$

wird gefunden, daß sich die Anfangs-Reaktionsrate verdoppelt, wenn $[A]_0$ verdoppelt wird (bei konstantem $[B]_0$) und vervierfacht, wenn $[B]_0$ verdoppelt wird (bei konstantem $[A]_0$).
Das Ratengesetz lautet:

1. Rate = $k[A][B]$
2. Rate = $2\,k[A][B]$
3. Rate = $k[A]^2[B]^3$
4. Rate = $k[A]^2[B]$
5. Rate = $k[A][B]^2$.

4–17 Ein Katalysator beeinflußt eine Reaktionsrate durch ____________.

1. Erhöhung der Temperatur
2. Erniedrigung der Aktivierungsenergie
3. Erhöhung der Reaktantenkonzentrationen
4. Erniedrigung der Rate der Rückreaktion
5. Erniedrigung der Produktkonzentrationen.

4–18 Wieviele verschiedene Strukturisomere sind für die Formel $C_4H_{10}O$ möglich?

1. 1
2. 2
3. 3
4. 5
5. 6.

4–19 Der Name der untenstehenden Verbindung ist ____________________.

$$Cl_2C = CH—CH = CH—CH = CH_2.$$

1. Hexatrien.

2. 2,4,6-Hexatrien
3. Dichlorhexatrien
4. 1,1-Dichloro-1,3,5-hexatrien
5. 1,1-Dichloro-2,4,6-hexatrien.

4–20 Die einfachste Einheit in den mineralischen Silikaten ist SiO_4^{4-}. Wie ist das Siliciumatom in dieser Einheit hybridisiert?

1. *sp*
2. s^2p
3. sp^3
4. dsp^3
5. sp^2.

Antworten

Block 1		*Block 2*		*Block 3*		*Block 4*	
1	3.	1	1.	1	3.	1	2.
2	1.	2	1.	2	3.	2	4.
3	4.	3	1.	3	2.	3	2.
4	3.	4	5.	4	4.	4	5.
5	5.	5	1.	5	2.	5	3.
6	3.	6	1.	6	3.	6	1.
7	4.	7	1.	7	4.	7	3.
8	5.	8	2.	8	2.	8	5.
9	3.	9	5.	9	2.	9	2.
10	4.	10	2.	10	4.	10	4.
11	1.	11	3.	11	1.	11	3.
12	5.	12	5.	12	5.	12	3.
13	4	13	4.	13	3.	13	3.
14	2.	14	4.	14	5.	14	4.
15	2.	15	5.	15	4.	15	4.
16	2.	16	3.	16	4.	16	5.
17	2.	17	1.	17	5.	17	2.
18	5.	18	3.	18	3.	18	5.
19	2.	19	4.	19	2.	19	4.
20	1.	20	5.	20	3.	20	3.

Relative Atommassen der Elemente, bezogen auf $^{12}C = 12{,}0000$

Name	Symbol	Ordnungszahl	relative Atommasse	Name	Symbol	Ordnungszahl	relative Atommasse	Name	Symbol	Ordnungszahl	relative Atommasse
Actinium	Ac	89	(227)	Gold	Au	79	196,967	Polonium	Po	84	(210)
Aluminium	Al	13	26,9815	Hafnium	Hf	72	178,49	Praseodym	Pr	59	140,907
Americium	Am	95	(243)	Helium	He	2	4,0026	Promethium	Pm	61	(145)
Antimon	Sb	51	121,75	Holmium	Ho	67	164,930	Protactinium	Pa	91	(231)
Argon	Ar	18	39,948	Indium	In	49	114,82	Quecksilber	Hg	80	200,59
Arsen	As	33	74,9216	Iridium	Ir	77	192,2	Radium	Ra	88	(226)
Astat	At	85	(210)	Jod	J	53	126,9044	Radon	Rn	86	(222)
Barium	Ba	56	137,34	Kalium	K	19	39,102	Rhenium	Re	75	186,2
Berkelium	Bk	97	(249)	Kobalt	Co	27	58,9332	Rhodium	Rh	45	102,905
Beryllium	Be	4	9,0122	Kohlenstoff	C	6	12,01115[a]	Rubidium	Rb	37	85,47
Blei	Pb	82	207,19	Krypton	Kr	36	83,80	Ruthenium	Ru	44	101,07
Bor	B	5	10,811[a]	Kupfer	Cu	29	63,54	Samarium	Sm	62	150,35
Brom	Br	35	79,909[b]	Lanthan	La	57	138,91	Sauerstoff	O	8	15,9994[a]
Cadmium	Cd	48	112,40	Lawrentium	Lr	103	(257)	Scandium	Sc	21	44,956
Cäsium	Cs	55	132,905	Lithium	Li	3	6,939	Schwefel	S	16	32,064[a]
Calcium	Ca	20	40,08	Lutetium	Lu	71	174,97	Selen	Se	34	78,96
Californium	Cf	98	(251)	Magnesium	Mg	12	24,312	Silber	Ag	47	107,870[b]
Cer	Ce	58	140,12	Mangan	Mn	25	54,9380	Silicium	Si	14	28,086[a]
Chlor	Cl	17	35,453[b]	Mendelevium	Md	101	(256)	Stickstoff	N	7	14,0067
Chrom	Cr	24	51,996[b]	Molybdän	Mo	42	95,94	Strontium	Sr	38	87,62
Curium	Cm	96	(247)	Natrium	Na	11	22,9898	Tantal	Ta	73	180,948
Dysprosium	Dy	66	162,50	Neodym	Nd	60	144,24	Technetium	Tc	43	(99)
Einsteinium	Es	99	(254)	Neon	Ne	10	20,183	Tellur	Te	52	127,60
Eisen	Fe	26	55,847[b]	Neptunium	Np	93	(237)	Terbium	Tb	65	158,924
Erbium	Er	68	167,26	Nickel	Ni	28	58,71	Thallium	Tl	81	204,37
Europium	Eu	63	151,96	Niob	Nb	41	92,906	Thorium	Th	90	232,038
Fermium	Fm	100	(253)	Nobelium	No	102	(253)	Thulium	Tm	69	168,934
Fluor	F	9	18,9984	Osmium	Os	76	190,2	Titan	Ti	22	47,90
Francium	Fr	87	(223)	Palladium	Pd	46	106,4	Uran	U	92	238,03
Gadolinium	Gd	64	157,25	Phosphor	P	15	30,9738	Vanadin	V	23	50,942
Gallium	Ga	31	69,72	Platin	Pt	78	195,09	Wasserstoff	H	1	1,00797[a]
Germanium	Ge	32	72,59	Plutonium	Pu	94	(242)	Wismut	Bi	83	208,980

Name	Symbol	Ordnungszahl	relative Atommasse
Wolfram	W	74	183,85
Xenon	Xe	54	131,30
Ytterbium	Yb	70	173,04
Yttrium	Y	39	88,905
Zink	Zn	30	65,37
Zinn	Sn	50	118,69
Zirconium	Zr	40	91,22

[a] Die so gekennzeichneten relativen Atommassen sind wegen der natürlichen Schwankungen der Isotopenzusammensetzungen ungenau. Die festgestellten Toleranzen sind:

Wasserstoff	± 0,00001
Bor	± 0,003
Kohlenstoff	± 0,00005
Sauerstoff	± 0,001
Silicium	± 0,001
Schwefel	± 0,003

[b] Die so gekennzeichneten relativen Atommassen haben vermutlich folgende experimentelle Ungenauigkeiten:

Chlor	± 0,001
Chrom	± 0,001
Eisen	± 0,003
Brom	± 0,002
Silber	± 0,003